新时代铁路客站
设计理论创新与实践

郑健　魏崴　戚广平　著

上海科学技术文献出版社
Shanghai Scientific and Technological Literature Press

"无论哪一个巍峨的古城楼,或一角倾颓的殿基的灵魂里,无形中都在诉说,乃至歌唱,时间漫不可信的变迁……"——《平郊建筑杂录》梁思成,林徽因

岁月是最好的见证,未来历史能不能长久地留下一些今天建造的火车站,并不在于火车站建筑本身,而在于我们如何思考并创造这样的交通建筑。

前言

缘起背景

21世纪，中国已成为世界上经济增长最快的国家之一，中国经济总量从1978年的世界第十一位，跃升为当今世界第二大经济体，综合国力和国际影响力实现了历史性跨越。以高速铁路为代表的一大批先进科技的快速发展，正在不断地推动我国城市和经济建设再度向前迈进。习近平新时代中国特色社会主义思想的基本理论、基本路线和基本方略，明确了我国发展新的历史方位，部署了未来国家建设的整体战略，提出建设交通强国的重大决策，为中国铁路建设指引了前行的方向。

长期以来，伴随我国铁路运输交通发展而成长的铁路客站建设，受制于经济技术条件、学科环境、城市建设管理等因素影响，历经艰难，发展缓慢。经过铁路人多年呕心沥血的努力，中国高速铁路客站彻底改变了普速铁路时期落后的客站面貌，以崭新的方式面世，在日臻完善的宏大铁路网上熠熠生辉。相继十年，从京津城际到京沪高铁、京张智能高铁，从北京南站到雄安站、丰台站，铁路客站在功能流线、复合结构、环境控制、信息技术以及综合服务等方面持续升级，在旅客出行环境、空间品质和配套服务方面显著提高，中国高铁广受瞩目、享誉国际，新一代铁路出行方式已步入千家万户，成为城市生活的常态。

新时代，持续的铁路客流量增长和旅客出行的多样化需求，扩大了铁路客运的服务范围；城市化进程和生态经济的加速推进，改变了城市环境的既有面貌和空间格局；信息科技和新兴产业的崛起，促进了铁路与城市间的密切交融与共生；城市生活水平和社会文明建设的不断提升，构建了客站和城市精神文明的新风尚。大众需求、科技进步、社会发展三者关系愈加紧密，也为未来铁路客站提出了更高的要求，客站在完善自身营建的同时又将进一步与区域城市结构协同建设、并肩发展。暨此发展背景，将再次驱动当代铁路客站设计理论研究和建设实践持续而深入地向前推进。

在基于人、科技、城市社会相互作用的框架下，研究铁路客站未来的适应性发展，便也成为本书写作的主要目的。

开放视野

铁路客站设计，一直以来都是被作为建筑学领域的交通类型设计学科而展开研究，从站场、站房、广场的经典线侧式站型到线上进站、线下出站的立体化紧凑规划布局新构型，从建筑、结构技术到环控设备，从交通功能到文化呈现等各方面，针对旅客的基本交通行为而展开。在交通建筑类型的专业设计中，我国当代铁路客站进步显著，成绩斐然。并仍然在新技术运用与空间环境品质提升等方面进行着更加深入的专题研究。

十年来的实践表明，与铁路客站所产出更多元化的城市价值相比，其单一的交通建筑功能并不能彰显其强大的城市属性。铁路客站由解决交通问题而引发了城市生活的一系列连锁反应，包括城市基础设施、环境景观、综合交通、多元化服务、社区活力，乃至文化传播、站城经济等诸多关联。显然，如果需要更清晰地了解铁路客站可能产出的城市价值，就必须将其置入一个更大的城市范围进行更为全面的观察，了解这些连锁反应的成因及其构成方式，研究相关学科理论的交叉、渗透与互补关系，分析铁路客站所具有的城市属性和扮演的不同角色定位，无论作为交通基础设施、公共活动场所，还是区域建设的中心、城市生活的舞台，都是寻找铁路客站进一步发挥综合交通效应、社会效益和可持续发展潜力的有效途径。

因此，本书期望以更加开放的视野，从理论与实践、技术与艺术、空间与环境、文化与经济等不同的视点，审视今天的铁路客站在设计和建设过程中依然存在的问题，解析客站与城市犹如唇齿相依的密切互动关系，激励并启迪铁路客站未来规划和设计的创造力。

创造价值

铁路发展的目标始终是服务国家、服务人民。2019年中共中央国务院印发了《交通强国建设纲要》，随后，2020年8月中国国家铁路集团有限公司正式发布《新时代交通强国铁路先行规划纲要》，清晰地阐述了中国铁路运输业发展已经取得的丰硕成果和未来发展的系统蓝图，首次提出到2035年将率先建成服务安全优质、保障坚强有力、实力国际领先的现代化铁路强国；到2050年，全面建成更高水平的现代化铁路强国，全面服务和保障社会主义现代化强国建设。

未来，我国将打造世界一流的铁路设施网络：包括构建现代高效的高速铁路网、形成覆盖广泛的普速铁路网、发展快捷融合的城际市域(郊)铁路网和构筑一体衔接的现代综合枢纽。这"3张网＋现代枢纽"体系将极大地促进我国经济发达、人口稠密的城镇化地区持续的互动和稳定的建设和发展，统筹规划建设城际和市域(郊)铁路，优先利用高铁、既有铁路通道资源服务城际、市域客运需求，形成城市群内2小时城际交通圈，都市圈、特大及超大城市1小时市域通勤圈，打造轨道上的城市群和都市圈。形成一批以铁路客站为中心的综合客运枢纽，推动干线、城际、市域(郊)铁路、城市轨道交通四网融合并与各地航空港高效衔接。

曾经的铁路客站正在向铁路客运综合交通枢纽演变，相对独立的铁路交通功能也正在参与区域城市公共环境的协同建构，由较为单一的铁路客运交通服务转向全方位城市生活场所和地区活力的价值创造。

作为中国新一代铁路客站建设的参建者和见证者，笔者有幸陪伴并亲历了这段从无到有的非凡发展历程而深感欣慰。深受新时代铁路精神的感召，更觉得有一种使命和义务去总结十余年来的发展，清晰地面对铁路客站建设过程中所存在的问题和困境，冷静地观察当今世界和国家发展的变化，缜慎地探索并思考中国铁路客站设计理论、建设实践的方向和未来。

目录

前言   003

壹 铁路客站发展纵论

1.1 城市建设理论的启迪   012
1.1.1 城市基础设施   012
1.1.2 城市建设相关理论   019
1.1.3 空间营造   022

1.2 高铁发展的时代背景   025
1.2.1 历史的积淀   025
1.2.2 速度改变时空   031
1.2.3 高铁新时代   036

1.3 中国铁路客站的实践   039
1.3.1 崛起之路   039
1.3.2 建设发展观   042

贰 新时代铁路客站演变

2.1 当代客站环境变化   048
2.1.1 建设环境   048
2.1.2 独立客站交通的局限   052
2.1.3 客运综合交通的建构   054

2.2 旅客行为活动变迁   058
2.2.1 传承出新   059
2.2.2 客运行为链   062
2.2.3 旅行文化的意象更替   066

2.3 客运系统变化趋势   068
2.3.1 客流路径的高效化组织   069

	2.3.2	客运功能的复合化集聚	073
	2.3.3	交通行为的枢纽化格局	075

叁 铁路客站的城市属性

3.1		**客站城市定位**	082
	3.1.1	战略选址	082
	3.1.2	今昔纽带	086
	3.1.3	地区燃点	091
3.2		**隐形交通系统**	097
	3.2.1	客运枢纽的生命线	097
	3.2.2	协同城市地下设施	100
3.3		**综合交通枢纽**	105
	3.3.1	社会价值	105
	3.3.2	经济价值	107

肆 综合交通枢纽的三个维度

4.1		**塑造多元化品质空间**	112
	4.1.1	精细化产品设计	112
	4.1.2	差异化服务	115
	4.1.3	性能优化设计	117
4.2		**整合一体化交通系统**	121
	4.2.1	客站系统解析	121
	4.2.2	客运系统再整合	125
4.3		**创造双重性综合效益**	130
	4.3.1	关联的效率与效益	130

4.3.2	客运空间的综合效益	131

伍　科学主导创新

5.1	**科学思维**	**138**
5.1.1	时代科技革命	138
5.1.2	多学科交融	141
5.2	**新技术应用**	**145**
5.2.1	建筑设计信息模型	145
5.2.2	低碳工业化技术	148
5.2.3	可持续智能数据库	151
5.3	**智慧设计**	**153**
5.3.1	时空同构	154
5.3.2	弹性空间	159
5.3.3	城市客厅	163

陆　形态创生与艺术表达

6.1	**外部环境驱动形态创新**	**168**
6.1.1	社会与文化	168
6.1.2	批评与探索	172
6.1.3	场地与环境	175
6.2	**内在逻辑驱动形态创生**	**179**
6.2.1	交通与功能	179
6.2.2	结构与材料	182
6.2.3	热力学逻辑	188
6.3	**艺术表达成就文化审美**	**192**
6.3.1	文化与艺术内涵	193

6.3.2　城市文化语境　　　　　　　　　　194
6.3.3　建筑语义传达　　　　　　　　　　196

柒　站城融合与协同发展

7.1　交通引导构建站城秩序　　　　　　202
7.1.1　站城关系解析　　　　　　　　　　202
7.1.2　TOD 理论模式的适用性和局限性　　205
7.1.3　理论模型实践及差异　　　　　　　209

7.2　多元融合激发站城活力　　　　　　214
7.2.1　融合发展的意义　　　　　　　　　214
7.2.2　站城空间触媒　　　　　　　　　　219
7.2.3　站城活力激发　　　　　　　　　　220

7.3　协同共生创造站城价值　　　　　　222
7.3.1　枢纽地区城市设计　　　　　　　　222
7.3.2　站城协同发展的空间范围　　　　　226
7.3.3　站城共生的价值　　　　　　　　　230

新世纪，中国高铁正在造就一场时间与空间的革命，推动一次城市群范围的经济形态和社会观念的变革。随着高铁网络日趋成熟，使处于网络各节点的铁路客站建设如火如荼。截至2019年底，已建成客站1490座，其中高铁客站989座，普速客站501座。十余年创新发展，取得了丰硕的理论及实践成果，推动了各种运输方式的有机衔接，提高了客运综合交通枢纽整体质量和运行效率，对经济社会发展产生了深远影响，在建设理念、规划设计、工程建造、运营管理等方面的总体水平已进入世界先进行列。今天，我们仍将思考新时代中国铁路客站与城市协同持续创新发展的未来。

壹

铁路客站发展纵论

城市建设理论的启迪

高铁发展的时代背景

中国铁路客站的实践

2008年，北京南站历史性地登上了中国高铁建设的城市舞台，开创了中国新型高速铁路客站设计建造的先河，实现了单一客运功能转型为城市综合交通服务的突破，铁路交通基础设施建设实现了质的飞跃，开启了中国高速铁路客站建设事业的新纪元。

1.1 城市建设理论的启迪

任何学科发展最重要的基础是理论研究并应用于实践检验，而学科发展的瓶颈又往往受制于单一系统的理论研究。20世纪50年代，美国比较文学开始采用学科交叉的研究方法挑战传统的文学批判，随之60年代被迅速扩展到社会的各个学科领域，在不同学科交叉、碰撞与交融的过程中，催生了一批新学科、新理论、新技术发明。

就学科分类而言，铁路客站设计是民用建筑中交通建筑学科的一个分支，涵盖了多学科领域、多方向专业集合的特点并具有高度的综合性，与规划学、交通学、建筑学、土木结构、桥梁、机电、景观等学科领域密切相关。回顾相关城市建设学科理论发展，从宏观的城市规划、基础设施、城市设计、建筑空间以及微观的工业产品设计领域不同的视点和空间维度跨学科思考，从社会发展的全局观审视铁路客运系统与区域城市建设的关联、互动关系展开研究，有助于我们以交通为引导，提出铁路客站设计综合理论平台的架构方式以及设计创新的方法和途径，为铁路客站指明再发展的方向。

1.1.1 城市基础设施

城市基础设施是保障城市肌体正常运转的生命系统，也是支撑城市生存和发展的核心系统。基础设施建设并不局限于单一的既定工程标准，而应当综合考虑生态、经济、文化、社会、环境、景观等多层面的关系，将其作为一种未被完全开发的空间资源重新定位，赋予其城市综合功能，成为城市再生发展的媒介。新时代，铁路客站作为城市大型交通基础设施，注定需要为城市建设环境的整合作出重要贡献。

基础设施的作用机理
纽约曼哈顿拥有庞大的地下空间系统，这些早在19世纪初就被规划修建的城市交通基础设施，

图 1.1 19世纪纽约曼哈顿地铁结合地下拱廊街道计划
图 1.2 19世纪纽约首条地铁线采用与市政管线的结合的明挖施工方案

时至今日，虽然有些破落，像一台老旧的机器，但无妨服务于城市的日常运作。翻开历史，可感受其当初被规划建造的先见性、系统性和长效性。城市轨道交通在地下有序穿行，连接到主城区的每一个主要生活场所，并结合市政管线等隐蔽工程，创造出高效而富有活力的城市空间。

基础设施是为社会生产和居民生活提供公共服务的物质工程设施，作为保障国家或地区社会经济活动正常运行的公共服务系统，是社会赖以生存发展的普遍物质条件，其内容涵盖广泛。在国民经济各行业中满足生产、生活所必需的基础结构和公共设施，是保障城市生活的根本条件。因此，城市基础设施建设的优劣直接关系到城市生活、环境、品质以及可持续发展。

作为城市结构的重要组成部分，最初的基础设施系统通常遵循自然环境的限制，包括土地、河流、地质、地貌等条件，服务于周围的建筑空间环境，仅仅在城市中扮演着一个并不令人关注的、独立而有序的设备单元角色，被认为是整合在城市中辅助的人造设施系统。直到十九世纪，城市与基础设施之间的凝聚力逐步显现而被镌写在传统的街道和后来发展形成的道路网格体系之中，明智地将运载工具的运动轨迹与行人流线结合在一起，成为了指引城市快速发展的工具。"基础设施"一词在当代再一次回归到规划设计的视野之中，并作为城市发展的一个重要组成部分，正在变得可以更易被城市日常生活所感知。

全球气候条件的变化、城市化进程的加剧，生态环境的改变，使早期的基础设施难以满足当代城市建设发展的需求。气候变化导致城市被淹，交通无序导致道路堵塞，近年来在许多城市中频繁出现，甚至连一线城市也未能幸免。基础设施建设的乏力或配套能力的不足显然是导致问题出现的至关原因。相关城市基础设施的研究正在受到政府和学界愈加广泛的关注，这一概念也正在逐渐变得更宽泛，不仅是内在的指代内容，同时也包含了与城市空间环境不

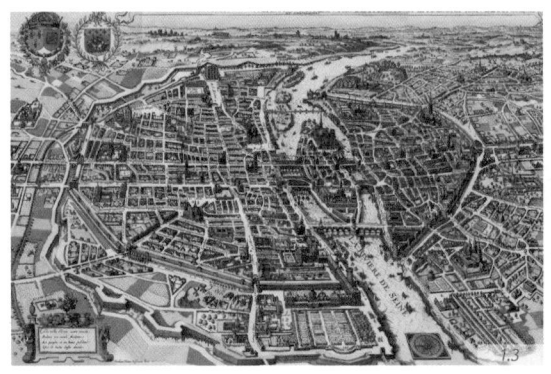 

图 1.3 奥斯曼的巴黎改造计划
图 1.4 奥斯曼大道竣工图

同的结合方式、协同作用。可以认为，基础设施是城市可持续发展的先决条件。

国际上广泛的基础设施理论概念有"先行论""同步论""滞后论"三种形式，依据规划建设的次序以及建设地区的经济能力，构成"超前型""同步型"和"滞后型"发展模式[1]。因此，基于国家和地区的经济实力以及城市生活的综合需求，做出规划的预判，方能表现出城市现代化水平具有整体性、系统性、阶段性和地方性的综合特征。欧洲的发达国家根据经济实力，建设多采用"超前型"发展模式；美国则是"同步型"发展模式的代表，并且该模式在后续的城市发展中起到了积极的作用，也是目前国际发达国家和地区建设中运作良好、比较成功的发展模式。中国仍属发展中国家，虽然已经取得了极大的发展成就，但全国各地区、城市发展水平尚有很大差异，由于历史发展和社会经济的多重因素制约，依然处于基础设施的"滞后型"发展模式阶段。而我国高铁建设的广泛实践及其所产生的地区发展效应，正在为一些发达城市和地区的同步基础

设施建设提供契机。铁路客站协同区域城市基础设施建设，研究同步并适当超前的一体化规划设计、分步实施的方法，或将推动我国发达地区城市基础设施建设的纵深发展。

巴黎改造的启示

如果我们追溯近代早期城市建设发展历史，可以发现交通基础设施在城市公共空间中扮演的角色和定位，及其在城市发展进程中的作用。19 世纪中叶，由时任塞纳省省长奥斯曼（George Eugène Haussmann）获拿破仑三世（Napoléon Ⅲ）委任主持的巴黎都市改造计划，是近代城市发展中关于交通基础设施协调区域城市空间环境整体规划的经典案例，也是一次结合城市基础设施修建对历史建筑、公共空间、环境景观进行整体设计控制的宏大建设实践。

19 世纪初的巴黎仍然保持着欧洲中世纪城市的空间形态，面对狭窄的街道、缺失的卫生设施和排污能力，以及肮脏、拥挤的公共环境等一系列城市问题，奥斯曼从道路网络、卫生设施、

绿化休闲、文物保护四个方面在巴黎展开了一项系统性的大规模城市改造工程。其中，城市路网改造在当时解决了巴黎最为迫切的交通问题，也正是因为这项改造工程源于对城市形态、环境的整体考虑，路网规划设计充分考虑了巴黎当时遗存的重要纪念性场所、公园和历史建筑，并通过道路交通分级规划与城市地形、开放空间、街廓形态、建筑边界以及污水管线等设施相互结合，对城市功能、空间肌理进行再度整合，使巴黎城市中心重新生成了包括载具交通、步行空间、市政、能源、景观等区域基础设施的整体系统，为巴黎城市后续建设打下了良好的基础。尤其是这项改造系统中，在城市道路两侧排列高大乔木形成林荫大道的设计方法，使交通基础设施（城市道路）在满足运载功能的同时与周边连续的建筑边界、人行活动环境相融，形成层次丰富的城市街道空间景观，这在日后的现代城市街道景观设计中被竞相效仿而成为现代城市道路空间的基本组成要素。这项令人惊叹的工程标志着巴黎从中世纪城市格局中走出，全面脱胎换骨，其影响意义在于：产生了市政功能与公众活动相结合的复合型交通基础设施；创造了既服务于交通又服务于城市日常生活的新型城市公共空间，以此满足多种业态、功能的需求，并兼顾周边的建筑环境、公共活动和空间景观。

将基础设施纳入城市整体系统，并以重要的景观空间状态呈现，其作用是容许多种交通方式并行，同时与周围城市环境紧密联系，以发挥更多样化的城市功能。尽管巴黎改造在之后遭到了"粗暴地折断历史和文化"的批评，但在当时还是取得了非凡的成功，并被称为"世界都市的现代化模板"。之后随着工业技术的不断发展和社会环境的变故，交通基础设施或多或少地与既有城市环境再度失去联系而自成体系。现代的交通基础设施，诸如高速公路网、高架桥、轨道交通、港口等，都一度因为它们特有的工程学特点、技术需求、设计逻辑等成为高度自治的系统，而这种进一步的学科自身完善却又一次导致了基础设施与城市环境关系的削弱，且渐行渐远。因此，再度整合基础设施各自独立的体系并融入城市环境，则将是新时代城市城市建设发展的趋势。

基础设施的持久性

在现代的交通基础设施中，诸如高速铁路和高速公路，都被作为重要的战略资源来看待，很多时候相关的设计并不是依据周围的环境而是考虑了其他的需求，比如运输的效率和国家的防御战略。在这种情况下，对交通基础设施更多的关注是它自身作为一个重要的保障系统或其他战略层面的定性，而不是出于其都市性空间或者景观环境的考虑。

以铁路客运为中心的城市基础设施，其涵盖的内容广泛，城市地位显要，空间关系复杂，在建成后长期为城市发展提供持久的支持和保障，往往需要前瞻性的规划思考与设计决策。纽约曼哈顿的大中央火车站在建设之初便与城市市政交通等基础设施整体规划设计，一百多年来虽然客站的空间环境几经改造，但其初期建造的核心设施被保留下来并运作良好，至今依然作为纽约最为活跃、高效的客流交通集散地，

图 1.5 纽约大中央车站与市政交通等基础设施整体规划建设
图 1.6 上海延安路高架下至外滩匝道当时被媒体称为"亚洲第一弯"

且几乎是全世界客流量最大、最繁忙的火车站之一。这足以证明铁路客站作为城市重要交通基础设施在建设之初与城市相关功能、环境景观一体化统筹规划设计及长效运作的重要性。

而更为困难的另一面是基础设施的建设或改造与既有城市文化和环境之间的矛盾。由于交通基础设施的建造几乎都是为了畅通城市交通的同一个目标，因此，往往在功能、利益至上的驱使下，贸然选择以急功近利方式解决问题。典型的案例是当初被冠以"亚洲第一弯"的上海延安路高架下至外滩的匝道。在建成之初的确缓解了这一路段的交通压力，但随着上海外滩沿线浦西、浦东两岸滨江建设的快速发展，这个匝道因为对外滩历史建筑风貌以及外滩整体开放公共空间环境的不利影响，于2008年被全面拆除，快速车流交通被转为从沿江道路的下方地道通过。至此，城市文脉的延续与交通路网的畅通双赢，重新获得平衡。然而，设计使用寿命100年的市政工程在使用不到11年就被拆除，这个建后复拆的过程何尝不为后人对复杂问题的缜慎决策起到引以为戒的作用。

近年来，许多铁路客站在地下衔接城市轨道交通并融入城市基础设施建设的案例，为我们提供了极为有益的思路和有效方法。如：宁波站不同于其他选址于新区或城郊的新建铁路客站，是在既有站址重建的综合交通枢纽，地处城市中心地段。新建的宁波站综合考虑了与城市地铁2、4号线同步对接，通过多处换乘空间与国铁实现"无缝衔接"，同时通过地下城市通廊实现与周边城市业态连接，在南北广场地下设置出租车及社会车场，缓解地面广场的压力。于2015年12月开通运营的深圳福田站，位于深圳市中心，深南大道与益田立交桥交叉口地下，是我国第一座全地下的综合客运铁路枢纽。福田站共有地下三层，地下一层为交通转换层，可以便捷换乘地铁2、3、11号线；地下二层为站厅层，旅客在此检票进站；地下三层为广深港专线站台层。通过换乘通道，与地铁福田站、市民中心站、会展中心站、购物公园站实现便捷转乘。

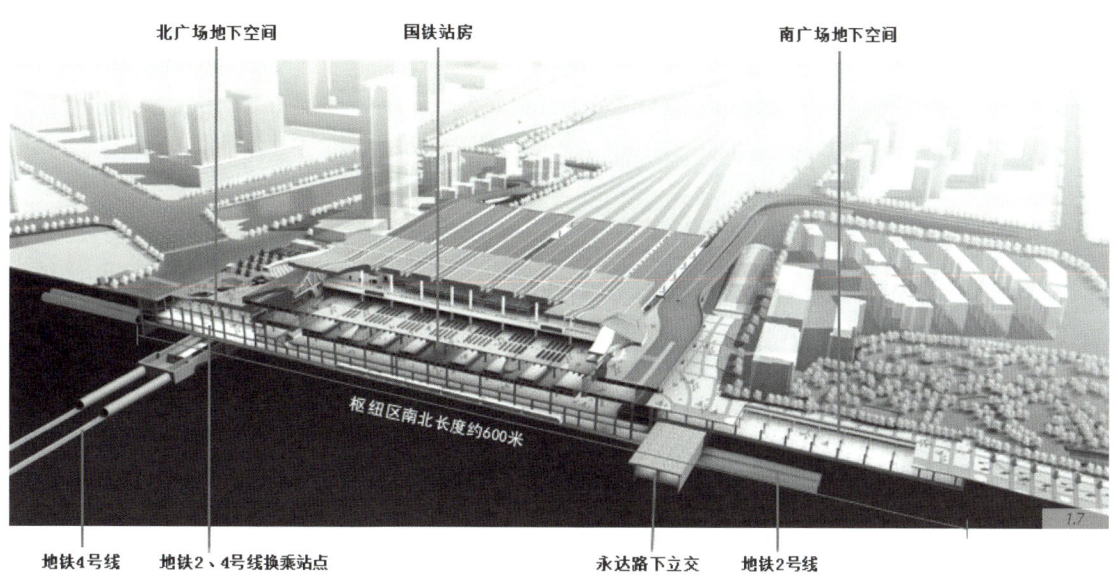

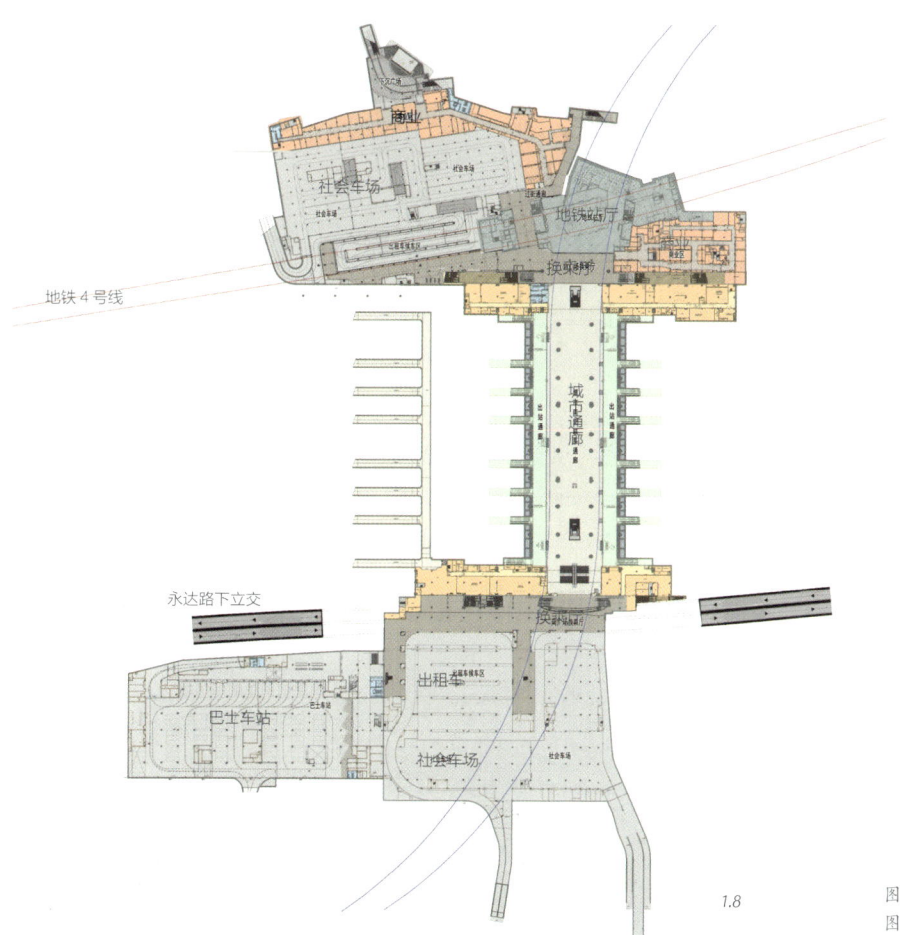

图 1.7 宁波站剖透视
图 1.8 宁波站地下层平面图

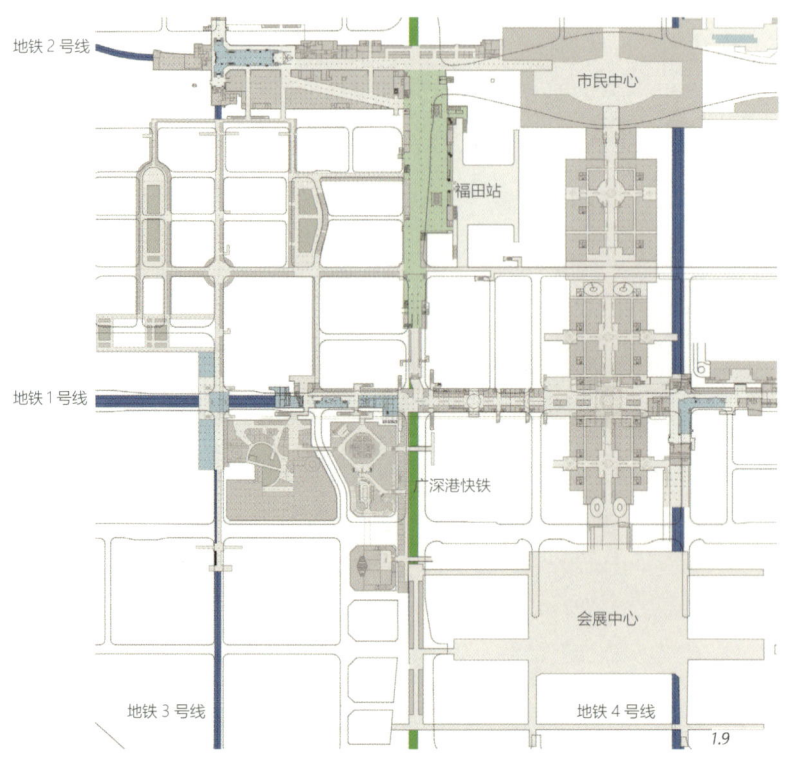

图 1.9 福田站及周边地下空间网络
图 1.10 深圳福田站鸟瞰
图 1.11 深圳福田站剖透视

这些铁路客站在完成自身建设的同时，紧密联接城市基础设施建设，满足了城市功能及环境的需求，为保障城市的可持续发展，提供更长效的服务周期。

1.1.2 城市建设相关理论

新世纪我国铁路客站建设高速发展取得了令人欣喜的成就，但同时也出现了持续发展的瓶颈。无论是客站本身的技术制约还是客站与城市间新的矛盾产生，都促使我们回归理性的思考，研究相关学科理论的起源与发展，相互间的影响和作用，回顾历史、审视当下、展望未来。

规划宪章指引

早在1933年8月，国际现代建筑协会通过了一项关于城市规划理论和方法的纲领性文献——《城市规划大纲》，后来被称作《雅典宪章》，其核心是提出了以居住、工作、游憩、交通四大基本功能为核心布局的城市规划思想。《雅典宪章》认为必须是以集中的布局方式支持大城市的发展，遏制分离的传统城市由于规模扩张和市中心拥挤程度的加剧而出现功能性老化，因此提出，需要通过技术改造完善其集聚功能：采用高层建筑形式换取大面积开敞空间以解决城市拥堵；通过用地分区调整城市密度分布；使人流、车流合理分布于整个城市，建立铁路、人、车分流道路等高效而宏大的城市交通系统，通过立体交叉道路与铁路系统直达市中心，建设"集中主义城市"，解决当时出现的城市问题。可以说《雅典宪章》从技术的角度深刻分析了城市结构的产生以及功能之上的人工城市形态，却无可避免地以机械主义和物质空间决定论而导致城市环境的僵硬和单一。这种方式的广泛实践在二战之后至20世纪60年代，引起了学界的质疑，并遭到了以简·雅各布斯（Jane Jacobs）为代表的城市保护主义者的猛烈抨击，引鉴了社会学、心理学等理论观点，对简单化的功能主义规划思想提出批评。在她的代表作《美国大城市的死与生》中，详细阐述了城市多样化的条件，提出了城市绝非仅交通这一功能，还需要由多方面的因素综合组成，认为只有使城市各区域多种多样的复杂功能互相穿插渗透，提供不同时间、不同目的人群共用区内各种设施，才能提供安全而又充满生命力的城市空间。而后，其核心思想从美国一直蔓延到世界各地，深深地影响了几代城市规划设计师。

1977年《马丘比丘宪章》诞生。《马丘比丘宪章》主张的是社会文化论，认为物质空间只是影响城市生活的一项变量，而起决定作用的应该是城市中的各类群体、社会交往模式和政治结构。相比《雅典宪章》，《马丘比丘宪章》更具有一种亲和力，它把人、社会、自然紧密联系起来综合考虑，注重人文和城市空间的人性化，是对创造宜人城市的一种企盼。如果说《雅典宪章》是将城市规划视作终极状态的表达，《马丘比丘宪章》就是基于城市中人的活动强调城市规划的过程和动态发展，它并非对《雅典宪章》的完全否定，而是对它的批判、继承和发展。

1999年6月，《北京宪章》在国际建协第20届世界建筑师大会上问世。虽然《北京宪章》并不是一项完全意义的城市规划纲领性文件，但却提出了面临新世纪城市再发展基于建筑师视野的城市设计观，被国际世界公认为是指导21世纪城市建筑发展的重要纲领性文献。其首次从扩大了外延的广义建筑学理论视角，揭示人类赖以生存的城市问题并不是单一学科的议题，而是无可割裂解决的整体问题，是基于综合建筑学、地景学、城市规划学相互融汇、三位一体的哲学思考，提出了生态观、科技观、社会观、文化观的多层面可持续城市建设发展思想，并纳入一个动态的、全方位的、生生不息的循环体系之中。

人类将无可避免地受到不断出现的城市问题以及矛盾的困扰和挑战，上述宪章代表了不同时代的学科理论进步与发展，并指引我们以更宽广、更包容的视野去建设更美好的地球家园。

设计理论演进

从"新城市主义""紧凑城市"等诸多理论著作的产生和它们关注的城市问题中，可以纵览西方城市规划理论五十年来的演变，即展示了从"工业时代"重归"人文主义"，从"蔓延发展"到"高密度生存"，从"技术导则"到"协同导向"的宏大脉络，反映了这些著作共有的主流特点，在不同时期的经济环境和国情背景下，对城市危难问题的思考，并引发出迥异的实施策略，其中一些设计方法正在得到更多实践的验证和渐进的修正。

20世纪下半叶开始，主要发达国家进入后工业时代，产业结构的调整和高速发展的全球化、信息化改变了人类的生活方式和城市的空间格局。当代的城市现象反映出很多新的特征：高度的流动性，去等级和去中心化，功能区的互相融合，城市功能界面被模糊等现象。面对城市发展进程中不断演化并涌现出的新问题，无论是现代主义的功能分区，或后现代主义的符号学释义，都试图从传统中找到解答的方式，以激发新的观念、面对新的挑战。今天，人们则更愿意尝试拓宽视野，从不同的角度去回应当代城市发展带来的空间环境变化，在交通、生态、文化、环境等不同领域探索城市空间整合的有效途径，多层次寻找改变城市环境、应对城市危机的有效武器。

围绕城市交通问题而引发的城市规划和城市设计理论研究有许多，置身于中国如火如荼的高铁建设浪潮，铁路客站自然成为铁路干线所经过每个城市的重要交通节点，理所当然会参与到区域城市的规划设计之中，并成为连接城市过去和将来的焦点。它已经不再是一个孤立独处的车站建筑，而将成为城市的一个重要区域交通中心，一个紧密包含城市生活状态的多功能空间构件。在这些理论指导下的早期城市建设实践，都是一面面镜子，从中国当下的城市发展情况来看，学习、研究并借鉴这些成功的方式和经验，有利于我们更加清晰地看待问题的本质，根据自身的情况和条件，做出判断而形成新的理论模型，指导未来发展，避免重蹈历史的覆辙。

无论从"田园城市"到"紧凑城市"，还是从"新城市主义"到"景观都市主义"，这些实践都在

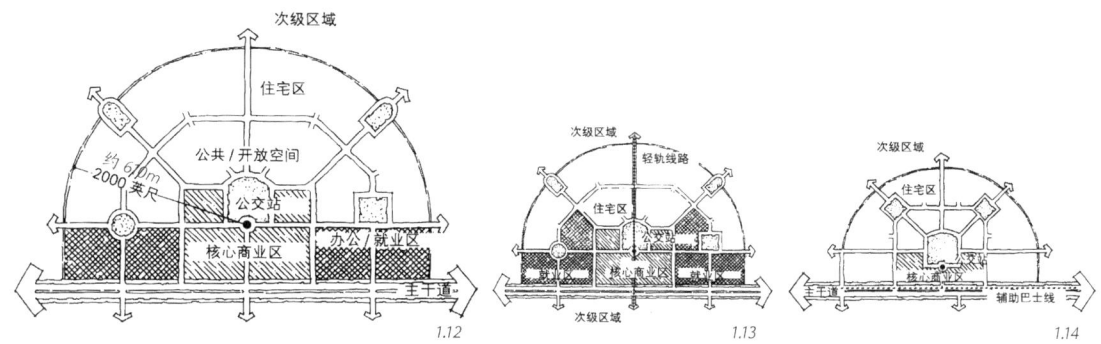

图1.12 公共交通导向发展（TOD）图解
图1.13 城市级的TOD：城市等级的TOD直接坐落在公交网络的主干线上，如轻轨、城际铁路，或快速巴士站点。其中应该包括高密度商业区、工作场所和中等到高密度的住宅区
图1.14 邻里级的TOD：邻里等级的TOD坐落于地区性辅助公交线路上，它们到达公交主干线站点的公交转乘时间大约10分钟。它们主要包括中等密度的住宅、服务、零售、娱乐、市政和休闲用地

表明，几百年前我们厌倦、反感、渴望逃离的都市，在未来却将可能成为比田园乡村更低碳、更高效、更舒适的生活场所。

TOD理念借鉴

与城市交通最为密切相关的理论莫过于20世纪90年代彼得·卡尔索尔普（Peter Calthorpe）在他的《下一代美国大都市地区：生态、社区和美国梦》中提出TOD理论（Transit Oriented Development）。这是基于当时美国城市向郊区无序蔓延和工业化城市日益衰落状态的反思，如同景观都市主义与基础设施整合一般，所产生的是一种新兴的城市设计运动：一个以市郊公共交通站点（包括轨道交通）结合周边地区建设的理论模型。其最重要的学科贡献是明确地阐释了以公共交通为导向的区域城市土地规划发展模式，反对并替代以方便私家小汽车发展为主导的城市交通方式，以期改变当时大量美国中产阶层的郊区生活而形成的城市无序扩张状况。以城市公共交通带动为发展原点，建立具有良好可达性条件的城市开发模式，制定了一套具体的规划原则：以公共交通（城市轨道交通）站点为核心，在一定距离的步行范围内建立工作、商业、文化、教育、居住等为一体的城市区域，来实现城市空间紧凑型开发的有机圈层发展模式。

相关TOD理论的概念及其影响广泛，尤其表现在城市大运量公共交通站点建设对周边区域经济发展的推动，几乎最接近我国近年来铁路与城市交通大发展的现实状况，也成为当下在我国备受关注并引起学界展开理论研讨的重要课题，具有普遍的先导性和策略性研究意义。但是，必须清晰地看到身处亚洲的高密度城市区域，拥有远比美国市郊更为庞大的铁路交通、轨道交通组合，以及相同土地范围内所产生更大规模客流人群的复杂性和综合需求。显然，直接套用或照搬TOD理念模式，恐怕难以产生相应的效果，但不妨沿用这种理性的思考，发挥在公共交通干预下城市健康发展的优势，借鉴TOD模式在欧洲部分地区实践的成功经验，进行适应国情的深入研究，而形成因地制宜的有效方法。

TOD理念和基本运作模型所产生的价值，关乎人群活动行为，构想以城市的公共交通方式发展带动并拓展影响到周边城市空间、土地、环境以及业态的综合利用和配置，建立良性可持续的城市生长机制，并制定出相应条件下一系列适应性规划设计原则和条例。以此为鉴，审视我国大型铁路客站建设主导下的区域城市设计的核心问题，究其客流行为与城市生活交互作用下合理的步行可达范围影响，而感知TOD理念在交通系统组织层面上更加本质的观点，抑或是基于人群活动行为、体验和综合需求出发的公共交通导向性发展策略，也可以理解为其重点是强调城市公共交通的作用而降低由小汽车发展过度导致的不良交通影响，并有序组织人流步行活动便捷可达的原则，构建低碳排放、紧凑有序、丰富多样的区域综合交通服务之核心空间关系，进而辐射至受其影响的周边土地资源整合利用范围。

1.1.3 空间营造

"空间——空的部分——应当是建筑的'主角'，建筑不单是艺术，它不仅是对生活的认识的一种反映，也不仅是生活方式的写照；建筑是生活环境，是我们生活展现的'舞台'"。[2]凡以人或自然围定、限定的场所都可以成为空间，这一概念毫无例外地扩及到城市广场、里弄、公园等各个功能区域，未来铁路客站也终究要回归城市空间的本质，营造有序的城市交通环境和出行行为的活力场所。

灰空间

建筑或场地的"边界"具有明显的领地属性，也是我国铁路与城市形成隔阂的显著屏障。边界看似一道规划土地权属范围的"红线"，并涉及管理、安全、职能等问题，而潜在的影响是形成了相临公共领域的分离。

著名建筑师黑川纪章（KISHO KUROKAWA）在20世纪60年代提出了"灰空间"设计理论，以此界定那些不确定的、由部分建筑构件组成的半开放空间状态，解析模糊边界的建筑内、外空间形式，进而演化出关于城市"共生"的哲学思考，曾一度引起学界研究和热议。"灰空间"的意义实际上是突破了建筑空间在传统意义上认知的边界，而放大到建筑在环境领域中的多义性存在方式。"灰"度，即表明所感知空间的模糊性，又寓意空间功能和作用的多用途和不确定性，这就大大激发了这类空间丰富而有趣的特性。如同公园中的一个休憩亭、建筑物不封闭的前廊、敞开的入口大厅，抑或是宅前小院，这种半开放、半公共、半私密，既室内又室外、既地下又地面等不确定的过渡空间，开启了介乎建筑室内和室外的"第三域"：相互渗透、交织、穿插的多义性空间，营造出有趣而富有交往活力的空间氛围。犹如人们乐于在有屋顶覆盖的公共空间中自由地活动，品味饮食的美味，愉悦地交流，同时可将身心融入阳光下的外部街道场景，正是这种不确定空间所带来的多样性乐趣和丰富性体验，更重要的是让建筑空间不再局限于本体的范畴，而产生了与环境空间互动的意义。

我国铁路客站建设正面临由基本边界设定而导致形成与城市空间环境、使用功能分离的困境。这种模糊而开放的灰空间营造，是客站边界设计的有效手段，扩大化的灰空间形态将融入城市活动，同时不受风雨气象干扰并起到客流集散的缓冲作用，也能使那些游弋在客站边缘的活动人群，忽略置身站内或站外的空间困惑而关注自身的行为需求，也使得客站那一道生硬的出入大门被转化为与城市活动共享的和谐、友好场所。

节点 - 场所

在城市设计学科意义上的节点，指涉城市空间结构和环境要素的联结点、交汇点或是集聚点，路口街角、旷地、集市等，这些看似各司其职的独立空间节点，相互作用并连接为整体，则形成了城市空间形态的标志性和可识别性。显然，凯文·林奇（Kevin Lynch）在其著作《城市意象》著作中相关城市节点的论述在今天我国的城市建设环境来看，依然具有重要的现实意义和设计方法上的指导价值。

场所理论源于现象学与建筑空间之间相关性的跨学科研究，可以认为是城市节点-场所理论在不同视角下的放大和拓展，其对城市重要的公共空间从功能与空间形态设计方法的物理层面研究，转向对空间所能产生的心理行为感受、历史承载、社会价值等精神意义的人文层面解析。空间是形成场所的基础，场所只是空间的一部分。所谓"场所"是物质环境与人文环境结合形成具有特定行为活动和精神意义的城市公共空间，物质空间可以仅仅被感知而存在，但场所却一定拥有空间表象背后的非物质性意义，关联特定的功能、环境的意象，因为城市所形成的空间并不只是一种简单的构图游戏，形式背后蕴含着某种深刻的含义，且与城市的历史、传统、文化、民族等一系列主题密切关联。现代意义的场所是通过功能的延展，使自然环境与人工环境相结合，成为富有内容的整体和特定的城市生活方式，是城市中扩大化的空间环境节点。因此，建筑空间的职责则是创造场所存在的意义。20世纪60年代之后，诺伯格·舒尔茨的场所理论成为后现代主义建筑理论思潮中现象学的一个权威性代表，并在之后城市设计中得到广泛应用和实践。

当代世界著名社会学家曼纽尔·卡斯特尔（Manuel Castells）自20世纪80年代以来，以其机敏和睿智，发现了信息技术尤其是网络技术所带来的社会结构的变迁与当代社会系统重塑，建立了独到的网络社会理论，提出了"城市是社会的表现，空间是结晶化的时间"的城市社会学概念。随着城市建设的发展，贝托尼里（Bertolini）则进一步将卡斯特尔的理论应用于城市轨道交通周边地区城市设计空间系统中，提出了节点-场所模型，应用于对交通节点地区开发建设的评价。在当代大城市中，铁路客站已经不仅仅是一个交通节点、一栋单一承载客流进出的建筑，而是"客流的空间"（space of flows），它与周边地区整合在一起，被赋予更多的城市功能性意义，成为城市中众多人群聚集、快速流动的高密度、多样化交通枢纽场所，并具有良好的可达性和城市区域空间的标识性，其对城市的核心影响力就是使车站融入周边城市环境成为"场所的空间"。

铁路客站作为人流集聚的原发地，成为城市的核心或地区交通枢纽，通过建设连接车站与周边地区的慢行道路网络系统来增加步行空间和停留空间，形成客流在区域内的洄游，提升车站周边土地的价值；通过城市功能和交通设施的高度复合，使城市的主要交通方式转向以铁路和轨道交通为主的公共交通系统，达到减少环境负荷的效果，产出区域更高的社会价值；通过业态功能与公共空间的高度复合，形成经济价值最大化，并成为区域城市的文化象征。将铁路客站置于场所中的考虑，是期望建立建筑功能与区域环境间的相互作用关系，研究铁路客站与区域城市互动中产生的辐射影响和社会效应。

空间句法

空间是个十分有趣的现象，它的产生和形成过程以及人们对"空间"概念形形色色的认识，始终吸引着学界的广泛研究和探讨。相关建筑空间设计的理论，绝大多数是讨论空间营造的方法以及产生的意义。

1977年，亚历山大（Christopher Alexander）在其著名著作《建筑模式语言》中写道："本模式语言，正如英语一样，即可用于散文也可用于诗。散文和诗两者的差异不是所用的语言不同，而是同一种语言用不同的方式表达罢了。"他用类比语言学的观点阐释了建筑是由自身的特殊

语言体系构成，不同的模式语言选择、组合、应用可以表达出不同的建筑语义、语境。而另一位英国学者比尔·希列尔（Bill Hiller）的"空间句法"理论则是以拓扑学、语言学为基础对空间本身的研究。空间句法于20世纪70年代提出，探讨关于空间与社会相关联的一系列理论和技术，其核心观点指出：空间不是社会经济活动的背景，而是社会经济活动开展的一部分。

基于计算机网络的大数据分析使得空间句法的实现成为可能，空间句法的主要思想是运用专业空间分析软件，对城市空间现象和社会经济活动的关联性予以分解研究，提出"假设-检验-优化"的过程循环方式，作用于整体空间进行的定量分析而得出结论。其中，将空间关系视为由一系列元素组成，可按一定规划自行排列、分划，进行网络分析，最终以地图或图形呈现。本质上，这种方法综合了定量分析和可视化分析，将定量研究手段引入来配合定性分析而得出结论。空间句法作为一种复合作用的空间研究方法，被应用于建筑、城市、交通等多个领域。

空间如同语言，词语相同而结构不同或标点不同，所产生的语境大相径庭。比如由同样一些词语构成的语句："人在所创造的环境之中"和"环境创造中的人之所在"或"环境中所在的人之创造"，前者描绘的是实际场景，中间句阐述的是某种意境，而后者则表达某种价值。假设将这些词语理解为建筑或城市的功能，就不难理解这种不同的形态或路径构成方法将产生不同的、有目的的空间意义。当然，这并不构成"空间句法"的全部理论意义，但从设计创造意义上说，"空

间句法"理论赋予我们的启示是如何研究空间的本质和所具有的价值,并可量化分析得出结论,而反思在既有规范和约定俗成状态下的认知。

展开对基础设施、城市规划与城市设计、建筑空间营造以及细至产品设计多个方面的理论与方法研究,都可以找到铁路客站置身于城市空间、环境中的位置和紧密的学科联系,也可以发现铁路客站作为城市建设的推进器,作为交通枢纽的功能核心,作为客运交通设施的公共性场所意义等多重作用,以及进一步发展和持续创新的导向和方法。

毕竟人类的发展总是从实践开始起步的,然后形成思想,再总结并产生一系列阶段性的理论。因此也可以认为,随着当代科学技术的不断进步和城市的发展,作为公共性用途的建筑设计完全不再是单栋楼宇设计的概念,建筑师的职责也从对建筑学领域对建筑、结构、机电专业的协调,迈向对城市环境、交通、历史、人文等更加广泛的思考和学科链接的关注。

1.2 高铁发展的时代背景

中国高铁的出现、成长、发展并获取成功,反映了城市化进程发展时期建设速度与时间上在一个点上的完美契合。中国高铁如同一棵大树不断成长壮大,根植于这片肥沃的土地,结出壮丽而辉煌的四季果实,因为根深,才枝繁叶茂。

1.2.1 历史的积淀

城市与铁路建设的历史发展始终是相辅相成的,城市的生长推动交通的演进,交通的进步又促进城市的发展,对应于铁路客站每一次质的飞跃都伴随着时代技术的进步与设计理念的创新。

交通推动城市演进

城市已经促进世界经济发展了几个世纪。从1800年至今,地球上的人口增加了6倍,而城市居民的数量增加了60倍。2008年,城市人口的数量第一次超过了乡村人口的数量,预计到2050年,超过70%的人口将成为城市人口。[3] 面临来自交通、环境、资源等城市扩张带来的种种负面压力,对于城市化进程的研究一直在胶着进行,甚至出现了逆城市化与再城市化的观点,但无法忽视如今城市对于整个世界带来的巨大影响。根据麦肯锡全球协会的统计与研究显示,"大城市提供了大约75%的全球GDP产出,并且从2015年到2030年,预计86%的全球范围内GDP增长将来自于城市,人口的增长将是GDP增长的主要推动力。"[4] 从交通对城市的影响来看,近期国内研究显示,已通高铁城市与未通高铁的城市相比:综合经济竞争力高出71.15%,可持续发展竞争力高出56.91%。显然,优质的交通环境正在推动我国城市经济建设的持续发展。[5]

许多关于交通运输的理论是建立在城市化进程的过程之中,由城市发展的迫切需求推动了交通技术、学科的迅速发展。自古以来人类依据自身的能力,为抵御自然气候、地理环境的影

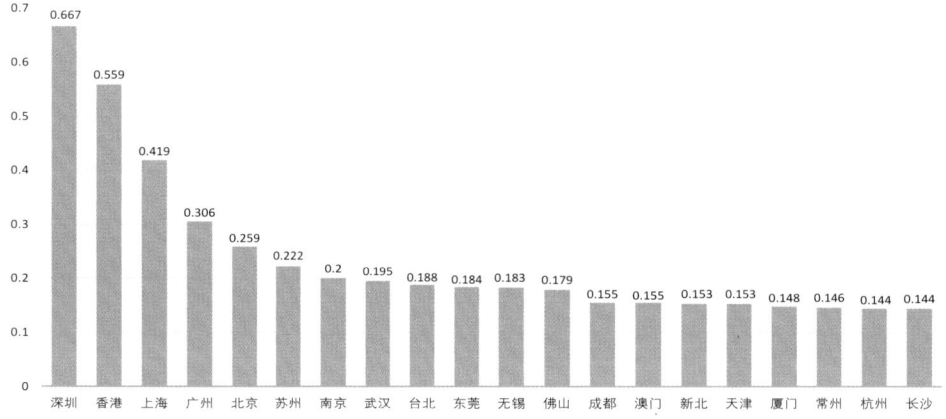

2018年城市综合经济竞争力全国前二十城市

响;为创建更好的生存条件逐渐形成了聚落、城镇,从最早对动物的驯化使其成为人类的座驾和物资运输的工具,以加快速度、扩大行动距离开始,到车轮的发明、机车的发明,一切都表明人类为自身的发展而谋求更快的速度,高效采集、输送资源,支配时间,拓展生存的疆域。

第一次工业革命之后,城市便开始了加速扩张。早在1903年德国人文地理学家拉采尔(Friedrich Ratzel)从城市形态的观点描述"地理学上的城市,是指地处交通环境方便的、覆盖有一定面积的人群和房屋的密集结合体",以此定义近代城市的特征。无论在"地理学词典"的定义中或是任何一册关于城市学科的理论书籍上,我们都能发现城市与人、建筑、交通、环境间的紧密关系。所以从某种意义上看,交通科技的发展早已改变了农耕时代以商品交换、物资流动为主的市镇面貌,建立起强有力的辅佐发展影响,形成现代城市庞大的居住、工作、文化、经济、贸易高度聚集的概念,交通作为城市的一个重要因素正在极大地改变现代城市发展的结构,再度形成新的秩序。

20世纪50~80年代,中国的经济建设重新起步,技术发展滞后,铁路网络建设发展缓慢而公路网发展迅速,铁路客运在全社会客运量中所占的比例持续下降,而公路交通客运量比例则不断上升。自20世纪90年代以来,随着国家改革开放政策的逐步落实,社会经济的快速发展,我国的交通技术资源和交通基础设施条件对经济建设的制约作用愈加明显并上升为阻碍社会经济发展的主要矛盾,改变现状运输结构以公路为主导的局面而向集约高效的交通方式转变,成为我国高速铁路建设发展的契机。与其他现代交通运输方式相比,高速铁路具有占地少、速度快、能耗少、排放低、安全、准时、舒适、运能大等众多优点,综上,高速铁路成为新时代陆上交通的主导方式,合理的高速铁路网络规划建设是我国交通运输结构转型的必然选择。

尽管在某些发达国家与地区,城市化建设速度和进程有所放缓,并且着力更多谨慎的讨论与

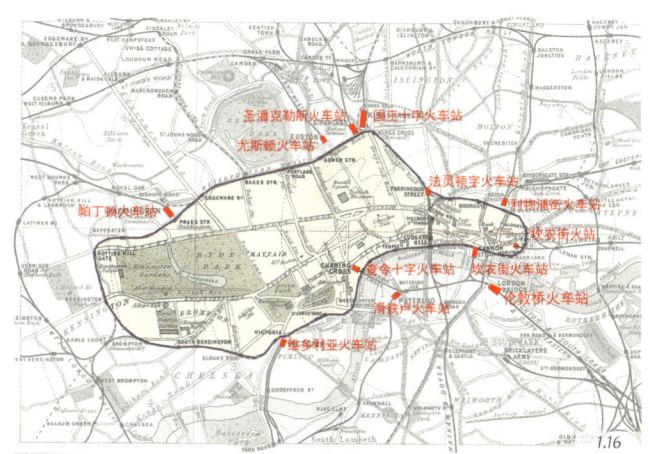

图 1.15 2018年城市综合竞争力全国前二十城市，数据来自中国社会科学院研究报告
图 1.16 早期伦敦中心城区铁路图 灰色线为铁路线蓝色线为地铁环线

观察。然而，资源内需、经济建设却促使城市化进程于中国以及其他发展中国家依然在飞速前进。社会经济的高速增长使城市出现了许多新的矛盾与问题，未来的城市日常生活和空间环境，都将遭遇前所未有的挑战。就目前情况而言，交通作为城市基础设施的重要组成部分，正发挥出巨大的潜力，不仅开辟了城乡建设、资源往来的通途，更改变了社会经济、文化的发展格局，尤其在这个以城市主导的世界中，我们正面临着一个严峻并且与城市生活品质提升休戚相关的议题。

铁路发展与城市交融

铁路发源于欧洲。从英国伦敦城市生长的历史地图中不难发现，最早的铁路客站几乎界定了城市边界。1850年，差不多每天有30万人涌进伦敦务工，搭乘马车或公共马车，甚至步行进城。在铁路出现之后，英国的城市化进程急速加剧，火车站地区的嘈杂环境干扰了正常的城市生活。于是英国政府出台法律，规定火车站站址不再设于城市中心。另一方面，英国铁路由于是私家企业经营，在这种情况下，为谋求发展而追求各自利益的最大化，一时间，如帕丁顿、尤斯顿和国王十字区等火车站纷纷在当时的城市郊区兴建。这些车站围合了文艺复兴时期的老城中心区，渐渐在火车站的周边地区开始蓬勃发展，并向当时的城市边缘郊区蔓延。虽然当时的火车站建造轰轰烈烈，站房形态壮观，但由于当时技术条件的限制，冒着浓烟的蒸汽火车，伴着轰鸣汽笛以及噪杂的轨道声响，频繁穿行其间，周边地区建筑繁杂、交通拥堵、环境恶劣，规划设计也难以协调这种丰富资源与不良环境并存的尴尬处境，火车站周边地区很快成为贫民阶层的乐园。伦敦的法灵顿火车站附近区域，几乎成为整座城市最贫困的地区。1863年，世界上第一条城市地铁（大都会线：从帕丁顿火车站到法灵顿火车站）开通营运，这种状况才稍有缓解，但由于客流量太大，曾一度让法灵顿火车站拥挤不堪而关闭停运，直到1884年，伦敦地铁线最终形成了一个环伦敦城市中心的运行线路之后，才逐步疏解了火车站周边的交通和环境问题。

图 1.17 中国高铁核心优势
图 1.18 伦敦世博会的水晶宫
图 1.19 巴黎世博会的机械馆

国际上大多早期拥有铁路的城市和地区，几乎都经历过类似的发展与演变。凭借大运量的陆地交通优势，即便是在高速铁路诞生之前，铁路客运从19世纪起步至今一直是城市发展的宠儿，尽管曾历经辉煌与沧桑，却始终处于城市交通发展的风口浪尖，成为繁华的陆地城市之间最重要的物资通道、经济命脉和文明的桥梁。客观上铁路所到之处，尤其是车站周边和沿线城市的版图便被重新改写，铁路客站如同城市交通的温床，新兴产业滋生的土壤，始终孕育着城市和地区的活力，其改造、扩建不断引发新一轮的城市更新，并致使周边地区经济茂盛，生命繁衍。

多年来，中国高铁励精图治，实现了从无到有、从探索到突破、从制造到创造、从追赶到领跑的崛起，拥有了最完整的高铁技术体系，形成了核心技术体系、成套建造体系、产业制造体系、运维服务体系和人才支撑体系的多项优势，总体技术水平已迈入世界先进行列，已成为引领世界铁路发展的重要力量。

科学技术滋养

科学技术是人类的福音和社会进步的阶梯。众所周知的第一次工业革命发端于18世纪中期的英国，人类完成了由机器取代手工业的革命，进入蒸汽时代；19世纪下半叶到20世纪初的第二次工业革命，又将人类带入电气时代，并在信息革命、资讯革命中达到顶峰；第二次世界大战之后，生物工程、空间技术、计算机、原子能科技的出现，引发了第三次工业革命，即生物科技与产业革命。纵观铁路领域的蒸汽机车、内燃机车、电力机车的技术成就，正是这三次工业革命的标志性产物，我们今天正处于这个科技快速发展的时代之中。显然，人类科技发展并没有就此止步，以人工智能，机器人技术，虚拟现实，量子信息技术，可控核聚变、清洁能源为代表的新兴技术正在趋于成熟，或可能成为第四次工业革命的起点，甚至将标志着一个新时代的启程。

在建筑领域，源于欧洲中世纪的古典建筑风格成型固然有很多因素，但我们可以从后期建造

精美而愈加繁琐的古典建筑装饰中感受到，当时的建筑始终是服务于社会统治者、教会和权贵的小众阶层。从欧洲文艺复兴运动开始，人们的思想从长期被宗教禁锢的体系中获得解放，并在自然科学方面取得了显著成果。当时由培根（Francis Bacon）提出"知识就是力量"的口号，在很大程度上对当时社会产生积极的影响，活跃了17世纪英国自然科学领域，解放了生产力，极大地推动了科学和技术的进步。

文艺复兴突破了传统宗教的禁锢，解放了思想并提倡科学、文化，为第一次工业革命奠定了基础，掀开了科技发展历史的崭新一页。从1851年英国伦敦举办的第一届世界博览会开始，世博会几乎成为每一项人类新科技成果发布的摇篮和传播的舞台，以至于展示这些新科技的建筑也都成为当时最新的建造技术和建筑新材料的展品。如伦敦世博会上出现的水晶宫、巴黎世博会的机械馆等划时代著名建筑，展现了当时的新材料钢和玻璃，颠覆了人们在历史传统意义上对建筑形态的认知。从此，伴随新材料、新技术的广泛产出，现代建筑技术得到普及并随之开始走向社会、走进普通百姓的生活之中。

从铁路客站建筑发展的侧面，可以窥探到技术进步对建筑领域带来的深刻影响。从瓦特改良蒸汽机开始，一系列技术革命引起从手工劳动向动力机械生产转变。蒸汽机、煤、铁和钢被认定为是加速工业革命的四项主要因素，在这一时期建成的铁路车站等大型的工业建筑上均有明显的体现。如于1854年建成运营的伦敦帕丁顿火车站，由三个跨度分别为20.7米，31.2米与21.3米，长度达213米的巨大熟铁玻璃拱顶构成，这一宏大的空间体系，在工业革命之前难以想象。从1870年到1914年，随着电力大规模运用标志着第二次工业革命的到来。电力、内燃机、新材料等是二次工业革命的主要因素，伴随着科技生产力的进一步提升，使人类得以建造在空间上更为复杂的铁路客站，实现铁路客站与城市轨道交通车站的衔接。于1913年启用的纽约中央火车站，拥有43座岛式站台（含6座西班牙式站台[6]）和1座基本站台。共67条

图 1.20 帕丁顿火车站
图 1.21 柏林中央火车站
图 1.22 纽约大中央火车站

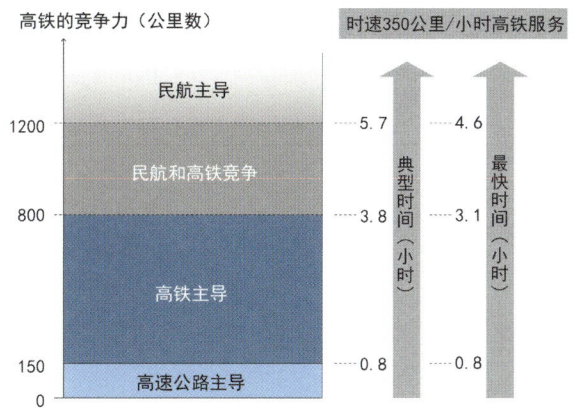

图1.23 高铁竞争力,来自世界银行2018年《中国高速铁路发展报告》:这三种模式的竞争范围具有指标性。以300-350公里/小时线路为样本,对高速铁路的竞争力进行研究。200-250公里/小时线路因为存在不同价格和速度设定,优势范围会略微不同

股道,包含11条侧线以及服务客运的56条股道(分置于地下一层11+30条和地下二层的26条),其中43条为到发线。其令人惊讶的庞大地下空间并与城市地铁相接,迄今为止仍然是世界上最大客运规模的铁路车站之一。第二次世界大战后,计算机技术的普及标志着再一次科技革命的到来,使传统工业进一步趋于机械化、自动化,彻底改变了整个社会的运作模式,并影响至今。于1998年9月开工,2006年5月投入使用的柏林中央火车站集合商业、办公等多种城市功能为一体,铁路车场立体分层,造型主体以钢结构和玻璃幕墙为主,充分显露出科技感与现代感,是当代科技革命的铁路客站建筑代表。

今天,我国大量铁路客站的建设成果同样显现了时代科技的烙印,无论是设计理念的转变和进步,空间结构技术的突破,还是新型建筑材料应用、智能设备技术控制,无不体现出学科理论的发展和当代科技的成就。

1.2.2 速度改变时空

当前高铁已经成为人们日常出行的重要交通工具,高铁改变的不仅是速度,更改变了人们的时空观念,距离变得不再遥远。高铁正在以前所未有的速度改变着中国的城市空间格局。

缩短时空距离

铁路交通作为伴随人类科技进步的重要产物,成为农耕文明转型到工业文明的里程碑。铁路带来人类历史上第一次对有序、安全、高效、明确线性轨迹的交通方式的认知,尽管之后因噪音、污染等对城市生活产生了影响和干扰,但依然作为城市间长距离、大运量交通的主要运输方式,并被公认为是推动城市发展的重要动力引擎。即使在今天,相比航空、水运,高速铁路更具有高强度的客流集聚效应和城市交通互动功能。通常距离在150~800公里的范围内,铁路交通的竞争优势非常明显,而类似京沪地区往返客流的连年增长,航空与高铁的运量几乎齐头并进。高铁以其显著的速度优势,

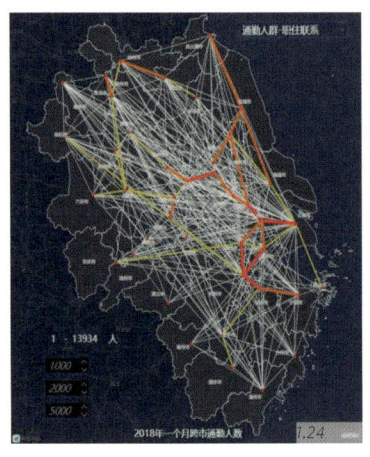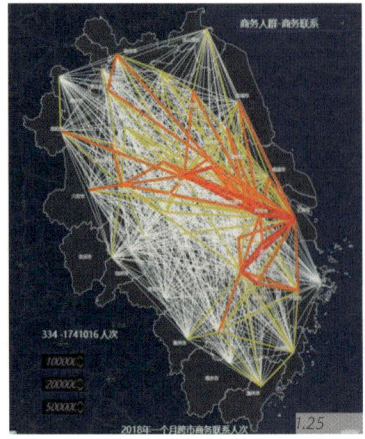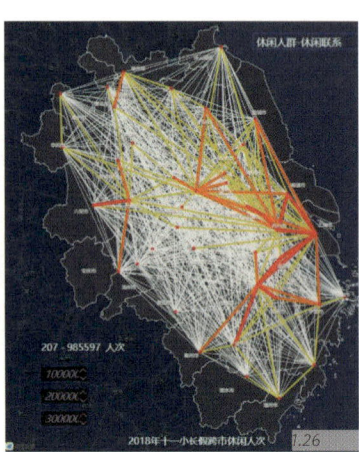

在一些特定地区，甚至又将其覆盖范围进一步扩大至1200公里。[7]

高铁对中国经济建设的最重要贡献之一，就是缩短了城市之间的时空距离，提高了城市间的交通可达性水平。高铁网络的发展为人们提供了出行的便利，节省了出行的时间，降低了出行的成本；同时改变了传统贸易的时间和距离制约，增加了城市之间人员流动、商品交易的频率，助力于区域经济一体化的发展，使区域内的人力、物资、信息、资金、商务等各种要素的流动速度加快。

1964年，日本新干线建设可以说是现代铁路史上的一个奇迹。新干线的开通，扩大了人们活动的半径，"时间距离"和"经济距离"大大缩小。数百年来，东京到大阪的距离几乎没有发生变化，对比高速铁路出现的前后期：旅行时间几乎从18小时缩短到了2小时，而旅费则从人均月收入降低到人均日收入。"时间距离"大约缩短到1/9，而"经济距离"则缩小到1/25。

高速铁路缩短了城市间的交通距离，带动了相关产业的发展，进而改变了城市间的空间结构。在城市内部，高铁站周边地区成为城市发展中极具活力的地区。

我国长江三角洲地区有着悠久的文化历史，加之有着发达的水系、丰饶的土地，以及发达的农业、手工业，使其在以依靠长江流域水运交通为基础的中国封建社会中后期就已经初步形成了一个可观的城市群。我国区域经济战略的实施和稳步发展，长三角经济区已经逐渐成长为世界级的超级经济区。回顾历史，长三角的区域发展正是以公共交通基础设施的发展为先导，特别是近年来高速铁路网络的建设完善，进一步增强了长三角城市群之间的联系，其紧密的互动发展，缩小了区域城市间的差异，促进了区域空间结构均衡化，更有效地实现区域资源共享、区域辐射影响范围扩大。各节点城市到中心城市上海的时间距离迅速缩短，而以上海为中心的"两小时经济圈"效应的空间影响力却在进一步扩大。

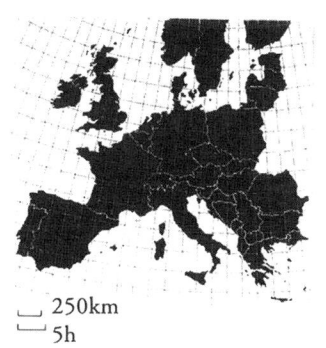 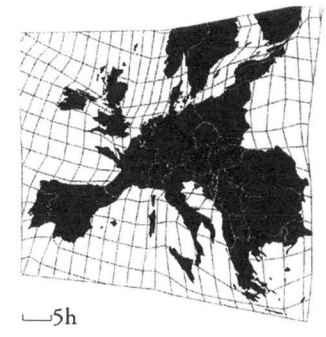 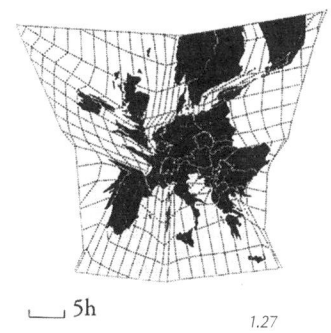

图1.24–1.26 分别为2018年长三角一个月跨市通勤人数（通勤人群达346.8万）、跨市商务出行人数（工作日商务出行大362.5万人次／日）、十一小长假跨市休闲出行人数（休闲出行人数达553万人次／日）的数据可视化图解，显示长三角跨市城际人群规模在日益扩大

图1.27 受高铁影响的欧洲时空地图1993和2010年，显示了由于高速铁路带来区域间旅行时间的减少地理距离产生的相对变形，铁路发展将地区更有效的紧密结合在一起

基于时间维度，可总结长三角城市群的空间范围拓展发展历程：1990年以前（普速铁路时代），这一时期长三角地区几乎没有高速公路，公路交通主要停留在国道、省道、乡镇道路等低级别的道路上，因此主要交通方式仍然是依托沪宁合、沪杭甬两条铁路联系区域内主要城市，长三角"两小时经济圈"只能辐射无锡、常州、苏州、杭州、嘉兴等紧邻上海周边的少数城市；1990年至2000年（公路时代），随着高速公路的建设，镇江、湖州、绍兴进一步融入，长三角"两小时经济圈"逐渐贯通沪宁、沪杭通道全线；2000年至2010年（大桥时代），随着苏通、杭州湾等跨江跨海大桥的建成，长三角"两小时经济圈"变得更加丰满，向北纳入南通、扬州、泰州，向南跨过杭州湾，辐射浙江沿海；2010年至2020年（高速铁路时代），随着高速铁路网络的建设，特别是沿海、沿江以及沪宁合高铁的贯通，浙东沿海、浙西南山区以及苏北和皖江淮地区也将融入长三角，长三角"两小时经济圈"将覆盖上海、江苏、浙江全境以及安徽除亳州以外的40余个城市。长三角城市群内所有城市与上海之间的最短往返时间可以控制在4小时以内，能够实现当日工作往返。高速铁路开启了长三角地区进入经济、社会和政府治理等全面"一体化"的新时代。[8]

此外，我国京津冀、珠三角、粤港澳大湾区城市群的"两小时经济圈"，也在高速铁路网的持续完善建设中日益趋于成熟、成型。

重塑空间结构

作为公共建筑产品，铁路客站承担客运交通的重任，并兼有推动社会经济、促进城市结构更新以及文化传播的多重效能。高速铁路的诞生及其所产生的巨大影响力，改变了城市及城际间的空间关系、商业往来以及地区环境，也为城市生活和铁路客站未来建设的主导方向提供了多元化发展的可能性。

高速铁路建成后，沿线城市间的铁路出行时间大大缩短，降低了城市间的交通出行成本。高速铁路沿线城市之间的人流、货流、信息流交

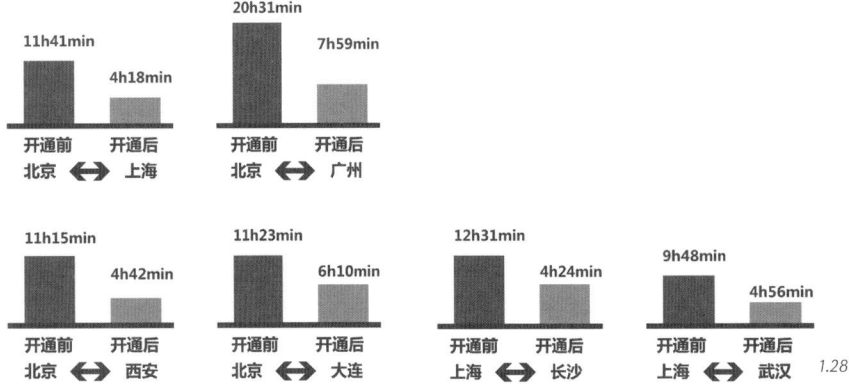

1.28

换加速,城市间的职能分工也产生调整,导致区域内的城市结构体系发生变化。施皮克曼(Spiekermann)和韦格纳(Wegener)用"时空地图"的方法分析对比了欧洲西部地区在1990年代初期利用火车出行的时间与2010年欧洲高速铁路网络建成后的利用高铁出行时间,从中我们可以看出,在高速铁路的联系下,欧洲大陆的整体资源共享和贸易往来正变得更加紧密。[9]

高铁对城市空间结构的影响主要体现在两个层面:大尺度的区域角度,高铁可以强化区域中心城市的集聚效应,使资金、信息、人才向中心城市聚集,提升中心城市对周边城市的辐射、扩散效应,促进同城化效应出现;小尺度的城市内部角度,高铁车站对周边城市空间有触媒作用,能够引发该地区的转型和城市空间重组。位于中心城区的高铁站,能够带动中心城区的复兴,重燃城市活力,形成新的城市经济增长点,位于城市外围区的高铁站,可以助力新城市中心的发展,促进形成多核城市结构,拓展城市空间。京沪高铁沿途23个站点,其中有一半城市的高铁站位于城市外围区,并围绕高铁站区配套建设居住、餐饮和商业等服务功能设施,形成新型高铁新城社区或者与高铁相关的城市新兴产业区。

广义的空间无形而无限,时间约束了我们的空间认知,而速度则改变了相对的时间。人类进化在很大程度上与时间、速度密切相关,高铁之所以能使我们对时空结构产生新的认知,也正是因为其速度提升带来的变化。高速度致使相对时间缩短,可穿越的空间被放大,人的活动范围扩大了,所关联需求和行为方式的空间也随之被改变。近年来,由交通设施快速发展而产生的线状城市群和网络状城市群的概念应运而生。

带动区域经济

高铁于城市而言是一种后嵌入的城际运输方式,既影响城际关系,更影响城市内部的交通组织。高铁的速度决定其在具有主要优势的距离和客

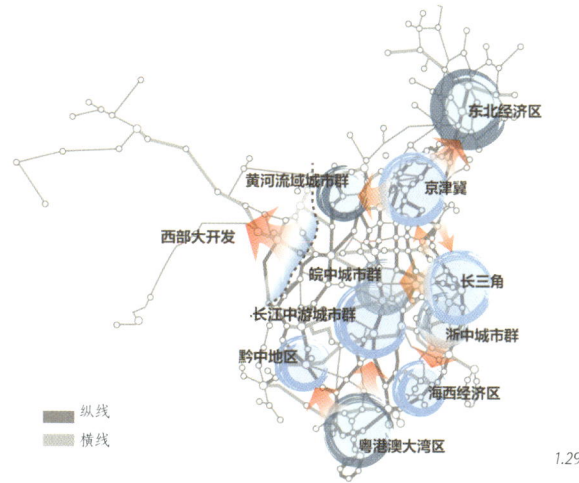

图1.28 高铁缩短了城市间时间距离
图1.29 高铁构建了经济发展新版图

运量规模范围内显现出巨大的市场竞争力。城市交通建筑空间设计有别于其他公共建筑的特点，显然是效率与效能的综合体现，速度改变时间，时间改变社会结构、经济结构以及人类生存的空间环境。

高铁作为大运量的运输系统，单向客流输送日运量可达5~15万人次，改变了各个城市在一个特定区域内的交通连接度和可达性。旅客2小时左右的行程所能到达的范围，大约距离在500公里到600公里之间。在这个距离范围内，高速铁路优势显著，与航空出行相比高速铁路的乘车手续更为方便，几乎免受气候条件的影响，可以保障乘客的出行时间和出行计划；与汽车出行相比，高速铁路更加安全舒适，免去长时间自驾车的疲劳。高铁出行拥有的这些优势，契合了大量商务旅行的需求，单程约两小时的交通距离恰好可以满足需要当天往返的商务旅行活动，因而促使大城市周边"两小时都市圈经济"的形成，使异地生活、工作成为可能。

昆山南站是京沪高铁线上的车站，每天有210余趟动车组在这里停靠，如此高的列车开行密度给生活在周边地区、工作在上海的人们带来很大的便利。从昆山南乘高铁到虹桥站最快只需16分钟，换乘地铁到市中心不到一个小时，再加上高铁的准时、安全便捷、通畅的特性，让原本两座城市变成了同一个"社区"。高铁带来的时空压缩效应加速了城市间资源的流动，强化了城市间经济联系，进而形成产业相互依赖的经济圈或者产业带。同时高铁建设直接推动了城市基础设施建设，推进高新技术和原材料应用等经济活动发展，为城市提供更多的就业机会，进而带动沿线城市的人口增长，促进沿线城市相关产业的发展，特别是商贸服务业、旅游业和房地产业等，拉动区域经济的增长。

"四纵四横"高铁网已经成为连接我国京津冀、长三角、粤港澳大湾区等经济板块，实现主要城市互联互通的核心脊梁。串联起新城镇带、黄金旅游带、产业聚集带和经济繁荣带；优化经济资源配置、助力城市化进程、提升综合经

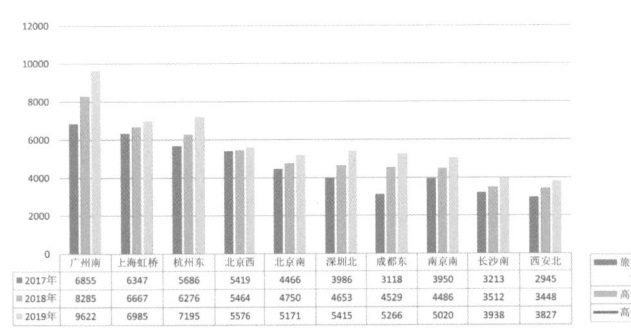 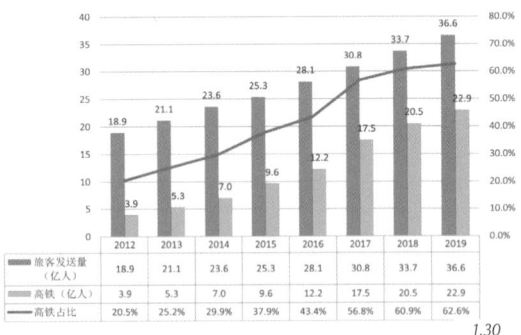

图1.30 主要高铁客站旅客发送量（万人），铁路客站旅客发送量（亿人）——高铁成为旅客运输主力：主要高铁客站旅客发送量不断刷新，客站累计发送高铁运量持续快速增长

图1.31 世界各国高铁里程统计（截至2019年底）中国高铁里程占世界高铁总里程70%以上，遥居世界第一

济竞争力。高铁正在构建我国经济发展新版图，高铁经济成为国家发展的新引擎。

时间是财富，速度是生命。高速度固然带我们跨越了传统的空间边界，提高了工作的效率，也提升了生活的品质。然而，时间于我们的意义是相对的，纵然身处于一个高速前进的世界之中，我们更需要学会对时间的合理掌握，学会放慢速度思考，改变传统的思维方式，让时间产生意义，让空间变得更加美好。

1.2.3 高铁新时代

在国家经济大战略背景下，中国高铁迅速发展，创造了从"追赶"到"领先"的跨越奇迹，如今中国高铁以世界前所未有的运营速度、技术水平和建设规模，成为世界高速铁路发展的新航标。

发展契机

铁路有史以来在交通领域的发展中举足轻重，无论在任何时期、任何国家或地区，都对社会经济建设和城市发展起到强烈的推动作用，并做出了不可磨灭的贡献。在人口数量庞大、国土面积广袤的中国，铁路始终承担着中国交通50%以上的客运量和70%以上的货运量，而被誉为"国民经济的大动脉"。反观从中华人民共和国成立到改革开放再到今天，70年来中国经济发生了巨大变化：1952年国民人均GDP仅为119元（36美元），是世界少数最贫穷国家之一；1978年国民人均GDP为381元（221美元），有了显著进步，但仍属于低收入贫穷国家；经历40年改革开放，2019年国民人均GDP达到70892元（10738美元），成为中等收入国家。66年平均GDP增速8.1%，人均GDP增速6.7%，国民人均收入增速5.9%。同时，城镇化率从1958年的16.2%，1978年的7.9%，到2019年的60.6%，经济建设、城市发展成就显著。[10]

中国高铁就是诞生在这个发展过程中的最后十

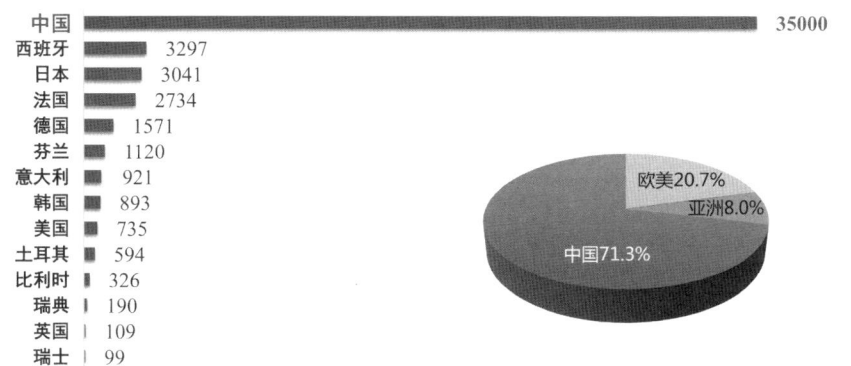

1.31

年,基于中国社会和谐、科技进步、高速建设、稳步发展的时期,中国高铁从无到有、从有向好、从好变强。这期间,高铁建设历经磨砺、日益壮大,并坚持独立自主发展、奋发图强,再次助力中国的经济建设、城市发展而迈向时代的新高度。新一代高速动车组复兴号以时速350公里上线运行,一大批具有世界先进水平的标志性工程成为新时代的中国地标。中国高铁砥砺前行,创造着中国速度,彰显着中国力量,诠释着中国故事。

21世纪,广泛国际化科技合作、经济共享发展的今天,高速铁路在中国作为一种新型的城市对外交通运输方式,逐渐成为世界关注的热点,并正在逐步改变着我国现代社会的生活方式。《中长期铁路网规划》(2016—2030)在已经提前成型的"四纵四横"路网基础上,描绘了新时代"八纵八横"高速铁路网的辉煌前景,截至2019底,中国高铁运营里程已突破3.5万公里,建设新型客站一千四百余座,这些数据仍在持续增长,中国高铁已贯通全国各省市和地区,标志着一个拥有高铁速度的新时代全面启程。

交通强国

世界铁路从诞生到今天,走过了二百多年艰辛的发展历程,它是人类历史和近代文明进步的重要标志,也是人类科技发展的重要转折点。无论是作为交通工具的进化、运输能力的提升,还是对经济贸易的促进和城市化进程的推动,都具有划时代的重要意义。世界上第一条真正意义上的高速铁路——日本东海道新干线,于1964年10月1日在日本正式通车,从东京起始,途经名古屋,京都等地终至新大阪,全长515.4公里,运营时速高达210公里,它的建成通车标志着世界高速铁路新纪元的到来。紧随其后的法国、意大利、德国也纷纷修建了高速铁路,对整个欧洲产生了很大影响。21纪初,以350公里时速运行的京津城际高速铁路开通,预示着中国也加入了国际高速铁路建设发展的前列。

连接各个城市间铁路线网的铁路车站作为国家重要的基础交通设施,承担着地区物资、资源输送的基本任务，铁路客站更肩负着庞大的旅客运输的重任。与西方发达国家相比中国有着不同的特色，城市相对密集、人口众多是最为显著的特点。《中长期铁路网规划》于2004年1月经国务院常务会议讨论通过，要求2020年建设目标：高铁里程1.6万公里以上，高铁客站800座以上。时至今日，中国铁路对外公开发布：截至2020年8月，我国高铁已累计运输旅客超过125亿人次，累计完成旅客周转量3.34万亿人公里，发送量远超全球70亿人口总数。为人熟知的"春运"，近二十年来，"春运"期间铁路客站发送客流量不断刷新，从2002年的1.3亿人次到2019年的4.1亿人次，在四十天左右的时间内，相当于欧洲半数以上总人口的一次庞大规模的铁路客运迁徙。高铁网络规模快速扩大，截至2019年底全国路网总规模13.9万公里，其中，高铁里程达3.5万公里，占世界高铁总里程70%以上，遥居世界第一。高铁动车组比重持续提升，全路最新运行图铺排客车9913列，其中高铁动车组7882列，占比近80%，建设成就实现了全面超越。

中国仍面临着可能是世界城市中最困难的交通问题，由巨大的旅客流量而形成复杂的城市交通显然成为铁路客运建设的最大阻力。而这样的数据依然表明，铁路交通的持续发展也将孕育中国走向国际市场的巨大潜力。近年来，我国基础设施建设和交通事业快速发展，已成为名副其实的交通大国。十九大报告首次提出"交通强国"，明确了国家战略发展的导向，为我国交通建设的未来描绘了宏伟蓝图。交通运输是国民经济的基础性、先导性、战略性产业和重要服务性行业，铁路作为交通运输业中至关重要的组成部分，是国民经济大动脉、国家重要基础设施和大众化交通工具，在我国经济社会发展中的地位和作用重大。中国国家铁路集团有限公司围绕"交通强国"的战略方向，进一步提出了"交通强国、铁路先行"的目标，迎来了以改革创新引领铁路建设高质量发展的新时代。进入21世纪以来20年时间内，作为中国社会改革开放40年的重要成就，高速铁路建设无疑成为中国在此期间贡献于世界的伟大创举，对推动我国经济增长，加快城镇发展进程，缩小城乡建设差距以及基础交通设施升级，具有历史性的意义。

国际视野

信息时代的开启，人类世界的连接跨越了时空的界线，任何交流变得畅通而便捷。最早的"全球化"概念可以追溯到大航海时代，人类突破了有限的生存疆域，寻找更大的发展空间，建立起异域间的贸易往来和无界的交流与合作。"全球化"可以理解为一个过程、政策和市场战略，抑或是某种困境。20世纪80年代后，以经济全球化为核心而广泛影响到各国文化、军事、政治、科技，以及意识形态、价值观等多领域多层次。尽管2020年的全球"新型冠状病毒"疫情以及"中美贸易战"等事件引发了国际形势的震荡和巨变，致使未来国际交流与合作关系发展存在着复杂性和不确定性，但"全球化"仍将成为一个令全世界关注而无可回避的议题。

中国的发展顺应了"全球化"潮流。20世纪末到21世纪初，中国准确定位，吸纳先进的生产力，并迅速融入国际市场经济，经济建设持续稳定地发展、成长、崛起。改革开放无疑是中国步入世界舞台的历史转折点，也是中国经济高速发展的重要起点。经历了多年的韬光养晦和自主发展，中国正在积极融入经济全球化进程，实现经济社会快速发展，并朝着更加自由的市场经济、富有成效的国际合作和独具特色的政治主张方向前进，令国际社会认识到巨大的中国市场潜力和发展趋势。21世纪，尤其2008年的全球金融危机之后，中国对世界贸易的影响越来越显著。随着产业结构升级，中国与世界其他国家经济往来互动的性质也发生变化，这种经济关系正从互补转向竞争。

诚然，全球化对于本土文化来说又是一把双刃剑，虽然全球化可以大大推进本土文化的创新与发展，但也会使得本土文化的内涵与自我更新能力逐渐模糊或丧失。立足国际视野，中国提出了"一带一路""构建人类命运共同体"的合作构想，以及2020"新冠病毒"疫情下的防控战略措施和取得的阶段性胜利成果，无不在向世界提供"中国智慧"和"中国理念"的中国方案：构建以合作共赢为核心的新型国际关系，建立平等相待、互商互谅的伙伴关系；营造公道正义、共建共享的安全格局；谋求开放创新、包容互惠的发展前景；促进和而不同、兼收并蓄的文明交流；构筑尊崇自然、绿色发展的生态体系，这些都表现出中国主动参与重构经济全球化秩序的信心与决心。

1.3 中国铁路客站的实践

蓬勃发展的铁路行业推动铁路客站建设的快速发展，铁路客站在我国高速铁路线网上发挥了极其重要的作用。从2008年京津城际高速铁路线开通营运，我国首座新型高铁车站北京南站建成以来，相继十年，逾千座新型铁路客站投入使用。速度和效率的提升几乎在一瞬间化解了中国铁路"脏、乱、差"的多年难题，"春运"难也早已成为过去式。中国铁路客站建设成绩斐然，令世界瞩目。

1.3.1 崛起之路

从淞沪铁路到京张铁路，从京津城际到"八纵八横"，从蒸汽机到内燃机、电力机车再到高速动车组，历经百年，中国铁路发展走过了从被动输入到技术输出的艰难历程。

艰难起步

1905~1909年间建造的京张铁路可以说是中国人自主出资、规划兴建的首条铁路线。虽然在铁路建造上还是沿用了西方的技术，但在第一代留洋学成归国的詹天佑先生主持下，京张铁路留下了许多中国传统文化、智慧和创造的印记。"标准轨距""郑氏车钩""人字坡""八达岭隧道""苏州码子"等一系列先进技术引进、改良、施工工法运用、创新以及文化传承、光大，展现了一个民族艰苦卓绝、自强不息的精神。正如詹天佑在通车典礼上的致辞："此路的

图 1.32 京张铁路重要技术应用简图
图 1.33 苏州码子
图 1.34 京张铁路官员：前排中为詹天佑
图 1.35 北京火车站
图 1.36 火车站组图：依次为北京西站、杭州站、沈阳北站、郑州站、天津站、上海站、深圳站

修筑，经历了四年。在这四年内，鄙人和同事诸君，饱有引人兴味的和令人忘却疲劳的工作。我们正是以修筑全由中国人自力完成的铁路而感到自豪……而现在，中国已经开始由中国工程师自己筑路了，并且已经建成了第一条全由中国人自力修筑的铁路。中国确实进步迟缓，但虽迟缓，却是确实地前进了。"[11] 京张铁路如同中国铁路传承和发展创新的基石，为中国铁路技术储备和民族工业振兴奠定了自主发展的坚实基础。

中国近代工业基础薄弱，科技落后，铁路建设几乎完全依赖发达国家的技术。回溯历史，从中国大地上诞生的第一座火车站起，可以看到外来殖民文化予以中国铁路车站的痕迹。19世纪初，铁路技术被引入中国，主要作用为物资的输送，最早的铁路客站仅仅是机车在铁路线上营运的配套设施，相对狭小而简陋，并多出现于当时被殖民的城市。所以，无论是机车、轨道技术还是车站的建筑形制和表现风格几乎无一例外地被赋予了西方古典文化的标签。以梁思成、杨廷宝等为代表的一代中国建筑师的成长，改变了中国近代建筑意识形态对西方文化的依赖。1959年由杨廷宝、陈登鳌和张致中

主持设计建造的北京站，从诞生之时便走向了建筑回归本土化的创新之路，形成并繁荣了铁路客站建筑设计创作文化。

持续创新

中国铁路客站的设计创作从萌芽期的殖民文化移植，进化为民族形式的嫁接，发展到20世纪70年代之后受现代主义思潮影响的快速成长期，铁路客站经历了几个不同时期的蜕变，进入了自主设计创作和理论探索高潮，1974年竣工的广州站和建成于1977年的长沙站等，车站建筑形式让人记忆深刻，成为这一时期铁路客站建筑的代表。改革开放后，面临巨大的城市交通压力，中国铁路并没有止步创新，更没被本土文化封闭，而是以开放的姿态步入国际社会，汲取先进国家的技术经验和创新理念，博采众长、兼容并蓄。其后新建和改建了一大批火车站：北京西站，上海新客站，杭州站，天津站，沈阳北站，深圳站，郑州站，成都站等等，从城市布局、客站功能、交通组织、空间形式以及客站管理、建造技术、营运服务等多方位进行全面的系统性研究和广泛实践。直至21世纪初以南京站、上海南站为代表的铁路客站建成，学习并吸纳发达国家铁路客站设计和建造的先进技术经验，改变了传统普速客站的面貌，为即将在中国大地面世的新型高铁车站做好了前期技术储备，打下了深厚的基础。

自我革命

从2008年京津城际高速铁路开通，北京南站落成至今，我国已经完成了逾千座新型铁路客站的建设。这是不可思议的、短暂的10年，几乎是一个发达国家成功建造几个特大型火车站所花费的时间。这一切归功于我国无数辛勤工作的科技工作者和建设者，用勤劳和智慧、艰辛的付出、艰难的实践甚至是以生命的透支而换来的宝贵财富。客观上，从科学的角度看这个短暂的发展时间，我们经历了从无到有，从落后到先进的过程，但仍将付出更大努力去实现技术的突破和品质的进一步超越。

从一些学者展开的高铁车站旅客满意度调查研

究中发现，现行铁路客站在信息问询、站内换乘、进出站空间功能设置、标识导向、商业设施、差异化服务以及应急措施等多个方面反映出不同的问题，尤其以旅客进出站过程与城市内部公共交通的换乘问题为甚。可见，在网络信息发达的当下，铁路客站所呈现的这些问题的原因源自于各个方面，却往往被诟病而产生不良的社会影响，并阻碍城市交通的结构性发展。新时代铁路客站设计创新面临着新需求和新问题，新机遇和新挑战，也将铁路客站建设又一次推向了国家交通学科发展的前沿。

科学是建立在对事物的不断认知、不懈实践以及严密思考和反复论证的基础之上。中国铁路客站设计建设曾经依靠发达国家的理论、科技和经验为基础艰难起步，通过几代铁路人努力学习、坚持实践、自我革命、勇于创新的精神传承，取得了历史性的突破和发展，创造了新的辉煌，新时代我们将始终为实现理想而执着前行，牢记使命、不忘初心。

1.3.2 建设发展观

历史证明，在先进建设理念指引下的学科理论的发展往往是实践创新的前提和基础，而实践基础上的理论创新又成为社会进步和变革的先导，实践同时也推动了理论的成长和完善。缺乏指导理念和理论研究的再提升，就不可能有实践创新的新境界和新动力。

指导方针

在中国国民经济恢复时期，1952年7月，第一次全国建筑工程会议提出建筑设计的总方针：适用、坚固安全、经济、适当照顾外形的美观。之后，根据建造技术的发展，"坚固安全"被作为建筑的必备基础条件，不再出现并将总方针修正为"适用、经济、在可能条件下注意美观"。在1956年国务院下发了《关于加强设计工作的决定》中，明确提出"在民用建筑的设计中，必须全面掌握适用、经济、在可能条件下注意美观的原则"。

建筑方针是指导建筑行业发展导向的根本大纲，是落实政策、制定标准的基本依据，直至2016年2月6日发布的《中共中央国务院关于进一步加强城市规划建设管理工作的若干意见》中，结合当代的城市生态化建设的趋势，提出建筑"适用、经济、绿色、美观"的八字方针，进一步完善了建筑设计纲要，而适用、经济、美观三大基本方向并没有改变。

在这个方针的指引下，城市基础设施领域的各行各业，都以此为纲并出台相应的细则指导行业发展。21世纪初，原铁道部在我国新型高铁客站建设展开之际，提出了"功能性、系统性、先进性、文化性、经济性"的五性设计理念，为我国铁路客站规划设计建设发展提出了指导性和方向性意见。

设计理念

"坚持中西合璧、以中为主、古今交融，弘扬中华优秀传统文化，保留中华文化基因，彰显地域文化特色"，2018年4月《河北雄安新区规划纲要》中对塑造新时代城市风貌的指示精神，不仅是针对雄安新区建设的指导纲要，也进一步为我国新时代城市规划和空间环境设计建设指明了新的发展方向。

今天，中国国家铁路集团有限公司以"创新、协调、绿色、开放、共享"的新时代发展理念为指导，在铁路客站"五性"设计理念的基础上深化研究，紧紧围绕"三个世界领先"、"三个进一步提升"的奋斗目标，牢牢把握铁路客站服务旅客的根本属性，努力实现铁路客站运营管理的智能高效和绿色低碳，充分发挥铁路客站传承经典文化艺术和提升城市综合竞争力的价值外延，创新设计理念、方法与技术，努力打造一批新时代精品客站，不断满足旅客对美好出行的新需求，进一步提升旅客的获得感和幸福感。同时通过以更加精准而全面的服务为出发点，提出了响应新时代发展的"畅通融合、绿色温馨、经济艺术、智能高效"的十六字建设新理念，涵盖了城市交通与环境、自然与科技、人文与艺术、行为与体验、效率与效益等相互关系和发展层次，其主旨是加强推进新时代铁路客站的理论和实践创新，其拓展的外延是创造价值。在这个新理念的指引下，深入总结十余年来建设的经验与教训，以问题为导向，以科技、人文、生态为支撑，进一步研究铁路客站未来的发展方向，成为设计理论、实践创新的驱动力。

价值取向
中国今昔铁路客站建设的最大区别是客站与城市关系的转变。长期以来，站城关系从互不相干、各自为政的封闭、被动型结构，正开始逐步转化为良性开放、互利的模式，并蕴藏着深度融合、协同发展的巨大潜力。未来将立足于以人为本、以交通为核心，着力于研究站城间交融发展、和谐发展、人文发展、智慧发展等方向的双向共赢契合点，多向度参与城市建构，创造铁路客站的最大化城市贡献和社会价值。

交融发展——由大运量铁路客站交通引发的问题和矛盾始终是客站区域城市建设发展的瓶颈。单纯的交通问题相对容易解决，困难的是如何既化解交通矛盾又能激发满足多元化行为活动需求的城市空间潜力，将客流交通集散的矛盾问题转化为可达性优势和社会经济发展的动力。深入研究交通与城市衔接的关系，在充分保证铁路客运与城市交通顺畅对接的前提下，从整体上全面考虑城市复合功能与铁路客运服务设施的空间融合，相互渗透，形成交通和多功能业态"无缝衔接"，站城关系深度交融和经济利益共享共赢的策略。

和谐发展——现代大型铁路客站建设对城市发展而言无疑是催化剂，无论在方便出行、经济交流、城市更新等方面都具有强大的影响力。然而，由客运需求导致的庞大建筑体量以及铁路线性决定的线状基础设施条件等不容忽视的客观因素，都会影响城市空间环境的均衡发展。以生态城市建设为目标的和谐发展策略，将要求新时代铁路客站必须创造新的站城空间形式，开放客站的城市界面，协调城市空间环境和城市生活，使之成为充满活力之地，成为绿色、温馨的城市公共场所和百姓的生活乐园。

人文发展——当代的人类文明进步和文化传承同样是融入铁路客站进一步发展的核心内容，并将参与全面的城市的文化建构。在中国，铁路客站始终被被誉为城市精神的标志和文明的象征，展现出深厚的文化底蕴，同时也显现了艺术作为文化表征而产生的积极影响和社会传播的意义。新时代的铁路客站将在满足便捷的交通出行需求和在市场经济的可行性条件下，结合建造工艺、材料应用等手段，丰富客站空间的文化艺术创作，生动展现地域文化和铁路文化的双重内涵，创造新时代铁路交通的新文化。

智慧发展——过去十多年的铁路客站建设，使客站营运脱胎于传统的分离式小空间等候模式演变为快进快出的共享型大空间流动形态，从普遍的人工服务转化为智能化行程自助，充分见证了科学营运管理的升级和智能科技的作用。科学创造作为新的支柱，终将是主导新时代铁路客站转型的重要驱动力。智慧是思想的源泉，更将是指导智能技术运用和发展的引擎。坚持科学发展观并不局限于科技的创新，还需要思维和理论的创新，以新思维、新理论引导设计方法、建造技术、制作工艺、智能运维的创新，从而创建新时代的智慧铁路客站。

注释:

[1] 董利民. 城市经济学 [M]. 北京: 清华大学出版社, 2011.238-239.

[2] 布鲁诺·赛维. 建筑空间论——如何品评建筑 [M]. 张似赞, 译. 北京: 中国建筑工业出版社, 1985.19.

[3] 数据来自 https://countrymeters.info/cn/World.

[4] 数据来自麦肯锡全球研究院《城市的世界: 在城市中遇到的下一个人口挑战》urban world: meeting the demographic challenge in cities, https://www.mckinsey.com/featured-insights/urbanization/urban-world-meeting-the-demographic-challenge-in-cities。

[5] 数据来自2018年《城市竞争力蓝皮书——中国城市竞争力报告》。

[6] 西班牙月台源自1930年代至今西班牙巴塞罗那地铁流行采用的月台布局, 因此亦称巴塞罗那解决方案。其原理是一条轨道由两组月台供列车停靠, 有时会被设计成一边月台只供乘客下车, 而另一边相反只供乘客上车或候车用, 但亦有例子是两边皆可自由上下车。[维基百科].

[7] 世界银行, 中国的高速铁路发展报告, 2018.32-33.

[8] 倪鹏飞, 李冕. 长三角区域经济发展现状与对策研究. 中国区域发展网 http://www.cre.org.cn/list3/sanjiao/8224.html

[9] 郑瑞山. 高速铁路建设对城市的影响及高铁站地区规划 [C]// 生态文明视角下的城乡规划——中国城市规划年会论文集: [s. n.], 2008: 4924-4932.

[10] 数据根据著名经济学家王小鲁《从一穷二白到世界第二大经济体——新中国成立70年来经济发展的回顾与展望》的报告修正至2019年.

[11] 詹天佑科学技术发展基金会, 詹天佑纪念馆. 詹天佑文集——纪念詹天佑诞辰145周年 [M]. 北京: 中国铁道出版社, 2006.16.

未来由现在开始缔造,现在从历史中走来,我们总结昨天的经验与教训,剖析今天的问题与机遇,以期21世纪里能够更为自觉地把我们的星球——人类的家园——营建得更加美好、宜人。[1]

贰

新时代铁路客站演变

当代客站环境变化

旅客行为活动变迁

客运系统变化趋势

以北京南站为代表的第一批高铁客站投入营运以来，快速和大规模的铁路客站建设化解了百姓出行难的刚性需求，改变了地区间的时空格局和城市面貌，也使中国铁路客站面向国际，走上了新的发展平台。从"四纵四横"到"八纵八横"高铁网络的建构完善，无论在推动城市经济发展、促进贸易交流、地区产业升级乃至客站环境升级、出行品质提高等方面，都发生了链锁变化。高铁改变了人们的传统观念，也打开了我们的视野。

2.1 当代客站环境变化

新时代日益增长的城市生活需要和环境品质的提升，促使铁路客站不仅以满足高效的日常客运交通为基本目标，更需要同时兼顾大众多目的出行的社会文化需求，融入复合多样的城市功能，与当代城市环境形成有机的衔接。

2.1.1 建设环境

社会经济发展和铁路客运量的连年攀升，催生了旅客出行多样化需求的不断增长，并推动铁路客站通过提供完善的各类服务设施，向客运功能综合型方向发展，营造具有亲和力、人性化、生活化的空间环境氛围，改变传统客站单调、封闭的面貌。

社会需求

新时代，国家区域协调发展战略，确定了以城市群为主体构建大中小城市和小城镇协调发展的城镇格局的新方略和实施路径，对我国拓展区域联动的新型空间关系和建设现代化的经济体系，推进创新驱动、质量为先的城市与区域一体化发展起到价值引领作用。

在决策全面建成小康社会、开启我国社会主义现代化建设新征程的艰辛实践中，进一步创新城市与城市群的空间规划理念，构建区域融合、协同发展的现代城市群结构体系；有利于加快建立起高效的区域发展协调机制，在对接全球城市体系中进行创新资源要素的配置，培育特色，打造多向支撑的创新空间载体，从而迈向以城市群为主体，高质量区域协调发展的现代化之路。铁路交通发展为城市化进程的稳步推进打下了坚实的基础，也为城市公共交通建设创造了条件，多年来在国家建设战略指导下的频繁实践，铁路客站面对日益增长的社会需求而更新换代，积累了丰富的经验，建立起客站设计理论与创新的基础平台，进一步从交通、生态、人文、科技等方面融入城市再发展的新环境。

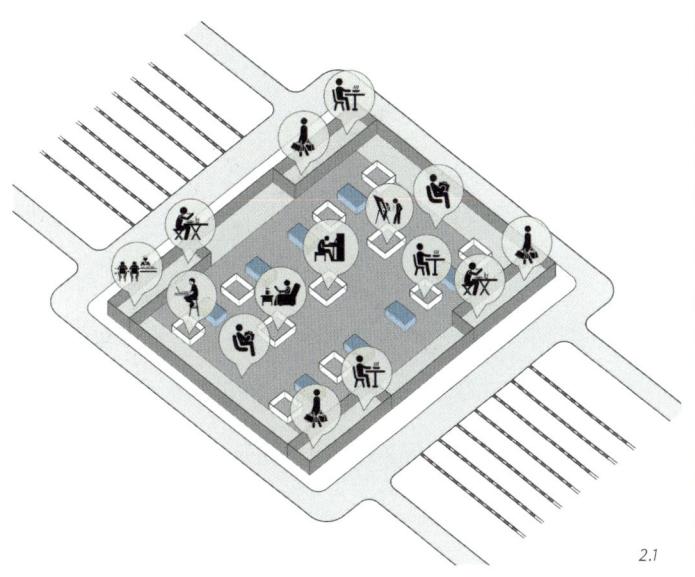

图 2.1 人本需求候车空间演变——多样化站内候车空间
图 2.2-2.3 车站内展览、表演等文化活动

铁路客站既服务铁路旅客又面向城市需求，逐渐由配套铁路客运服务设施的从属地位，上升为连接各城市对外客流交通的重要节点，并正在成为铁路客运网络和城市地区生活双向作用的公共空间场所。曾经以"城市门户"引以为豪的客站形态设计，将被赋予更多城市生活内涵，进一步激发客站核心功能的扩展，并参与城市文化、经济、环境的行为和空间建构。

人本需求

京沪高铁连接着京津冀和长三角两大经济圈。据环球网报道，京沪高铁自2011年6月30日开通至2019年6月30日，8年来累计开行列车94.4万列，年均增长17.9%；累计运送旅客10.3亿人次，仅京沪高铁最南端的始发站上海虹桥站，自开站起已向全国各地发送旅客4亿人次，年均增长20.4%，平均客座率从66.1%提升到78.3%，取得了良好的经济效益和社会综合效益。多年来，京沪高铁实现了运能、运量的连年增长以及配套服务转型创新，成功地将优质、便捷的高铁服务融入了千家万户的日常旅行生活之中，成为现今国内仅有的客运盈利高铁线路。

另一组数据来自海南省政府网站，同样显示了海南地区快速增长的客流需求。从2011年到2017年，海南环岛高铁共发送旅客超过1亿人次；单日旅客发送量超过13万人次；年发送量则从2011年的936万人次增长到2017年的2539万人次。

频繁、持续增长的铁路客运量显示，旅客是铁路客站发展的原动力。高铁改变了中国的经济格局，使商务客流明显增长；高铁缩短了城乡

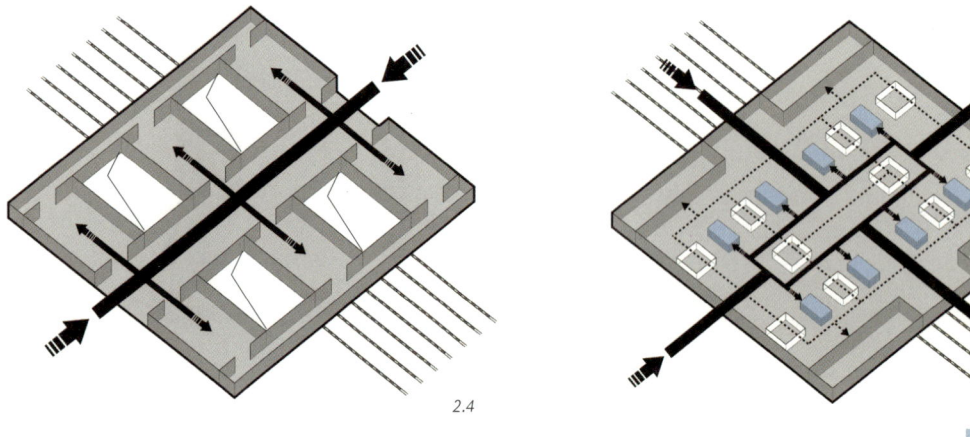

图 2.4-2.5 路径空间演变——图 2.4 单一交通路径，图 2.5 扩大化路径，融入多功能开发空间
图 2.6-2.9 西九龙站内多样化候车空间组图

距离，使异地务工人员竞相选择；高铁跨越了山川海河，平添了旅客"说走就走"的旅行。铁路出行不再是艰难的旅程选择，而成为一种日常的交通出行方式，并正在演变为一次愉悦的旅行体验。

客流量的放大，意味着城市的开放、经济的活跃和生活水平的提高，旅客群体的扩大，各类人群不同的出行品质需求随之显现。铁路客站既有"候车加餐饮"的基本配套服务模式，已经难以满足当代旅客更多样化的生活需求，车站也逐步改善以餐饮为主要商业配套的旅客服务设施，提供阅读、展示以及体验类的休憩服务产品，丰富站内空间环境；设置高品质的商务贵宾、社会弱势群体的独立候车空间以及卫生设施设备，提供差异性服务。一些客站甚至在节庆假日，在候车区自助搭台举办群众文艺演出，与旅客互动交流，双向展现城市地区和铁路文化精神。

铁路客站为满足客流群体的人性化、大众化、舒适化服务的需求，在建造工艺、安全质量和对细节的关注等方面已升级完善，并仍在持续优化客站本体的空间环境和技术应用的合理性。今天，面对新的社会环境和不断涌现的人本需求，铁路客站正以新时代的科技手段和更加开放的姿态，以国际化的交通空间设计视角，从社会经济、文化、环境以及旅客体验等多个维度进行综合完善和提高，面向个性化、差异化、集约化、生态化的全方位旅行过程服务，实现新一轮的观念转变。

出行需求

随身携带书刊杂志、零食小吃或迷你版娱乐电子装备等出门旅行，成为旅途中常见的现象，尽管多数旅客的目的是为了缓解漫长旅途的乏味，却也在一个侧面体现了当代旅客需求和个性化选择的多样性。为满足旅客所需而提供的人性化、多元化配套服务设施和优质的公共交通活动场所，共同营造了丰富多彩的旅行文化环境。

铁路客站旅行文化的多样性是由场所环境和使用者共同构成的，这在一些发达国家的车站中比较普遍，也有充分的表现，人们会利用短暂的候车时间在站内公共场所小憩，喝上一杯咖啡、翻阅时事杂志、享受宜人的环境或欣赏一处艺术装置，甚至观望片刻来自志愿者团体的公益演出。匆忙与悠闲交织、流动与静怡共存于一个以交通为中心的场所空间。片刻的休憩并没有影响交通，等候也不单调乏味，其有机结合的原因则是合理而巧妙地利用了扩大化的交通路径，将等候空间划分为若干个活动空间呈开放状态，渗透在行进通道的周边，功能上分离了通行与等候功能，形态上又相融于同一个空间。

我国近年新建的香港西九龙站的站内环境，为我们呈现了有趣的设计方法，也为未来客站的功能、业态选择和分布开启了新的思路。铁路客站可以通过文化的传播、艺术的展示、舒适的体验，让单调的交通出行饶有趣味，使旅行过程充满获得感。

2.6

2.7

2.8

2.9

铁路客站的交通流动属性，在根本上决定了其拥有最为广泛的受众资源。客站空间在交通行为发生的同时，兼具植入文化与艺术的媒介功能，展示、传播各类公众文化信息，寓教于铁路出行或将提升铁路客站的文化附加值，赋予车站兼顾城市公共活动场所的意义，使车站的文化空间环境成为旅行记忆的背景。

2.1.2 独立客站交通的局限

铁路客站一直以来都是以提供城市对外客运服务为宗旨，但同时也是城市生活的重要组成部分，反映了丰富的社会需求和人性化向往，新时代多功能、多元化、多样化的城市生活方式正无时不刻地影响铁路客站的建设环境。

单一客站功能的束缚

长期以来，铁路客站一直被视为城市重要的交通建筑，并按照所有相关交通建筑的功能定位展开设计，包括城市规划、区域道路规划、站前集散广场以及客站建筑等多个子项设计，一切围绕交通功能，看似是一个较为合理的设计流程。反观十余年来的客站建设，却暴露出一些问题和不足。在宏观规划层面上，多半铁路客站通常是立项在先，站区城市规划建设往往滞后，因此，一些新建铁路客站几乎只是被设计为一栋仅需要解决客流交通的建筑物而已，所谓城市规划、交通规划仅仅是作为客站设计的一个子项而展开，交通功能是核心问题，其他功能只作为简单配套子项而存在。由于缺乏整体规划框架的依据，子项的规划设计被局限于专注其独立的系统性。另一方面是源自交通功能的唯一性，优化了交通系统，却弱化了非交通功能为客站带来附加利益的可能性。对大中型城市而言，客站作为独立存在的铁路交通建筑概念，也许已经成为历史。无疑，作为城市大型公共交通建筑区别于其他民用建筑的重要特征，是其庞大人群的流动性，这种流动性决定了交通建筑难以孤立存在并运行，而必须与周边区域城市空间环境互动互融，并具有高度的复杂性、关联性和综合性。

上海虹桥站显然是一个很好的案例，正由于它联合航空、铁路、城市轨道交通以及公路客运的一体化建造模式，名副其实地被称之为虹桥客运枢纽。如果说这个案例比较极端，因为它地处一个国际化的都市，那么我们也可以寻找其他一些小一点城市，比如佛山西站，它是国内首座全线下式大型高铁客站，同时也是铁路改制后最先试点的城市综合体车站之一。佛山西站将两条地铁引入车站内，城市轨道交通、公交、长途、出租车及社会车实现在站内高效换乘，以交通枢纽为核心，高强度一体化开发周边用地，集聚区域人气，以枢纽客流带动为依托，发展零售商业、地下商业、地铁商城、商务办公、酒店、会展等设施，以交通功能为核心，空间关联城市功能，实现与周边区域的互融互动，打造特色的枢纽型商业商务核心区。由此可见，突破单一交通行为的束缚，开放客站多功能服务，复合型综合交通系统建设将获取更大的社会效益。

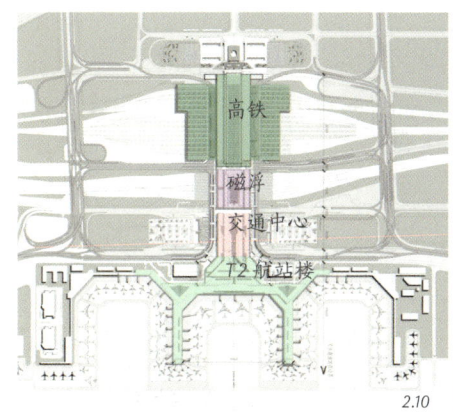
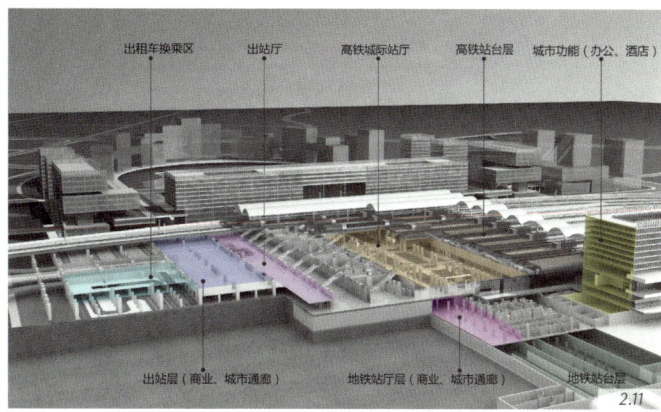

图 2.10 虹桥客运枢纽总图
图 2.11 佛山西站剖透视

客站与城市界面的约束

"关了门是客站,出了门是城市",这是传统铁路客站与城市关系长期以来的写照,种种来自各方的原因,致使这种思维的惯性依然存在,阻碍了客站区域城市的协调发展。许多城市由于铁路客站与区域建设时序的倒置,导致城市公共交通节点与相关服务功能的衔接,在整体规划布局上显得被动而仓促。广场被用于停车,客站出入口挤满了人群,铁路线两侧的城区活动功能难以通畅连结的现状情况,十分普遍,甚至部分新建车站也未能幸免。车站和城市各自完善自身的服务和管理体系而缺乏共享互补的一体化整合,弱贯通性、低融合度、各自为政的孤立空间形态,隔阂了一道无形边界。特别是城市基础设施系统,如隐蔽管线走廊、卫生设施、公共设备,或缺失或重叠,造成了空间利用和资源配置上的浪费。旅客可能会因为出站前错过了站内洗手间,出站后也许就得多走上百米去寻找,而信息标识的互不统一,也时常让旅客手足无措。

铁路客站是城市空间的组成部分,高度聚集的客流量以及城市交通的高可达性,孕育着铁路客站未来巨大的商机和市场化潜力。源于城市建设和社会经济的高速发展,客站建筑的本体系统优化、空间环境升级更需要进一步满足新时代国家建设战略发展的需求,单一的铁路交通建筑正在逐步转型为城市交通结构的重要节点以及地区城市规划的重要组成部分。

新近设计的广州白云站,通过一系列的综合交通空间组织策略来打破站与城僵硬的界面,实现站城的相互渗透融合:总体采用"方-圆-方"的空间形态布局,外方为城,内方为站,方圆之间形成两个"可呼吸"的景观广场;站房东西两侧与地铁交汇处设置了直通地下一层的"阳光谷",将绿色环境融入城市商业、市民休憩等多项活动功能,形成客流集散交汇、互融的"城市客厅"空间;在站场上方设置步行、捷运于一体的交通环,连接站房东西两侧的城市街区;营造铁路线上的城市活动基面,贯通南北"呼吸广场",平时作为休闲景观用途,客

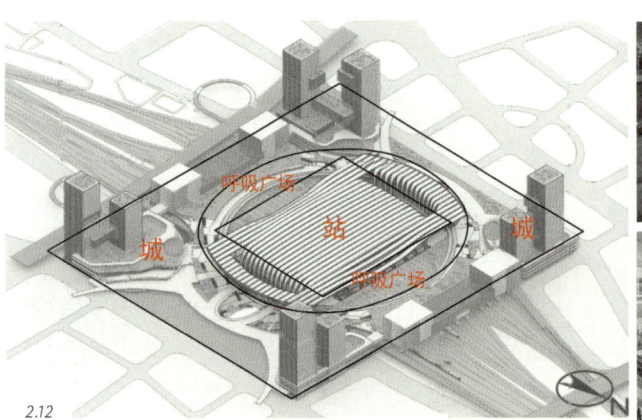

2.12
2.13
2.14

运高峰期可兼顾用作为旅客临时集聚空间，营造了可直接进站的弹性候乘空间新模式。白云站设计尝试利用绿化阶梯和环状捷运系统联络南北广场，并与四通八达的城市步行系统相连，提升多功能业态开发价值；站房南北侧站场上盖配合站区四角塔楼一体化规划，集商业、办公、公寓、酒店等城市功能，以激发客站区域的城市活力。

2.1.3 客运综合交通的建构

铁路客运综合交通枢纽，以铁路客站为核心，复合城市功能，协同城市的交通、环境和发展规划，实现与城市资源共享，提升综合竞争力和辐射力，激发城市活力，成为推动城市发展的重要引擎。

统筹设计规划

在我国大中型城市建设中，航空港、航运港、铁路客站都被作为单一运送旅客功能的交通建筑设计观念正在逐步成为历史，渐被综合客运交通枢纽的理念取而代之。新时代铁路客站正在肩负起同步参与区域城市建构的责任，并在助推城市交通建设过程中承担起不可或缺的重任。

一般情况下，综合客运交通具有以下三个方面特征：在地理位置上是地处两种及以上的运输工具共同服务地区对外客流的重要集散地；作为运输网络的重要组成部分，连接不同方向上的客流，对运输网络的畅通起着重要作用；在客流组织上，综合客运交通承担着各种交通运输工具的相互接驳功能，包括同类型客运方式的中转及不同客运工具的联运作业。这些特征构成了"客运交通枢纽"的内涵。它与航空港、航运码头、公路客运站等城市其他对外联系的客运交通设施，同属于交通建筑，基本的客运服务功能大致相仿，主要的作用是服务于旅客乘降铁路列车，或接送旅客离开或到达这座城市，而旅客到达或离开车站，则需要通过城市

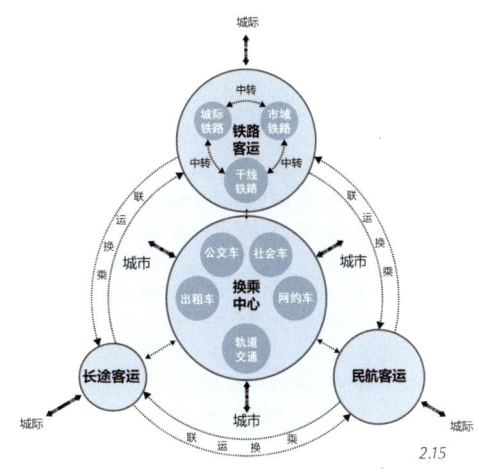

图 2.12 白云站站城关系图解
图 2.13-2.14 白云站"呼吸"广场——客运高峰可扩展为临时候车空间
图 2.15 综合客运枢纽图解

的交通工具运送。铁路和城市的双向综合客流运量决定了铁路客站的基本规模以及城市公共交通衔接设施规模，两者的相互作用，演化为城市极为重要的公共交通节点，如同城市与铁路客流双向快速疏解的空间容器，成为铁路客站空间区域城市交通可达性的有序保障，这种相互融合共同构成以铁路交通为主导的城市客运综合交通枢纽（以下简称"铁路客运综合交通枢纽"）。

铁路客运综合交通枢纽建设的主要意义在于其拥有畅通、高效、便捷的综合交通优势，产生城市特定区域的土地集约化利用、空间多功能复合、业态多元化集合等连锁反应，而作为地区之间的纽带对促进社会政治经济发展，有着不可替代的作用。同时由于其得天独厚的区位条件以及优质的交通资源，往往会催生城市的次级副中心形成，更可能塑造为人们进入该城市的门户地标。

大量的调研显示，许多矛盾和问题的产生并不在客站和城市分别管理的区域内，而恰好是在双方之间，统筹兼顾的整体性思考不足，不破除客站城市的双向界面，创新和发展都将走入瓶颈。

综合来看，铁路客运综合交通枢纽可以理解为是铁路＋公路客运＋城市公交（轨道交通、公交车）＋出租车＋社会车以及步行交通为一体的多交通方式客运集散之地，其涵盖高、中、低不同运量层次，与各种公共和社会交通工具需求的结合，产生了一个复杂而全面的交通疏解网络，对解决枢纽区域的城市交通问题起到了至关重要的作用。然而，其规划方式却并不是简单的铁路站＋地铁站＋公交站＋出租车站＝客运综合交通枢纽的功能叠加。铁路客运综合交通枢纽的建构，是一个逐步成长的过程，需要依据客流交通行为的需求和公共空间秩序的建立，采取一体化规划整合方式，人性化空间结构分布，统筹设计决策。综合协调铁路客站与城市交通衔接的关系，融入多样性服务功能，创造与地区环境、景观相和谐而丰富的公共活

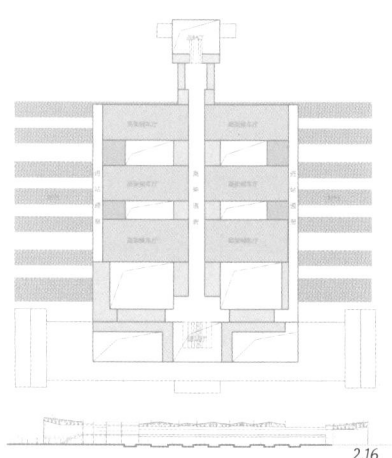

2.16

2.17

动场所，并提前预测预留，整体规划设计，分步、分区、分期实施。

协同交通组织

一体化交通组织设计显然是铁路客运综合交通枢纽规划的重心，主要由进站客流和出站客流疏解流程情况的两个方面构成；也可以从人行与车行交通组织两方面，理解为铁路客站接驳城市道路的机动车流交通和接驳城市公交的人流交通共同组成。但从密切关联城市交通的视角，铁路客站周边的城市公共交通空间关系和流线组织关系显得尤为重要。

构成进站客流交通行为主要表现在城市机动车道接入客站的方式，以及城市轨道交通和其他城市交通的接入方式，前者的主要解决途径是满足机动车流交通的区域路网规划，后者主要涉及建立站外客流步行交通体系。

20世纪80年代建成的上海站，首次采用了铁路线上候车的空间组织方式，突破了传统的线侧候车的铁路客站空间模式，这种新的流线组织，大大地缩短了旅客从侧式候车室通过检票后需要跨越天桥或地道才能进入站台登上列车的距离和时间。旅客可以提前在出发站台的上方等候，过了检票口，下楼梯就可直接进入站台上车。又因为上海站是通过站台下至地下通廊疏散的出站形式，所以就形成了日后被称为"上进下出"的客流组织模式。但是由于当时上海的城市快速道路系统并没有完全规划成型，而且当时的建造技术条件相对落后以及建设资金并不充裕，所以并没有架设高架城市车道在候车厅的同标高接入车站，致使旅客进站后必需通过高高的自动扶梯才能到达高架候车厅。以致在90年代铁路客流加剧增长的时期，车站地区的车流交通与城市建设环境难以相互适应，不堪负重。在当时也受到一些规划专家对上海站区域城市交通组织没有协同到位问题的批评。时至新世纪，车站以及周边城市空间经过多次

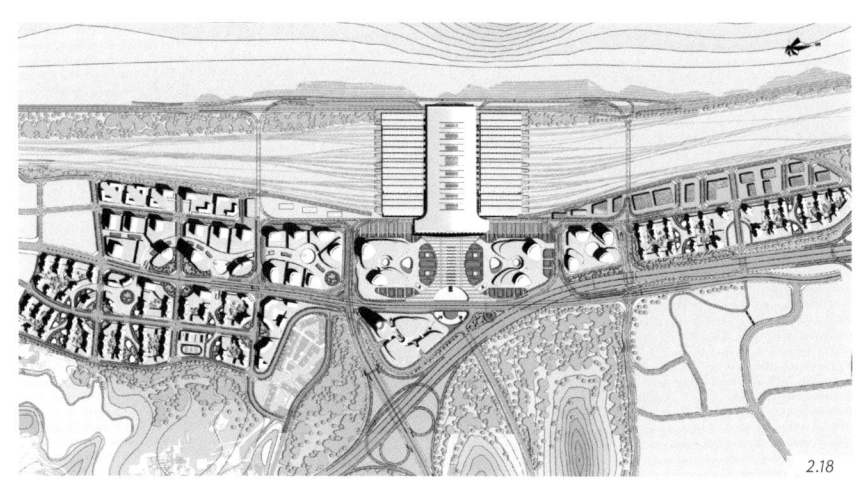

图 2.16 上海站简图
图 2.17 南京站鸟瞰图
图 2.18 重庆西站区域城市设计

改造扩建，直到上海站南北地下车库的修缮完成，解决了出租车和小汽车到达地下车库落客点的进站连通方式，才从整体上改善了车站地区的城市交通环境。

最早将城市高架机动车道引入铁路客站候车厅的是坐落在玄武湖畔，于2000年建成的南京站，其进站车道完全接入了城市的高架快速车道，旅客下车后平步进入车站的候车大厅等候，而下方就是停靠列车的站台。南京站的旅客路径流线设计，形成了客流组织与高铁速度相匹配的"快进快出"的进出站模式，成为日后我国高铁车站旅客流线组织与空间功能分布的雏形。南京站成为全国第一例实现了高架进站落客平台与候车空间同标高对接的新型车站，并与城市高架快速车道一体化建设贯通。由于站前城市高架车道是直接引入客站候车区，并为了方便不同方向的车流进站而设置了高架环形可掉头车道，因此在日后南京社会车辆的快速增长时期，高峰客流也造成了车辆在环形车道上的拥堵并影响到城市的快速道路交通，之后南京站地铁的开通，才逐步缓解了城市客流进站拥堵的状况。

相比虽然密集但较为持续化的进站客流交通，铁路客站的出站系统则密切关联了大运量客流瞬间集散的功能问题，可以说是更为复杂而困难的空间体系，其规划设计的优劣，会直接影响到初次抵达客站的旅客对所在城市环境和品质的评价。

重庆西站是我国西南地区最大的铁路客运枢纽之一，也是近年来建设的高品质客站之一，以"重庆之眼"为誉的形态特征广受旅客好评。重庆西站东侧面向城市，西侧背山，铁路出站客流主要通过东侧地下的城市交通中心疏解，特殊地形条件而形成的单向出站接驳城市集散中心。随着建成后地区客流量的上升，车站营运不久，由于城市轨道交通建设的滞后，城市公交疏解铁路客流的载运能力捉襟见肘，难以匹配庞大的铁路客流，造成接驳铁路旅客的城市公交换乘系统客流集散压力倍增；而另一方面，车站区域城市建设尚在进行之中，一时间遭到民众的非议和批评。缺少与大、中运量城市轨道交通对接的铁路客站，明显在客流集散和换乘方面存在欠缺，尤其在出站时的瞬间客流疏散更为困难。重庆西站在区域城市交通互通、联动方面的经验教训值得总结，并让我们深信，同步交通规划设计、一体化建设的重要性。

共享社会资源

铁路客站的大规模建设必然会对城市环境产生巨大的影响。建立新型的客站生态环境无疑是当下铁路与城市协同共赢的主导方向和趋势，且已然成为国家交通战略发展不可或缺的命题。

在民用建筑领域，近年来围绕大型公共设施空间的高效利用，展开了大量的探讨和研究。比如会展中心的空间利用，大型体育场馆的赛后利用等等，目的是在于开放这些公共设施环境，将源于社会的公共资源，更加高效地贡献给城市生活服务，产出更大的社会效益。而这些公共服务设施改造或扩建的一个极其重要的策略，就是以公共交通为发展导向，充分激活公共设施与城市公交，尤其是轨道交通之间的空间联络通道，扩大沿途的商业氛围，吸引并引导客流进入以增强区域的活力。

铁路客站作为城市的公共交通设施，营运时间长、客流量大，形成了得天独厚的人群集聚优势和可达性优势。铁路客站的客流量远大于城市轨道交通，长远看，两者在客运交通功能上，由特定的营运管理方式、客流组织而形成不同流线关系以及空间组织模式，对城市区域环境产生的影响大致相同，铁路客站或更为甚之。当然，本末不可倒置，铁路客运毕竟是强于城市轨道交通的城市对外交通门户，客运规模和等级也远高于任何陆地公共交通系统。当代成长中的铁路客运综合交通枢纽已经不可能逆回传统的铁路客站运营管理模式，铁路客站也不再是一个封闭的城市终端节点。铁路交通与城市生活并不矛盾，而忧虑的是如何和谐共处、相互兼顾。因此，当代铁路客站的设计创作思考是进一步挖掘综合交通资源的潜力，并放大其功能的辐射服务效应，成为优质的社会公共资源与城市协同发展。共享土地权益，立体开发，集约化建造，破除传统的站城界面而重新定义土地权属；共享交通便利，综合整体的城市区域规划、交通规划、步行系统规划，融入城市交通网络；共享生态经济，发挥高铁车站的人流带动优势，提升土地价值，携手城市共同开发，最大程度实现共享、共生、共赢。

2.2 旅客行为活动变迁

进站的人离开这座城市，出站的人来到这座城市。无论日月更替、时代的变迁，铁路客站始终伫立在那里迎来送往、周而复始。

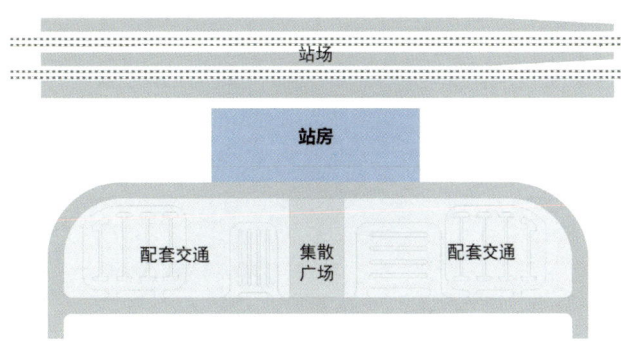

图 2.19 铁路客站三段式平面布局

2.2.1 传承出新

今天，探讨的所有关于铁路客站的再创造问题，绝不是对传统的彻底革命，而是建立在昨天基础上的传承和持续的阶段性发展。如果铁路客运的基本属性和营运方式不变，本质上其客流行为、交通组织、空间模式并不会产生特别大的变化。然而旅客的基本交通行为不变并不代表铁路客站服务方式不可改变，交通流线组织的顺序不变也不说明旅客活动的路径不可优化，基本空间模式不变也并不意味着空间环境品质的固化。新时代赋予了城市新的面貌和新的生机，赋予了旅客出行的多样化选择，也赋予了客站新的内涵和新的使命。

完善空间功能

中国传统铁路客站保留至今的空间序列依然是站前广场、候车站房、站台雨棚和客运设施的三段式平面布局，这是长期以来由铁路客运功能决定的基本空间关系，是配合铁路基本客流行为的一个恒定模式。

站前广场是客站与城市双向服务的公共空间，是适用于以地面交通为主的城市公交接驳铁路客站旅客活动的集散空间，尤其在一些新建的客站区域，广场的作用刚好在城市建设的起步阶段吻合了空间形态的需求。新世纪高铁的出现，催生了我国新一代的铁路客站成型，站房建筑无论在建造技术、材料应用、环控设备还是导向标识、空间环境等方面，都实现了跨越式进步。大型铁路客站的多跨连续、无站台柱雨棚技术，使站台宽敞而且便于大客流乘降和安全集散。这些持续多年的客站建设实践的显著成果，都标志了我国铁路客站建筑技术水平快速、全面的提升。

与此同时，一些前所未遇的问题也正在显现，尤其是大型铁路客站多以城市轨道交通在地下或高架连接车站，站前广场的使用效率明显下降甚至空置；站内空间高大但利用效率一般；宽敞的售票厅因网络购票的普及而显得有些多余；站房入口处，因客运管理、安检流程的变更，致使进站前厅空间局促，配套服务能力不足；出站

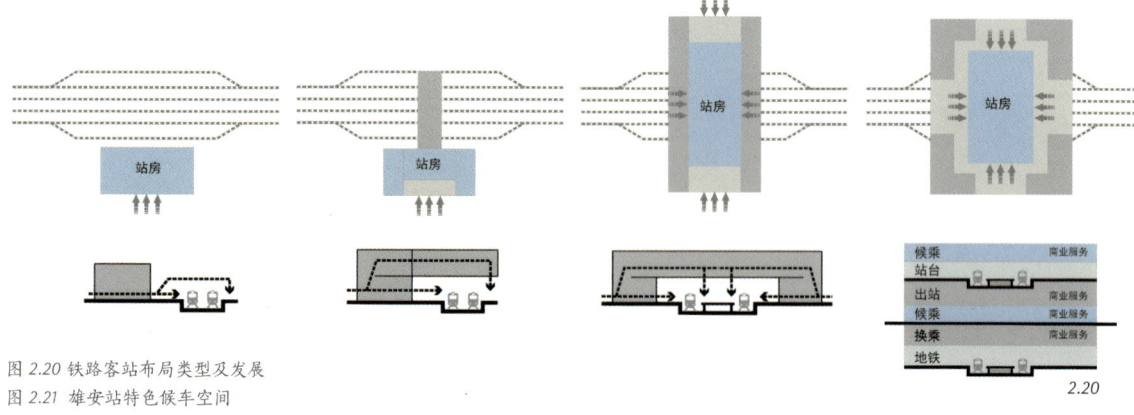

图 2.20 铁路客站布局类型及发展
图 2.21 雄安站特色候车空间
图 2.22 朝阳站主立面挑檐细部

口与城市接壤的换乘区域,更因一些城市配套规划设计滞后,成为导向服务的半盲区域。林林总总,虽事出有因,却都反映出客站在空间利用、效率提高、功能配置、细节关注乃至前期规划设计的前瞻性、客运系统的整体性方面尚存有许多值得进一步优化和完善之处。

营造文化特色

交通建筑始终是伴随其使用功能而成型,铁路客运的旅客活动行为规律以及运输管理方式决定了我国铁路客站的基本形式。客站设计在长期的实践过程中积累经验,建立了相应的营运机制和站房建筑空间组织模式。在普速铁路进化至高速铁路时期,最先期开通的扬州站、南京站、上海南站等,成功从早期火车站模式中蜕变成为新型铁路客站雏形,站房建筑在交通组织、空间环境较普速铁路时期的火车站发生了显而易见的转变。同时,这个演变过程也见证了当时中国社会的经济发展、科技的进步和文化观念的转变。

短短十年,高铁建设快速发展,推动我国城市化进程进入了新的时期,逾千座新型铁路客站的建成,使铁路客运服务水平得以空前提升。在时间和速度的驱使下,中国的社会政治、文化、经济以及城市生活、工作方式也发生了巨变。随着铁路客运量持续放大,高端商务及旅游客流的增长,客流的文化层次提高和对出行品质的追求,呈现出多样性需求特征,表现为城市对铁路客站丰富功能以及独特的文化性予以高度期望。传统意义的交通出行正在演变为文化、信息、休闲的多元旅行,也再一次让铁路客站设计创新面临新的挑战。

铁路客站建筑设计需要与时俱进,适应新的社会环境,适应新的旅行行为方式带来的改变。从城市或地区的自然和人文背景中寻找铁路客站的设计创新点,这是在设计创作中被一贯遵循的原则以及灵感产生的原动力。保持这个原则并畅想、缜思、细化、解析,就可能产生"一生二,二生三,三生万物"的设计变化。设计总是在我们对其本质孜孜不倦的追逐下而出现转变

2.21

2.22

的机遇，创作的源泉也不会枯竭。通过对客站功能、形态、空间、结构、布局的进一步研究，结合材料、构造、色彩、肌理、光影的设计学科语言，组合运用现代、古典、折衷、未来，坚实、柔和、虚幻、挺拔、舒展，明快等设计手段与方法，将会产生无限的变化。营造富有文化特色的空间特质，构筑具有城市精神归属感的场所，立足于铁路客流的交通行为，体恤旅客活动的多样化需求，融合中华历史文化元素，展现时代特征，终将是新旅行意义下创造铁路客站新空间、新环境和新文化的基本命题。

升级环境品质

高铁时代的开启，改变了城市间的时空距离，城市生活和人们工作的流动性变得越来越大，社会的进步和人民物质生活、精神文化水平的不断提高，交通行为也发生深刻变化，高铁出行已经成为了一种日常社会活动方式。过去人们提着大小包裹，一票难求的铁路客运景象，早已逝去，不再复返。高效率铁路交通出行，省时准点便捷的列车乘降抑或不再是人们的唯一期盼，而对出行环境、空间品质、旅途安全与服务质量的要求将越来越高。所以，满足人们出行的多元化需求，一方面必须将不同交通方式共同承担运输全过程作为有机的整体，默契配合、方便衔接，尽量缩短各类交通工具间的换乘时间和距离，应用当代科技进一步提高交通效率；另一方面是优化并升级客运空间的环境品质，保证在每个转换的环节中都能为人们出行提供安全、便捷、舒适、经济的高质量服务。

尽管现代铁路客站在建筑空间和配套设施在客运交通服务方面有了显著的提高，但随着社会需求的不断增长，在综合服务能力以及环境品质设计方面依然有很大的提升空间。针对不同的旅客，建构群体化共性服务与差异化个性服务分层配置，研究客流的量变导致服务功能质变的影响因子，寻求多元化城市服务与客站功能的合理化配置关系，而形成高品质的空间设计导向的创新设计方法。

图 2.23 营造旅行的起点——阿托查火车站室内环境
图 2.24 旅行行为延伸出的车站艺术空间——圣潘克勒斯国际火车站装置艺术
图 2.25 大阪站周边业态配比
图 2.26 涩谷站周边业态配比
图 2.27 横滨未来港站周边业态配比

当代铁路客站更加关注旅客的心理需求，对候乘环境、空间细部乃至机电设施末端的人性化关怀也更重视。显然，宽敞明亮的室内环境使旅客获得更多的愉悦感和安定感；进出站地下通道的醒目标识、优质照明，不仅在空间中为旅客指引主要交通方向，同时也通过光环境营造"安全"的心理感受。只有对车站内部从进站大门的宽度和开启方式、旅客楼梯扶手栏杆的尺度和形式、问询服务窗口的高度、直至墙体和柱子的阳角、踢脚、收头等每个细微之处都认真推敲、细细琢磨，才能最大程度地为旅客创造现代化高品质的出行体验环境，给旅客留下愉悦的感受和回忆。

2.2.2 客运行为链

人类的需求从低到高可分为：生理、安全、社交、尊重、自我实现五个层次的需求。[2]而参与公共活动类型又可分为必要性活动、自发性活动和社会性活动。[3]针对不同旅客类型，多角度分析铁路旅客在客站中的行为特点，链接影响流线、功能、空间布局的相关因素，研究其行为特征对应所需空间条件，为铁路客站的业态选择、空间布局等设计创作提供新的切入点。

多目标出行体验

如果旅行的主目标是抵达目的地，那么旅客进入车站的那一刻，就成为全部旅行活动的起点。实际上也可以认为，进入车站的过程就是旅客完成其主目标下的第一个次目标。同样，旅客在车站等候乘车的间歇时间内，与同事、朋友交谈、舒适的餐饮、愉快的阅读，或在一个令人欣喜的环境中驻足观赏、摄影留念，都如同完成了一个又一个次目标。未来，铁路客站是否能为这些可能实现的小目标而创造出让客站成为旅行起点的有趣空间形式，将成为铁路客

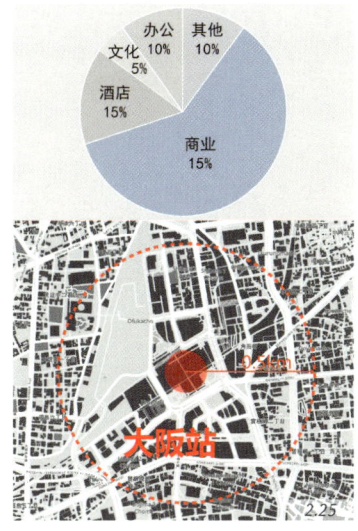
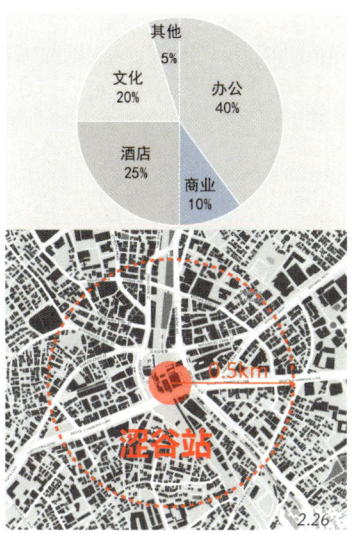
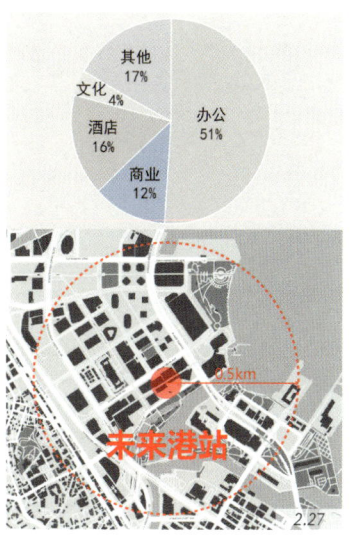

站多元化空间营造的关注点。

高铁时代，旅行成为人们社会活动的常态，出行者也早已摆脱了时间和距离方面的物理困扰，转而关注并体验那些由旅行行为衍生的相关舒适、安全、文化、艺术等生理和心理感受。

新的社会需求增长，铁路客运服务产业也将产生链锁变化。由信息科技带来的便利会涉及到车站的售票、行程信息咨询等功能空间和导向的变革，铁路速度的提升也改变了旅客对固有计划的依赖，原本进站、等候、检票上车的固定流程，也因不时的需求变化而相应改变。唯交通而车站的功能性行为方式正在进化为多可能、多目标、多变化的过程服务体验。

多业态整合集聚

铁路客站的商业活动与当地经济发展有着密不可分的联系，许多新建或扩建的高铁车站，因大规模、多功能及其地理位置的优越性，使得客站在承担办理相应的铁路客运业务之外，也极大地影响和促进着客站区域甚至城市经济的发展。由于车站的交通枢纽作用，可以带来人流、物流、资金流、信息流的汇聚与发散，使得车站成为经济、商务、公共活动频繁的场所。高速铁路的开通为城市带来了大量以旅游和商务为主的中高端消费人群，使得铁路客站区域包括商务、餐饮、住宿、会展、公共服务和休闲旅游等空间与第三产业功能密切相关，其周边的业态环境也逐步趋向于中高端的服务水平。

新建铁路客站作为城市系统的重要组成部分，带动了车站周边地区的城市土地开发，逐渐渗入城市中心，集合城市中的多种经济、文化、信息功能，形成一个隶属于城市，包容各种复杂而明确功能的综合场所，满足区域城市发展以及社会生活的需要，并逐步提高区域内土地混合功能开发品质，增强区域产业的多元化和

2.28 2.29

集聚能力,吸引区域周边商业、酒店业、商务办公、文化娱乐、观光等一些现代化程度较高的第三产业的共同参建。在铁路客站辐射扩大的区域范围内,结合城市商业综合体的开发理念,建立起集居住、商务、办公和休闲为一体的城市生活体系,进一步与既有城市重点商贸片区形成联动发展的态势,有利于带动区域经济整体发展,成为新的经济增长极和副中心,从而大幅推进铁路客站区域经济发展的步伐。

目前从大量客站站内业态设置及增长的调研情况看,商业业态基本是以知名中、西餐饮品牌店为先导,其次是具有地域特色的食品百货零售业,居第三位的通常为各大知名公司的商务候车区,随后是银行、电信、租车、医疗、小红帽等服务类设施。从提供人性化服务发展趋向看,铁路客站需要不断加强产业链的延续,以满足两类旅客的需求,即流动的旅客和短时间滞留的旅客。一些具有针对性和特殊性的功能和业态也将因需而生,如:实体体验店、酒店折扣预定、钟点客房,或整合旅游信息资源,引入铁旅联运、空铁捷运等到发集散功能,并互相售票,互为客源,将成为铁路产业链延展、扩大的有效措施,可以将多种经营服务由站内延伸至站外,同时更可将城市的功能从站外引入站内而促进站城之间的双向交流。

多功能空间布局

时代科技成就了中国今天的铁路客站建筑空间形式,全面改变了之前普速铁路客站的空间环境面貌,以快进快出的方式组织客流,创造了满足高铁快速到发、大空间候车、无站台柱雨棚等一系列富有中国特色的新型客站空间。

然而,旅行行为在新时代的演变又将再次生成更新的客运空间功能,重组空间形式。丰富的多元化业态服务渗透与聚合,促使铁路客站空间结构逐步改变了传统营运模式,转型为具有复合功能的空间组合形式,成为铁路客运综合交通枢纽。延伸并联合区域城市功能、基础设施和生态环境的大范围空间协同建设,整合城市多种交通方式,全面参与建构新型城市空间。

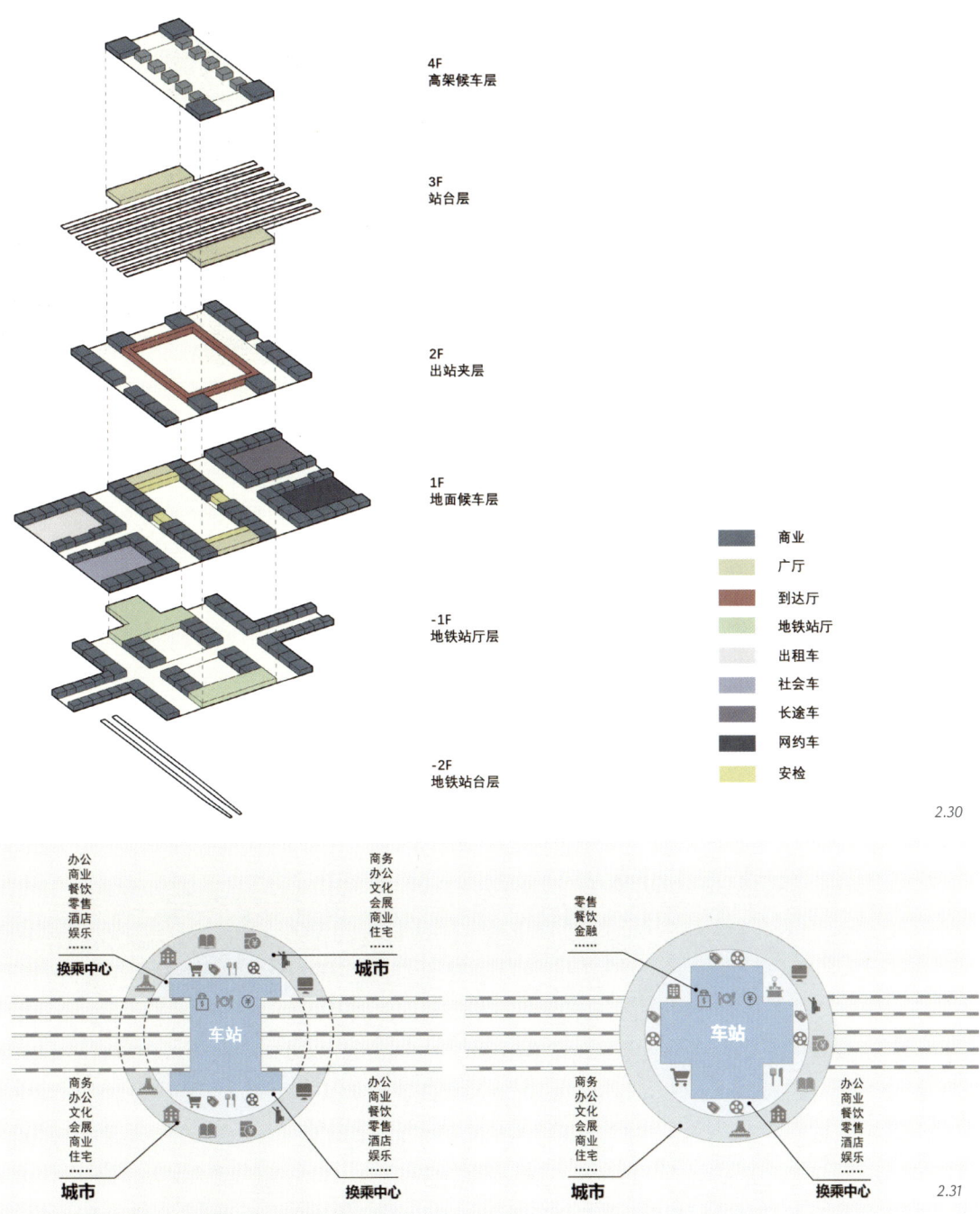

图 2.28 高铁客站带动周边发展融入城市中心——雄安站核心区城市功能
图 2.29 客站与既有城市商贸区联动发展——东京站周边城市功能
图 2.30 铁路客站三维拓展示意（雄安站模式）
图 2.31 联合城市功能的铁路客运枢纽

65

图 2.32 圣潘克勒斯国际火车站
图 2.33 圣潘克勒斯国际火车站内约翰·贝杰曼雕像

其功能不再以铁路客运的相关服务为唯一特征，而成为一个集交通中心、信息中心、商业中心和文化展示中心等复合功能空间为一身的交通综合体，向空中、地面、地下的三维空间发展。综合的功能定位使得客站更好地融入了周边城市环境，不仅提升了客运综合交通枢纽的公共空间品质，也将成为市民日常出行服务的公共活动场所。

在我国现状铁路客站短时期且密集的建设过程中，我们获取了大量的经验，提高了建造水平并建立了一系列标准，但在当今快速发展并持续更新的信息科技面前，却难免使建成不久的客站面临由空间布局和功能转变导致的不适应。如：售票厅空间因网络售票和电子客票功能的完善，人工售票窗口随即逐步消失或改变为咨询服务功能；实名制安检流程设备全面启用，使得车站的入口、前厅空间难以缓冲客流而显得狭小、局促；旅客对高能耗人工环境的过度依赖也趋于转变为对绿色自然环境的向往。铁路客站建筑是城市中长期使用的交通基础设施，

这一系列迅速出现的问题，为客站建设提出了更高的规划设计要求。我们需要面对这些在发展中产生的问题和矛盾，思考如何适应因快速更替迭代的技术发展所带来的空间使用功能变更，如何营造更加具有适应能力的客站空间等应对方法和策略，而致力研究、设计新型客站技术模型，创造出更加开放、多义且具有应变能力的空间形式。

2.2.3 旅行文化的意象更替

人们对于旅途愉悦性、多元化、高品质的环境需求正在不断增强，铁路客站空间除了满足旅客交通出行中基本的生理和安全需求外，更倾向对精细化、人性化、综合化的服务品质予以高度关注，以满足出行旅客多种社会交往行为方面的精神需求。

貳

图 2.34 2008年改扩建后的青岛火车站——青岛站始建于1900年，1991年进行的改扩建，老站房被拆除南移重建。2008年改扩建保留1991年重建的原德式车站，整修为陈列馆，扩建部分延续原德式车站风格

唤醒的记忆

新时代，中国高铁如期而至，新的旅行方式随之而来，社会生活、交通出行环境巨变。往日火车站最为多见的是旅客们扛着大小包裹行进，排着冗长的购票队伍，依依惜别、翘首期盼的场景，都已成为往事，几乎不复存在。当车站塔楼的时钟停摆，当站台上的特色食品推车黯然退场，我们在享受客站设施和环境升级的同时，难免心生缅怀往日的情愫，感慨这些正在逝去的记忆。显然，世代传承的铁路文化烙印以及那些独特的交通建筑空间形式，让那些曾经壮观又饱受诟病的铁路客站依然令人如此难以忘怀，甚至成为城市历史的见证而无论时代的更替和变迁。

历史上，欧洲是世界铁路的发祥地，由于20世纪汽车工业和民用航空工业的急速发展，导致了铁路行业的衰退，直至"欧洲之星"的出现，铁路重才新回归人们的视野，并由衷庆贺高速铁路的诞生和铁路客运的雄风再振。伦敦"欧洲之星"的始发站圣·潘克勒斯站，始建于1868年，钢结构的车站内核曾经收获了欧洲最大单跨车站的美誉，精美的古典建筑形态也被贴上了维多利亚风格的标签。20世纪60年代，随着城市发展和更新，伦敦的"城市复兴计划"的启动，曾一度面临被拆除风险的车站，迎来了全面升级改造的契机，也再一次使独特的、兼容现代与古典混合建筑风尚的圣·潘克勒斯站的面貌焕然一新。车站大厅内耸立起一座取名为"约会之地"的高大雕塑，以新旅行之地的象征性，在新旧交替的建筑时空中，唤醒人们对新交通空间、新旅行文化和新行为体验的向往。而另一座桂冠诗人约翰·贝杰曼（John Betjeman）的本尊塑像静静地伫立于车站空间的一隅，以纪念他为保卫并留存这座车站而做出的杰出贡献，使车站环境延续并融于城市和铁路的传统历史文脉之中，弥漫着文化气息，并激励后人再塑时代铁路客站文化的新观念。

我国北方滨海城市青岛，也同样以2008年奥运会帆船比赛的举办为契机，扩充铁路客运能力，对广为人知的历史文化保护建筑，始建于1900年的青岛站进行了改造和扩建，将青岛老火车

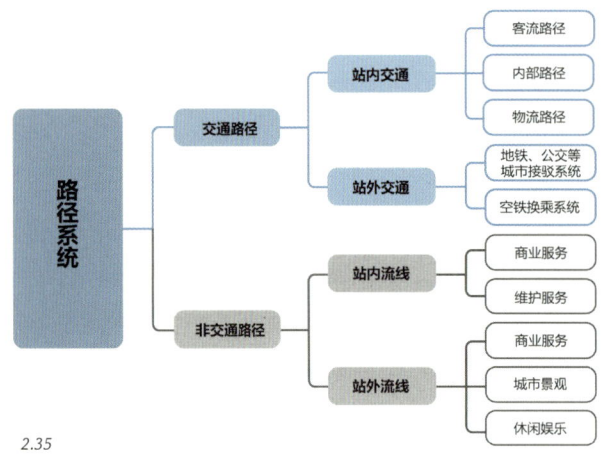

图 2.35 铁路客运枢纽路径系统
图 2.36 路径空间模式：网状、辐射、线性

站建筑保留，精心修缮并融入扩建新客站之中而重获新生，延续了城市的风貌，留存了人们的记忆，丰富了新的铁路旅行环境。

客站中的旅行

新旅行的意义或许并不全部在于旅途中看到了多少风景，也不一味在于是否到达了预期的目的地，而是在于旅行过程中那种由切身感官参与而引起心境的变化和丰富的经历。事实证明，从旅客出行的心理层面分析，对自然环境体验和精神文化层面的需求远大于纯粹对物质的追求。

铁路客站是城市公共建筑中受众量最多、面最广的空间场所，正在面对新时代以享受过程体验为主旨的大众客流。所以，理论上只要对行程交通、健康和安全不产生影响或冲突，任何满足旅行文化需求的功能都可能融入其中。假设将铁路客运的交通行为需求空间与非交通行为需求空间分别进行设计研究，将作用于交通功能的和作用于文化休憩而相对静态的空间分离，并通过有效的方法将这两部分空间交织在一起，或能在不同程度上营造出新的空间形式和环境氛围，呈现丰富的旅行文化内涵。既能高效利用空间，又能让旅客充分享受这短暂的"客站中的旅行"活动体验。

展开对客站交通行为与商业服务行为相互交织的可行性分析和配套设施的空间量化研究，探寻新的客站经济增长点和诱发城市活力的文化意象，有序的交通组织结合丰富的旅客行为体验，有效建立以客运综合交通枢纽为核心的地区发展模型，促进城市业态和环境的新陈代谢并延续城市文脉。

2.3 客运系统变化趋势

铁路客站从诞生之初只是简单遮蔽风雨的构筑物，到具有象征意义的"铁路大教堂"，再到铁路客运综合交通枢纽，实现了由简单到复杂、

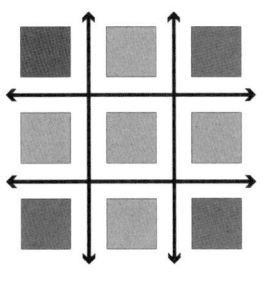 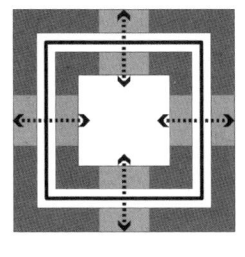 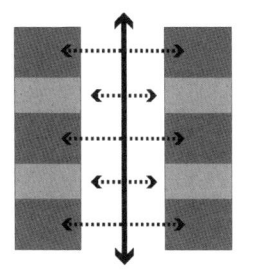

2.36

网状路径模式　　　　　辐射路径模式　　　　　线性路径模式

由单一向多维、由平面到立体的巨大转变。这一系列复杂的变化都根源于对交通路径高效化、客运功能复合化、城市接驳多层次的全面认识和追求。

2.3.1 客流路径的高效化组织

铁路客站主要旅客路径系统由铁路旅客运输和城市公交接壤的关系构成，是城市功能连接客站功能的重中之重。在新时代客运服务需求的驱使下，铁路客流组织从单一的客运交通模式分化为由客流的交通行为和非交通行为双方面组成，同时根据旅客进出车站的不同情况，又可分为站内交通、站外交通两部分。站内交通基本是以满足铁路旅客的乘降服务为主，站外交通主要对接城市各类公共交通的集散换乘服务。分层解构铁路客站的综合交通路径系统，精确捕捉现存的问题，以问题为导向的研究方法成为铁路客站设计创新的发展趋势。

交通便捷性

城市公共交通系统根据运输能力、服务范围，由大运量、中运量和低运量多种方式构成。其中大运量公共交通系统，在我国主要是城市轨道交通（地铁），其服务范围广，线路长度可以超过50公里，单向每小时客运量可达3~6万人次；中运量公交包括轻轨（单轨），其交通运量单向每小时客运量在1~3万人次；而低运量公交包括常规的公共汽车和电车单向每小时客运量在1万人次以下。小汽车（包括出租车、摩托车）、自行车、步行等出行方式构则成了私人交通体系。

多层次的城市公共交通运载能力组合，与铁路客站连接，并多为各类交通工具的始发终到车站形式紧密而有机地分布在客站的周围，为庞大的铁路客运集散服务。公共交通网覆盖了客站周边城市大部分区域，为人们出行提供了方便的选择。尤其是城市轨道交通，构成了大、中运量的主导交通方式，同时在速度、时间、距离、低碳、舒适、安全、经济等方面，以其

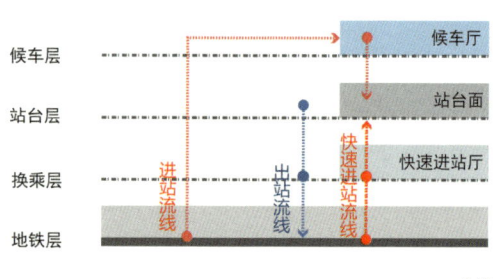
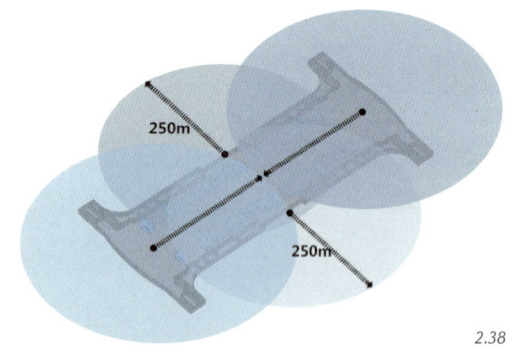

2.37
2.38

图 2.37 快速进站系统
图 2.38 铁路客站十分钟步行覆盖圈
图 2.39 站城交通界面的多重可达性
图 2.40 兰州西站总平面图

强大的综合优势,成为具有最大化运量公交载运工具的首选。

以高效、立体化、综合功能为核心的客站建筑空间组织,通过快捷流线布局的方式,越来越受到欢迎,并成为大型铁路客站旅客进出站路径设置的主流模式。无论何种类型的站房结构,城市公交都以最为便捷的方式将客流引入,并在站内空间以最简洁的进站广厅-候车休息-检票进入站台,或以下车抵达站台-出站通廊-出站集散厅的基本进、出站序列空间形式设定快捷的旅客集散途径。近年来,一些大型高架客站(上进下出站型)为乘坐城市地铁到达的旅客,在地下出站厅附近设置了快捷进站系统(绿色通道);同时用作对接趋于"公交化"通勤为主的城际铁路,方便赶时间旅客出地铁后,无需上行至候车大厅,也可直接通过地下快速进站厅,以最短时间抵达站台上车。多种进站方式的空间组合设计为旅客提供了便利和高效的步行交通路径。

目前在传统客站基础上升级的站内路径系统,日趋成熟。即便类似广州站、昆明南站、南京南站等那些站房规模超过10万平方米站房规模的特大型铁路客站,旅客从进入站房前厅抵达最远处的检票口直线距离一般不超过250米,也就是说在理想的步行条件下(包含安检、验票),5~10分钟内即可赶上列车。由于进站旅客的唯一目的地是停靠站台的列车,所以路径的方向性十分明确,无需过多的转折和无谓的上下翻行。快捷的交通路径满足了客流快速进出站功能,同时也可以感受到进站和出站路径流线组织的区别,虽然都是大客流量的进出站交换,但持续的进站客流与瞬间的到达离站客流行为方式却大相径庭。

在空间关系上,进站交通流线设计,主要关注步行抵达公交客流的组织以及为乘坐机动车客流设置的城市道路交通组织,前者通过或地下或地面的人行空间进入车站,后者以最为简便的方式将进站车流靠近客站的候车空间,设置足够长度的车道边分供小汽车和巴士车停靠落

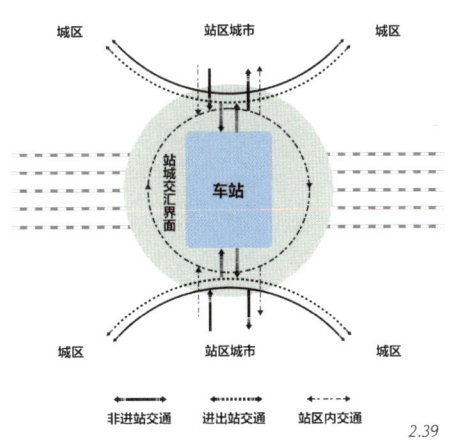
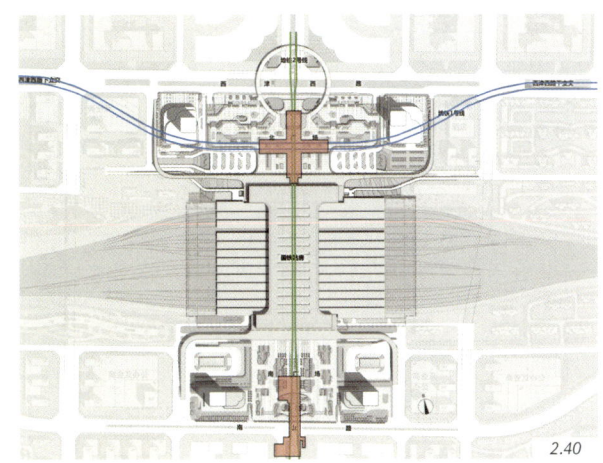

2.39 2.40

客并快速离去。出站的客流疏解相对更加复杂。一方面，出站行为是瞬间发生的，数以千计的旅客到站后进入出站通廊抵达出站厅；另一方面，出站旅客的去向不一，可选择多种城市公共交通或出租车、小汽车换乘离站。因此，旅客的疏散路径是并列而多方向的，需要有机的空间组织以及合理、清晰的标识信息引导。

如果说现行的铁路客站空间形态构成是传统火车站建筑形态的升级，那么其本质上依然是以保障大客运量而提供的大空间候车方式。而频繁且密集的中、短距离城际铁路客运，正在以新方式适应旅客出行的新需求，形成客站交通新的营运管理模式。以流为主的旅客进出站路径，空间紧凑、高效而快捷的方式也呈现出与城市轨道交通的相似性趋势。

多重可达性

以铁路客站为核心的特殊交通区位，决定了客站与周边城市区域具备更好的可达性，随着城市综合客运交通体系的发展以及综合换乘概念的引入，铁路客站从以往封闭单一的运营模式转变为多种交通方式无缝连接、追求"零距离换乘"的新型综合交通枢纽。因此可以看到，铁路客站在其界面与城市交通对接的区域，显然是站、城关系交汇的中心。

城市公交以多种方式连接铁路客站，提供大规模客流疏导服务已成为发展的必然趋势。而从城市角度则更期望这个客流换乘交通节点不仅解决铁路客站的单点客流，而且可以扩展为吸引城市人流的可达性场所，为铁路和区域城市提供丰富的双向服务。尽管双向的客流引入将使换乘中心的流线系统组织更为复杂，而有序的多种交通接壤又能极大地促进铁路客站区域的城市活力。

兰州西站坐落于兰州市七里河区，位于兰州市东侧的主城中心城关区、西侧原工业重地西固区和北侧黄河对岸的安宁区之间。兰州西站建成后，良好的区位关系将激活周边8平方公里的城市更新区域，以铁路客站为核心的新兴城

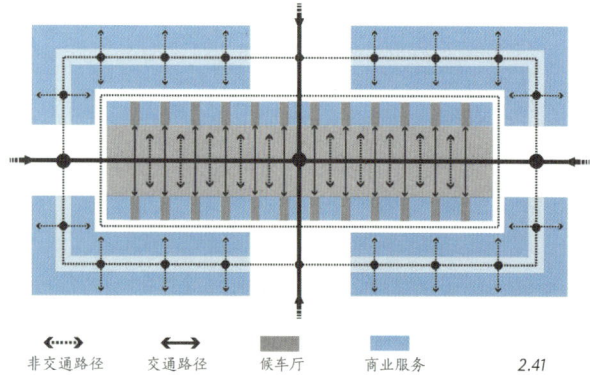

图 2.41 旅客路径图解——交通路径与诱导路径示意
图 2.42 铁路客运枢纽空间综合利用

非交通路径　交通路径　候车厅　商业服务　2.41

市区域成为未来兰州市的发展中心。兰州西站站房南北走向,北临黄河约400米,南靠皋兰山麓约200米,有两条地铁穿越客站。原规划接入客站北广场下方仅设一个两线十字换乘地铁站点,北向单侧疏解铁路主要客流。但在总体层面,通过对周边区域的城市设计研究发现,如果将地铁车站适当向北偏移并在客站南广场增设地铁站点,既能让地下出站客流向南北两侧的地铁站疏散,又能使北广场的地铁站兼顾出入兰州西站和车站北侧的城市商业开发地块。前期的城市设计策划和一体化建设更加合理地结合了铁路客站与城市发展的共同需求,双向的交通可达性为这一地区的未来发展做好了充分的准备。

混合商业动线

铁路客站对非交通行为需求的研究,越来越受到业界的重视和关注。庞大规模的铁路客站内部空间实际可分为流动的通过式空间和提供旅客短暂滞留的相对静态化空间,两种空间的有机组合以满足旅客的交通行为和非交通行为需求,形成最为高效利用的空间系统。

铁路客站简洁、清晰的空间设计趋势日益明显,许多在以往站房设计中独立封闭的功能空间被取消或者以新的形式融入综合候车大厅,使站内空间形成了一个融合的整体,内部空间界面层次最大限度地简化,功能分明而流线清晰。在客站中,作用于旅客交通的路径呈流动的线形状空间,并需要具有明确的空间导向,充分满足单位时间的最大客流量通行,而偌大的相对静态的候车厅,作为大量旅客集聚短暂停留的功能空间,显然可以进一步与各种非交通服务业态空间混合而形成更为丰富多义的场所,兼顾旅客等候或其他行为活动。因此,铁路客站服务旅客的路径系统必须由刚性需求的交通流线和弹性需求的诱导性商业动线叠合构成,基于不影响快捷交通的基本原则,同时渗透多元化旅客服务,以交通效率催生经济效益,从而收获空间利用的最合理化、旅客服务的最优化以及经济利益的最大化回报。

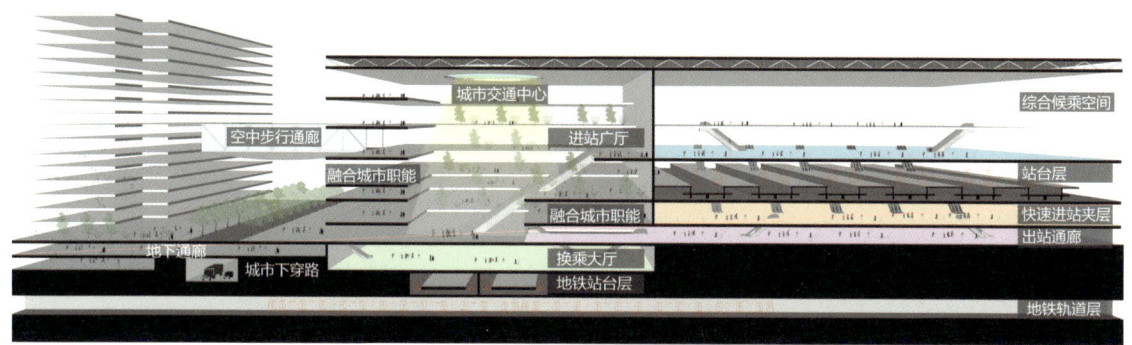

2.42

2.3.2 客运功能的复合化集聚

与城市协同发展的铁路客运综合交通枢纽是当下铁路客站建设发展的新方向,并作为将城市交通活动与城市发展运作相统一的一种理念,表现为客运功能与城市功能的高度聚合,以及公共空间的开放衔接成为交通行为活力中心,协同发展策略、协调空间环境,并对周边区域发展产生触媒效应。

复合化功能集聚

多重的旅客交通路径的设置,形成了铁路客运空间在步行捷达条件下的覆盖范围,产生了由线性路径空间所围合的业态空间。从平面到立体,以简洁的交通路径与旅客的交通目的地相连,而以诱导性路径在外围连接商场、餐饮、酒店、休憩空间等多种服务设施的综合业态功能布局模式,构成了综合性、多功能客站所特有的多种空间相互穿插的复合化布局。

以往铁路客站的广场、站房、站场有其明确的功能分工,各组成部分较为单一地行使通行职能。客运服务的全面发展,使得这种看似分工明确,但功能比较单一的空间使用模式难以适应未来铁路客站多元化服务的发展要求。近年来大量铁路客站纷纷引入了商业配套服务以更好地满足旅客的出行需求,但也可以看到一些因为需要而后植入的商业空间并未完全达到一种理想状态。规划定位缺失或见缝插针般纯利益驱动的业态分布关系,或多或少地对正常交通行为产生了一定的干扰,更有些客站甚至出现了商业空间空置的浪费现象。拓展客站服务功能、综合空间利用无疑是新时代铁路客站功能布局的发展方向,但重点是需要合理规划,因地制宜、因需制宜的设计研究。客运功能的拓展,商业活动区域是主要的业态空间,但也可以扩大至包括休憩、景观、文化、信息、展示等非商业性的多重功能,为旅客提供丰富、舒适、有趣的旅行体验。

依据目前铁路客运作业条件,综合化空间使用包含两个方面:一是客站内各组成部分空间的

图 2.43-2.44 东京高轮（GATEWAY）站开放式空间环境

功能拓展。这并不意味着客站的整体空间需要再扩大，而是研究如何使得这些空间能够高效利用，研究交通功能和非交通功能区域的合理组织。二是客站三大组成部分（站场、站房、前广场）功能空间相互穿插，形成界面的空间互动，尤其是在进出站的界面空间范围，结合进站前厅以及出站的交通集散，根据旅客不同方向的交通行为规律和活动诉求，在提高客站"通过性"的同时，开放空间界面，混合设置非交通功能业态，提供诱导性的餐饮、咨询、展示、商务、娱乐、购物等综合服务，与城市业态在有限的空间范围内形成交叉互补、共享互利的良好公共环境。

同时，一些大型城市的铁路客站，可充分利用与城市轨道交通接壤的地下空间，拓展开发，包括停车场地设施、地下商业活动，并结合城市地下综合管线、市政设施和地下车道等，使客站在交通、业态、环境全面参与城市区域功能的建构，成为高度复合的城市区域综合交通中心，也为集约化土地利用和紧凑城市概念下的高效空间利用创造条件。

开放式空间环境

以高科技为主导的当代大型铁路客站空间发展，具有三个重要特征：性能、品质和特色。性能是交通效率的反映，同步时代的节奏；品质由精湛的建造工艺技术呈现；特色则体现空间形态的艺术感染力，三者并存共同构成丰富、多姿的客站建筑空间环境。

大跨度、多功能的空间设计方法是目前铁路客站设计区别于传统火车站的显著变化，并在空间形态上表现得更为集聚而宽敞。庞大客流集聚的需求，也刚好顺应阶段性城市建设的意识形态和市场经济形态需求，成为持续并大量建设的客站基本模式。虽然其优势显著，但这种状况并不是万般适用，尤其对于客运规模受限、城市等级受限的客站建设，铁路客运本源的便捷交通出行功能再次回归，并进一步优化空间的使用效率。当代铁路客站正在积极地推动城市功能的完善和公共环境的提升，构建站、城一体的协同发展格局，这并不意味着纯粹的规模扩大，而是以更适应不同地区的特点，因地制宜的方式综合布局，提高空间利用率，丰富而适宜、紧凑而高效。

开放性空间优势在于有利人群集散、视线通透、空间功能多义并可共享，同时布局灵活，多重功能的植入，使铁路客站的公共旅客服务系统更加完善并使得旅客行为活动的自由度提高。利用大空间自由灵活的划分，将空间细分为交通作用的动态空间和作用于其他非交通功能相对静态的活动空间，以三维立体化方式进行有序的叠加、穿插、组合，整合不同的业态功能以及景观环境，创造具有清晰导向、高品质环境和给人以深刻印象开放性的空间形式。同时，能挖掘其多功能弹性使用的潜力，更好地适应铁路客站未来的多样化发展。

简单地增加客站商业服务设施的大空间候车模式，终究将被服务于旅客丰富出行体验的多元化、开放式的候乘空间环境所取代。绿色出行、舒适出行、品质出行已成为当代铁路客站发展的主旨方向。城市建设的快速发展、人们生活水平的提高，使得出行变得更为便捷并期待旅途不再枯燥。

2.3.3 交通行为的枢纽化格局

高铁建设带动了城市经济的快速发展，使得现状铁路客站的设计思路难以满足新时代城市建设的需求，转变对铁路客站作为单一城市交通职能的思维，重新审视站与城的关系，充分的发挥站城协同作用，实现铁路客站参与城市建构的愿景。

铁路主导型综合客运枢纽

显然，经过十余年来新型高速铁路客站的建设实践，铁路客站再发展的焦点正在从满足人们基本出行功能转向为满足更加广泛的城市区域综合服务需求。近年来，大中型城市的铁路客站所显现的主要矛盾，并不全部在于客站建筑的本身，根据大量民调数据显示，关于城市交通与客站集散相互衔接的满意度并不乐观，相关的专业性研究还差强人意，其中包含了规划、设计、管理、建设时序等诸多问题，并一直作为铁路客站的配套设施进行相关程序上的操作而成为前期总体规划上的薄弱环节。随着客流量的不断增加，逐步升级为致使旅客满意度下降的焦点问题，阻碍城市交通以及以车站为核心的区域中心化发展。

2016年6月29日的国务院常务会议上，原则通过了《中长期铁路网规划》，并提出要按照"零距离"换乘要求,同站规划建设以铁路客站为中心、衔接其他交通方式的综合交通体。同年，国家发改委印发的《关于打造现代综合客运枢纽提高旅客出行质量效率的实施意见》明确提出：新建综合客运枢纽应立体布局换乘设施，原则上，换乘设施工程应一次建成，可分期投入使用。可见，我们所倡导的新时代铁路客站建设已不能仅考虑自身的问题，而是应将各种交通方式的衔接配套问题纳入综合交通枢纽的

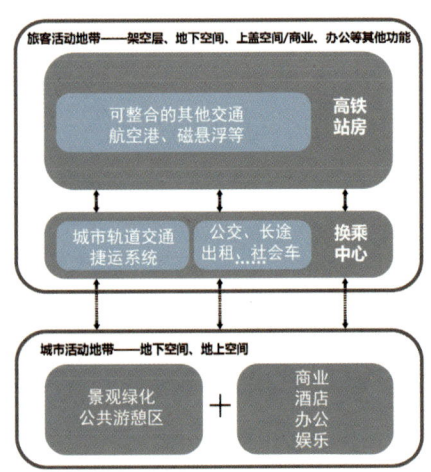

图 2.45 铁路主导型综合客运枢纽图解

整体研究范围。2017年，交通部发布了《综合客运枢纽分类分级》行业标准，将依托于铁路客站，与其他交通方式衔接形成的综合客运枢纽定义为"铁路主导型综合客运枢纽"。这为铁路客站的交通一体化设计提供了依据。

"铁路主导型综合客运枢纽"，切实地反映了以铁路为核心的客运交通本质，通过运用技术手段克服时间和距离的障碍，最大限度满足人们点到点之间的移动需求。铁路作为安全、经济、快速的大运量交通方式，在中国新时代的新形势下，日益展现出中长距离城市间的客运优势，不仅极大地提升了交通效率，更改变了中国的社会结构、产业结构和城市发展环境，并产出经济、生态、文化方面的高附加值。继续保持并扩大这种优势，在综合交通层面，铁路客运只有充分地与城市其他交通方式相配合，优势互补、无缝衔接，才能从根本需求上解决好社会的交通出行问题。在城市建构层面，必须进一步融入客站区域的城市发展环境，造就以和谐、开放、多元、综合、共享、互利的空间形式，一体化规划设计、协同建设，成为真正意义上助推城市发展的核心动力。

城市综合交通换乘中心

我国中心城市的大型交通中心或称为城市综合交通换乘中心，是航空港、铁路等大型客运综合交通枢纽与城市各类公共交通换乘、客流集散交换的节点。

传统的普速铁路火车站出站系统比较简单，空间流线多以满足旅客到站后快速离站为基本目的，通常是旅客下车抵达站台后进入站台下方的出站通廊前往出站口，过了客站的出站检票口进入城市即完成了全部的铁路旅行。因早期的城市常规交通工具较为单一，以及城市与铁路管理上的隔阂，铁路进出站口便成为城市与铁路客站的边界线，界内是铁路的职责范围，界外的城市交通衔接则由城市规划确定。设计方法的缺乏以及管理上的似是而非，早年的铁路前广场基本属于这种客流集散交换的是非之地，一直以来也都被"脏、乱、差"的窘迫现

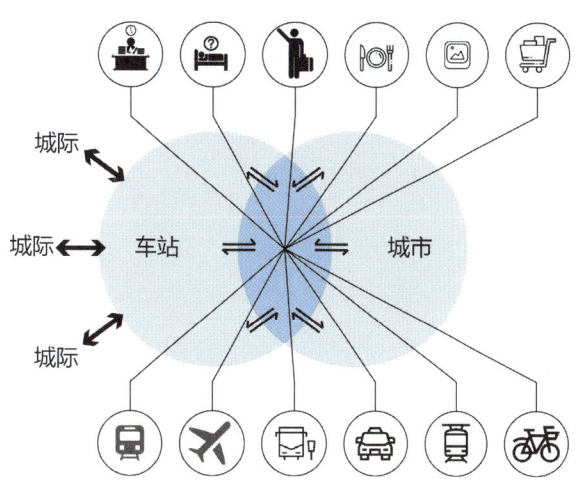

图 2.46 城市交通中心图解

象而遭受大众的诟病。直到新型高速铁路客站的出现，这种状况开始逐步缓解。然而，随着城市小汽车交通的爆发式增长，以及轨道交通和其他新型公交的介入，刚刚得以改善的进出站交通方式再一次陷入规划设计以及双向管理上的困境，面临新问题带来的冲突和挑战。

反思十余年来新型客站的建设实践，客站无论在形象、功能、环境、效率等诸多方面都在传统客站建设基础上成就了跨越式发展，并依然在持续的优化和完善。而大量存在于设计中和客观状态反映出的矛盾、困惑都聚焦在客站与城市的边界节点上。当代科技发展以及城市交通工具的升级换代，实际上已经使得客站与城市间的交通行为关系突破了早期车站采用地面站前广场形成城市交通集散的普遍方式，而衍生出多种交通综合换乘、空间立体化组合的复杂系统性布局。由此可以看到，铁路客站一方面是解决旅客与铁路交通的问题，另一方面又需要解决旅客与城市交通的问题，这种双向关系的结合构成了铁路客运的整体功能职责，也是"铁路主导型综合客运枢纽"的核心职能。

城市综合交通换乘中心，显然是服务铁路旅客与城市交通连接的一个极其重要的节点，就目前对这个重要节点的设计情况来看，依然是作为以铁路客站设计为中心的附属功能设施而展开，空间形态上并没有完全破除铁路与城市的边界而形成分离状态。在换乘区域的客流组织、空间环境、转换效率等一体化协同设计方面仍然存在偏颇和对接上的障碍。在我国现行管理机制逐步转型的特定条件下，城市综合交通换乘系统的功能和作用正在被进一步认知和提升，将成为铁路客运综合交通枢纽的重要组成部分。因此，从"铁路主导型综合客运枢纽"的发展和完整性上看，铁路客站与城市综合交通换乘中心终将合二为一，其关联并影响到铁路客站周边城市区域的发展，并可能全面参与区域的交通组织、业态分布、地下空间、市政基础设施以及自然环境、社会文化等城市生活建构。

一个交通健全、服务完备、组织有序、功能综合

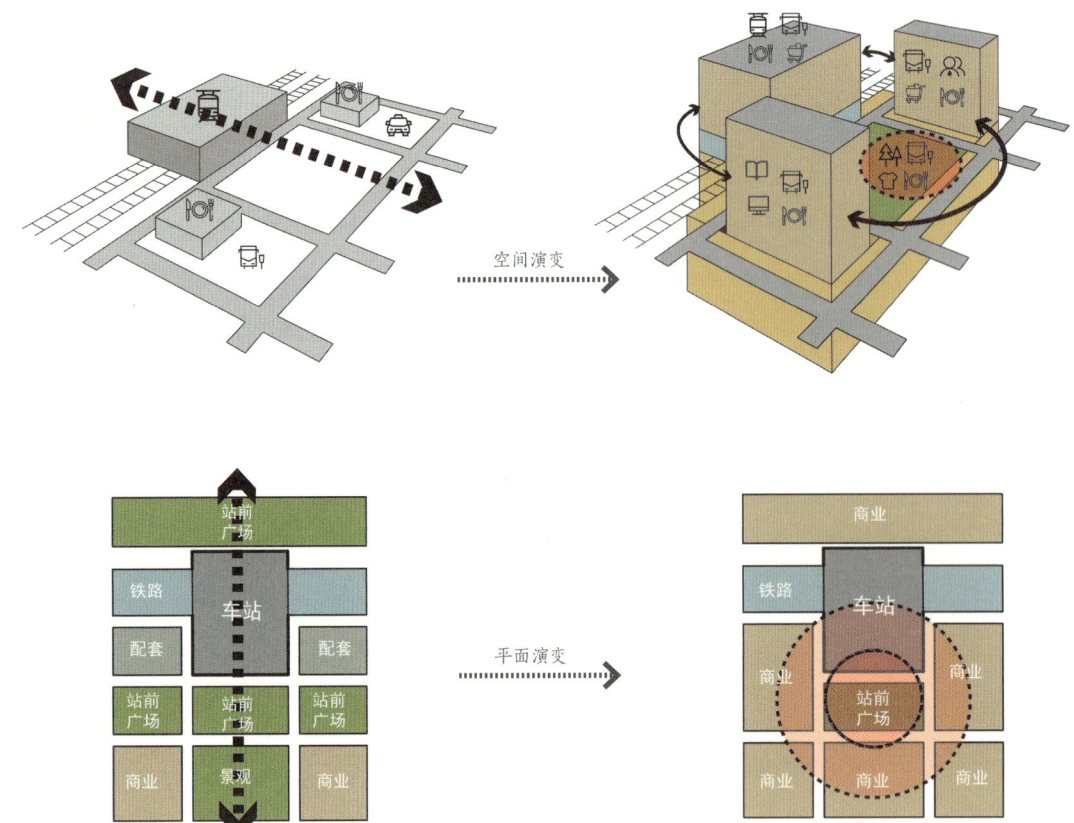

图 2.47 客站与城市交通联系演变

的铁路客运枢纽，作为城市综合交通的节点功能，将逐步升级为助推城市区域发展的"引擎"。

注释：

[1] 国际建协. 北京宪章 [J]. 新建筑，1999，04：1-5.

[2] A.H.Maslow.A Theory of Human Motivation[J]. Psychological Review.1943:370-396.

[3] 扬·盖尔. 交往与空间 [M]. 何人可，译. 北京：中国建筑工业出版社，2002.13.

铁路客站作为城市系统的重要组成部分，逐渐渗入城市中心区，将城市中的多种经济、文化、信息功能集中起来，形成一个隶属于城市的、带有各种复杂而明确功能的综合体，以满足整个城市社会生活的发展需要。

叁

铁路客站的城市属性

客站城市定位

隐形交通系统

综合交通枢纽

历经百年的铁路客站与城市的关系越来越紧密，在城市中的定位和承担的角色也越来越重要，成为促进城市发展不可或缺的重要交通因素。大型铁路客站作为带动城市人口、交通以及新兴产业服务功能的触媒，以其巨大的乘数效应、集聚效应对城市的促进作用日益显现，也由此发展成为高效率、多功能、以交通为主导、带有综合服务性质的城市客运综合交通枢纽，从"城市之门"象征性意义出发，回归为富有活力的都市综合"交通枢纽"。

3.1 客站城市定位

铁路客站与城市的关系密不可分，一座铁路客站可以造就一个城市或影响新城的形成与发展，城市未来的建设宏图也影响客站的选址和规划，铁路与城市总是在互动中不断发展。铁路客站不仅是传统概念中城市的门户，承载与传承城市的文化、历史，而且逐渐成为城市生活的"活力场所"，带动地区发展的"城市燃点"。

3.1.1 战略选址

在国家"四纵四横"和"八纵八横"铁路线网战略布局规划的指导下，决定了铁路客站的基本选址条件，作为城市选址主要的依据，并由所在城市或地区的重要性、规模、等级以及发展趋势的多重意义而双向定位。理论上，铁路客站既是铁路规划网络中的一个交通连接要点，又是依托或激活所在城市和地区发展的经济增长点。

交通影响

交通于城市的作用是显而易见的，尤其是人类科技的进步推动了交通工具的进化，人类运用不断出现的新型交通工具而逐步拓展或联接自己的生存疆域。城市也就在这个进化过程中被不断地扩大。

自古以来，城市的规模以及它的边界，基本上是由城市所使用的运载工具能力（约1小时能够到达的距离）所决定的。罗马古城包括帕拉蒂诺（Collis Palatinus）、卡皮托利（Collis Capitolinus）、埃斯奎利诺（Collis Esquilinus）、维米纳莱（Collis Viminalis）、奎里那莱（Collis Quirinalis）、西里欧(Collis Caelius)、阿文提诺（Collis Aventinus）七个山丘，史称七丘之城。罗马古城南北长约6200米，东西宽约3500米，主城区半径不足4公里是因为当时城市的形成是以步行为主的交通方式；19世纪初的伦敦，人们出行的方式转变为有轨公共马车，所以主城区的活动半径扩展到近10公里；随后，由于铁路和公共汽车的出现，又使得城市的半径放大至15-20

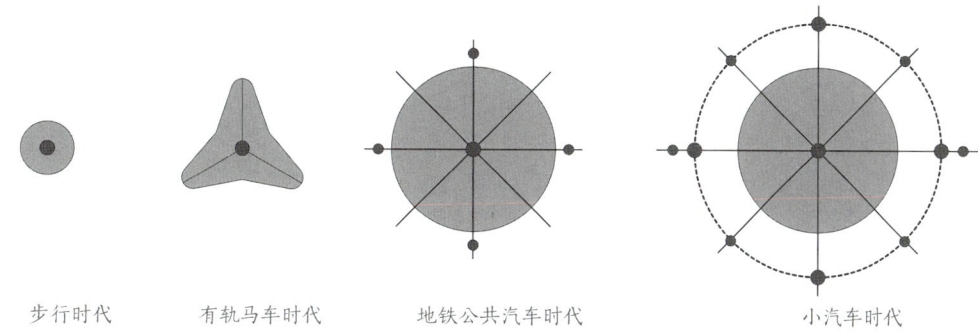

步行时代　　　　有轨马车时代　　　　地铁公共汽车时代　　　　　　小汽车时代

图 3.1 交通发展与城市边界关系——人在一小时内所能达到的距离在 4km，19 世纪伦敦马车有轨马车半径是 8km，20 世纪地铁公共汽车城市半径 25km，20 世纪末小汽车出行城市半径可达到 50km

公里。今天，各类交通运载工具的发展，一些发达国家和地区的特大型城市的半径都超越了 30 公里，在一些高密度人群聚集区域，如日本东京都市圈的长轴半径在上世纪末就达到了 50 公里，中国的北京和上海的城市半径也都超过了 30 公里。可见，交通的可达性和便捷度对城市占地规模产生了巨大的影响，交通工具的特性决定了城市居民的出行距离和活动的范围。[1]

早在先秦时期，徐州就已经成为中原与两淮地区的战略重镇，距今已经有了 2600 多年历史。徐州老城区始建于明洪武年间（1368~1398），到鸦片战争时期，城区面积达到 2 平方公里，以徐州府衙和鼓楼为中心，与府衙三堂相重的轴线向南延伸形成一条明显的城区南北中轴。1908 年，随着徐州火车站的建设，火车站与老城区之间迅速形成直接的交通连接和新的城市商业集聚区，同时以火车站和原老城区为节点，在垂直于铁路股线的方向形成城市新的发展轴线。近千年形成的城市发展轨迹，由于新兴铁路交通方式的出现，被轻而易举地突破，而以新的交通方式主导城市再发展的格局。

因此从交通便利的角度，铁路客站总是以最契合城市使用的方式接入城市的特定区域，通常是在既有城市中心区的边缘选址设立，既方便城市公交可达，又对城市生活影响较小。目前，我国新建铁路客站选址基本处于城市中心区外围，与原中心城区形成互补发展的格局。而另一部分地处上世纪早年城市边缘的铁路客站，利用既有铁路被重新改造、扩建的站址，却在今天成为城市中心区的客站，促进并带动既有

图 3.2 早期徐州地图红色标记为铁路车站位置

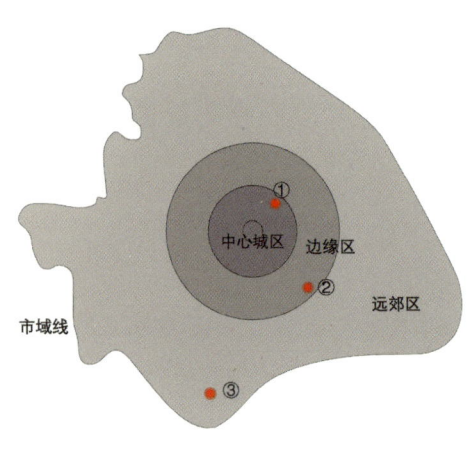
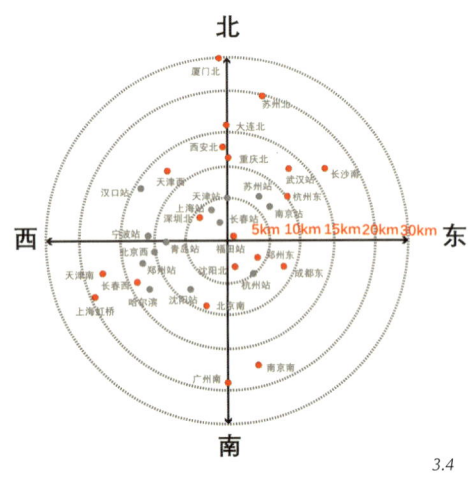

3.3　　　　　　　　　　　　　　　　　　　　3.4

城区的有机更新，形成新的交通体系和城市经济发展增长点。

铁路与工业革命相伴相生，与城市的发展紧密相连。过去，铁路拉来了城市，城市因铁路而生；如今，高铁改变了城市，城市因高铁而兴。铁路交通网络的逐步成型，加速了城市群之间高效的连接，扩张了城市空间的结构，而对城市化进程的核心贡献则是由快捷的人员、物资输送通道效应转化为市场经济的集聚、扩散效应和社会资源的网络化效应。

主要类型
铁路线网的规划决定了城市引入线位的方向和站场的数量以及客站可能的布局形式。而铁路客站的选址则更涉及到城市的规划布局、交通结构、经济实力以及发展趋势等种种因素，从国际上成功的案例以及近年来我国的实践经验总结，大约有三种基本方式：

既有站选址——利用既有铁路客站站址进行改造扩建，使客站更新建设成为再次激活城市发展的诱因和动力。这种类型的车站，相对投入的经济成本较低，也有利于保持既有城市风貌和特定空间场所的识别性，方便中心城区的居民出行，且可以同时带动旧城区域城市更新。但由于改造规模受限，通常难以最大限度的发挥客站的优势。并且，周边地区的征地拆迁、既有道路交通改造、城市新建轨道交通的引入都会形成相应的困难。如青岛站、宁波站、上海站等。

依托型选址——客站选址在城市边缘（近郊区），准确定位，能最大限度的利用区位优势，开发土地利用，带动城市边缘区城市发展。依托于主城区发展布局，扩展主城区功能、设施服务于铁路客站为主体的周边区域，当其开发建设发展达到一定程度后，对主城区形成进一步促进作用。这种布局模式多适用于中小型客站，初期客流规模相对较小，虽然车站功能性强，但综合性较弱，集聚效应较低，城市服务功能也相对比较单一，通常也比较难以快速实现周

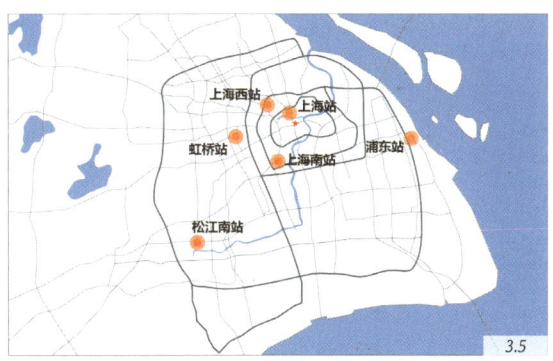
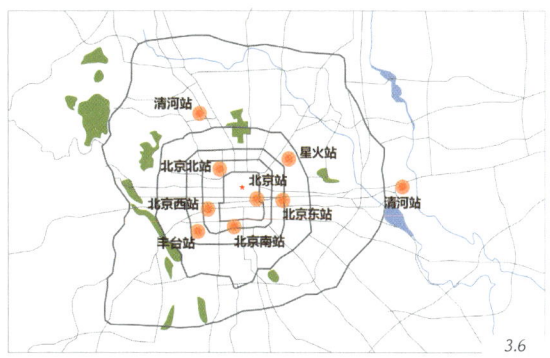

图 3.3 铁路客站选址类型 ①既有站选址，常位于城市中心区域；②依托型选址，常位于城市边缘区；③独立型选址，常位于城市远郊
图 3.4 铁路客站相对城市中心区的位置：红色点表示新建高铁站
图 3.5 上海铁路客运枢纽布局图
图 3.6 北京铁路客运枢纽布局图

边土地有效开发，并对主城区有较强的依赖关系。如昆山南站、无锡东站、苏州北站等。

独立型选址——大型或特大型铁路客站作为城市新区发展的核心功能，依托客站大运量客流交通及相应形成的新型产业结构布局独立于主城区发展（远郊区）。客站周围结合多种城市公共交通方式乃至与机场联合，形成超大型客运综合交通枢纽，与主城之间通过城市轨道交通实现快速连接，以其自身得天独厚的交通优势和人流集聚效应，吸引投资开发，形成独立于主城区的城市副中心开发模式，更可能成为省际城市群的客流交通中心。这种关联到发达地区城际联动发展的特大型铁路客站选址方式，近年来多为我国的大型城市所选择，进而多层次设站相互贯连，形成一主多辅的客站选址格局，具有前瞻性的战略发展意义，其建设必须与区域城市互动且定位难度颇大，但最终将与主城区形成竞争和共存的关系而改变未来城市发展的趋向。如上海虹桥站、广州佛山西站、武汉站等。

辐射影响

城市规模决定了城市交通发展战略及主导交通行为方式、铁路客站数量及主要的城市公共交通接驳能力、旅客出行便捷程度及平均出行时间等。我国大型中心城市一般采用多客站模式，并以城市公共交通，尤其是大力发展城市轨道交通作为主要的大客运量公共交通接驳出行方式。其次，铁路客站的选址区位，在宏观上还应与城市空间发展战略相协调，引导城市功能空间的合理分布。铁路客站特别是大型铁路客站的建设和改造，将改善客站周边地区的可达性，使相关地区形成某种"超前引力"并逐渐产生"聚集效应"。在这种作用下，客站带来的商机和旺盛的人气有利于带动周边地区的更新和发展，形成具有吸引力的城市区域。中国许多大城市的铁路客站位于旧城区的边缘，历史发展进程使这些早期建设的客站融入了逐步扩张的城市中心，对其进行改造、重建为旧城更新以及文化、经济复兴提供契机；而特大城市的第二、第三或更多新建客站较多位于城市远期规划或正在发展中的新兴城区，新客站便捷

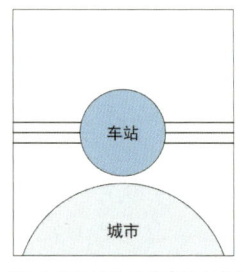 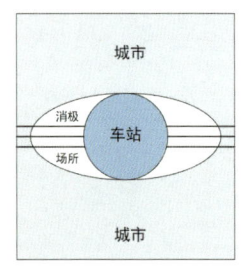 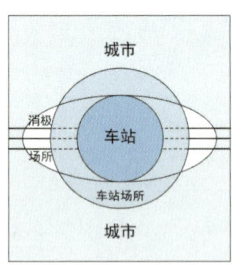 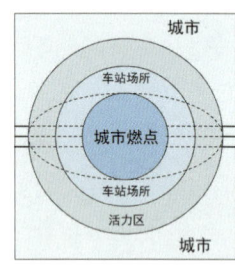

图 3.7 铁路客站与城市关系的演变
图 3.8 1906 年建成的正阳门火车站，今中国铁道博物馆正阳门馆
图 3.9 1903 年建成的大智门火车站，今武汉市铁路陈列馆
图 3.10 1900 年建成的奥赛火车站，今奥赛美术馆

的交通联系、人员集聚产生的强大吸引力往往成为区域城市开发的先导和主要依托，更进一步形成新的产业结构、经济市场、社区发展的外围辐射影响。

铁路客站选址是根据所在城市长期发展战略以及该城市功能定位与竞争优势而确定最适合的城市空间结构的结果。合理的客站选址，可能以两种表现形式改变城市空间结构：加强中心的集聚效应或者加快多核心形式的发展方式。对于规模较小，产业结构较为单一的城市，需要进一步加强集聚效应以占据区域经济发展的高点。值得注意的问题是，铁路客站站址选择理应临近城市中心，以集中人力与资源，而不是盲目的选择发展区域，扩大城市范围。一旦选址违背社会经济发展规律，反而会造成资源浪费，错失发展机遇。而对于一个本身规模大、产业结构复杂的城市，需要具有分散城市功能、刺激城市新区的经济发展和市场培育的条件，使新的客站选址带来更大利益，带动扩大范围的城市新区发展。更加有利的是在城市的转型与重构时期，促使新的产业功能形成。利用新建铁路和客站的契机，刺激并分散城市功能，有效地主导产业发展与新型居住社区的成型，优化交通组织结构，保护土地资源利用，平衡自然生态环境，为城市可持续发展产生积极的推动效应。

3.1.2 今昔纽带

上世纪80年代之前，中国大多重要城市所辖范围相对占地面积不大，由公交车为主的交通方式决定了城市中心区的辐射范围大约在10-20公里之间。因此，早期的中国铁路，较多以切线的方式接入城市的边缘，铁路客站多为单侧面向并服务于城市，免去不良的铁路环境对中心城区生活的干扰。改革开放以来，城市化进程的加剧、城市土地的扩张、铁路运量的不断增长，既有铁路线穿城而过并抵达城市内缘，极大地推动了城市建设的发展，铁路客站地区也

转变为城市发展的次中心点,并处于新老城区的交点。客站在城市中转变了角色,成为新老城区并肩发展的制衡点以及客站周边环境、城市今昔文化的纽带。

文化与传承

长期以来,铁路出行始终是我国城际交往最主要的交通方式。中国传统的铁路客站建筑从诞生发展至今,其建筑形式、功能布局、流线组织、空间结构日趋成熟稳定,早已成为百姓熟识的样式并潜移默化为深入人心的出行文化传统。不同年代的铁路客站设计创作总是结合了当代城市的建设规划理念、建筑设计思潮,以新的建造技术、新材料、新工艺应对不断增长的社会需求,展现时代的文化风尚,见证城市的发展与繁荣并以城市地标建筑的形态成为每座城市对外交通的主要门户。

铁路客站又像是城市生活的舞台和文化信息交流、传播的载体,演绎了不同情感的人间戏剧和不同时期的历史风貌,其受众之巨、影响之广,久而久之成为一代又一代人挥之不去的记忆。许多城市铁路客站,随着时代的变迁,其周边的城市环境已经在不断的更新中逐渐失去最初信息,而那些历经沧桑被保留下来的铁路客站,则成为城市发展的见证者与历史信息的记录者。尽管一些早期的铁路客站由于城市的不断更新而在使用功能上渐渐退出了客运历史的舞台或改作他用,但它们却依然承载着城市和铁路的文化,镌刻着历史的记忆被永久地保留下来,为后人铭记。我国北京的正阳门车站、武汉的大智门车站,巴黎塞纳河边的奥赛火车站等,都在20世纪被改造为城市博物馆并存留至今。

当铁路客站深深融入城市环境之中,车站便不再是一栋独立的、纯粹意义的交通建筑,而成为城市历史文化的组成部分为人们感知。那些熟悉的天际线、一个门洞、一组长廊、一座钟楼,抑或是场景中的几片墙垣、一棵古树,都会留下历史的痕迹,流淌着文化的泉源,感受今昔时空的变迁。

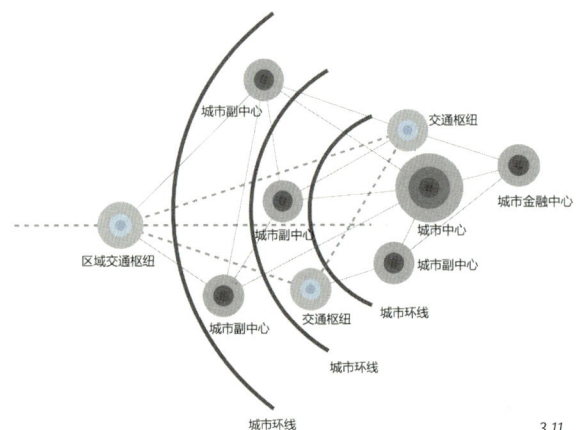

图 3.11 站区协同城市平衡发展
图 3.12 斯图加特主火车站原始地貌
图 3.13 GMP "斯图加特 21" 规划方案

互补与平衡

铁路客站作为城市内、外人流集散的场所，在城市集聚效应和乘数效应的作用下，对周边城市各项功能都会产生巨大的影响，即便是没有更为合理的规划，也会自发地成为城市中具有特别影响力的商业中心之一。铁路客站周边功能复杂多样，长途汽车、公交车等其他交通方式都会吸引人流聚集。大量的流动人口在为铁路客站地区带来无穷活力的同时，也影响到铁路客站周边商业服务设施的信誉和品质。而一些原本单侧面临主城区的既有车站，当城市扩建，车站被夹在新旧城区之间时，两侧区域发展严重失衡，导致在许多城市紧邻铁路客站周边地区的环境品质和土地价值均达不到城市的平均水平，甚至成为某些非法商业活动聚集的灰色地带，车站与铁路转而成为城市发展的伤口。这样的情况即使在一些发达国家也经常可见。

铁路客站周边尤其是临近车站的核心地区，虽然是城市繁华的商业区，由于受客流群影响，业态水平却相对低端，但那些与车站有一定距离的地区，商业业态反而逐渐趋于高端。在中国，除经济发展水平较高的特大型城市的新建客站之外，大多数铁路客运站与周边城市区域的关系并不乐观。

在城市总体规划的意义上，铁路客站又是城市中心区与边缘区、新区与旧城协同发展的制衡点。一方面是与客站周边的城市发展平衡，铁路客站不再是单纯的交通枢纽节点，无论是新建还是改建的铁路客运枢纽地区，都将以综合完善的城市服务功能作为重要的目标，与周边城市环境融为一体，并在带动周边城市地区的复兴与城市功能优化方面发挥积极作用。另一方面则关乎铁路客站地区与邻接城市其他副中心区域的均衡发展和相互影响问题，需要综合客站区域整体规划定位、产业结构和业态分布关系、空间环境景观特征、社区服务品质和就业岗位创造等条件，形成相互间的有机分配与结合，互补互利，平衡发展，避免同质化产生的过度竞争而形成局部区域的虹吸现象，使城

市的整体发展失衡。

更新与再生

铁路客站随着时代的变迁、社会的需求进行阶段性的更新、改造、升级行为，在通常情况下不会是一项独立的更新改造工程，而是作为重要的交通组成部分参与周边区域城市建设、同步发展，或成为区域城市更新启动的一次契机。城市更新的表征是改善并升级城市的空间环境，但在本质上是城市经济结构性调整、城市文化传承与复兴的功能重组和系统优化计划，是针对城市发展进程中基础设施匮乏和不良社区结构的改造与整治，促进趋于衰退地区的物资变化或对一些具有文化历史风貌的建筑环境进行修缮与保护，包括整合铁路客站地区的交通组织、建筑空间和生态环境。这些城市更新的手段和方法运用，其宗旨是维护并延续城市的文脉，最大限度地优化城市交通系统，改善城市生活空间的环境品质，并通过合理的土地开发有效地促进城市的新陈代谢，有机成长，并焕然新生。

1979年，我国著名学者吴良镛先生在对北京什刹海地区进行规划研究时，深入分析了城市发展的难点所在，从如何正确处理好城市更新中继承与改造的问题出发，提出了城市"有机更新"的理论构想。将整体城市视为人体生命，承担着不同功能的城市区域是有机构成人体的细胞。"有机更新"的方法是将不适应城市发展的那部分地区、街区进行综合评估而制定改造规划策略，采用适当规模、适当尺度，依据改造的内容与要求，妥善处理现状与未来的关系，进一步改善、优化区域空间环境的品质，努力使每一个片区的发展都达到相对的完整性，使有机更新的部分更加适应城市功能和结构的改变。有机更新不是在短时间内就事论事地拆除和再建，而是制定严谨的分步实施计划，针对有碍发展的部分问题区域进行改造、更新设计，使之满足新的城市生活的需要。这种改造方式是小规模、阶段式推进的可持续性方法。从时间跨度上看，城市生命体始终在不断生长、发展，更新作为一项长期而持久的工程被有序地推进，如同对人体的疗伤，使城市达到不断适

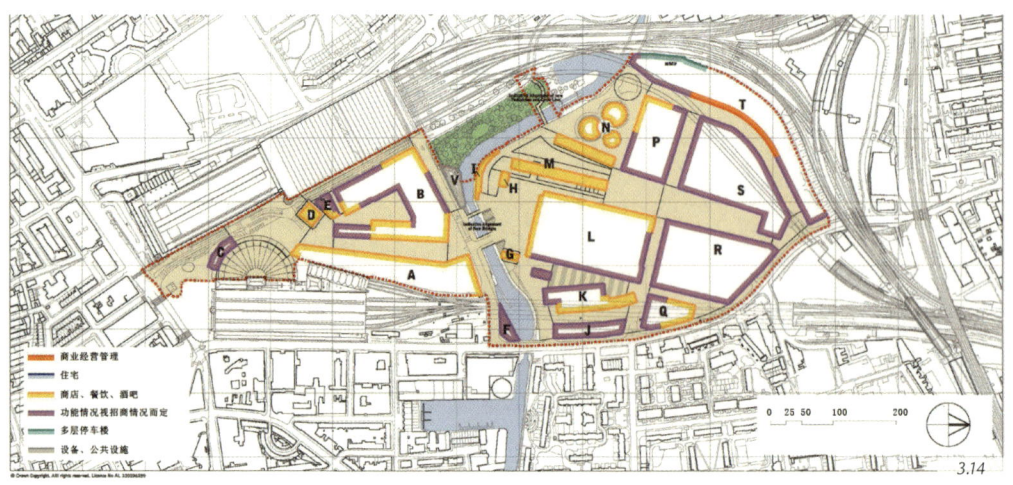

3.14

宜人类生存和生活的最佳状态。

1987年伦敦国王十字站区域开发项目开始启动，许多地产商对车站地区开发产生了浓厚的兴趣。英国铁路局是该地区最大的土地所有者和交通运营组织者，2008年由伦敦和大陆铁路公司、Argent公司、DHL公司共同成立了国王十字中心有限合伙公司。国王十字地区的重建工程旨在改善该地区的基础设施条件，提供充足稳定的就业机会，促进地方经济发展。在保护车站历史风貌，扩大交通容量的同时，创造了一个高质量的公共空间，英国铁路局也因此获得了巨大的收益。1970~1989年间，英国铁路局房地产公司给英国铁路局贡献了约1600万英镑的巨大利润，这些利润占英国铁路局总收入的11%。车站改建后，开始有更多企业进驻，积极参与协同建设。如谷歌公司通过在站区开发购买大约1公顷的土地，开发完成后土地价值迅速飙升，购买时耗费约6.5亿英镑，开发完成后土地价值升至10亿英镑。这项开发计划也获得了很多互联网旗舰、文创、奢侈品巨头的关注，谷歌的进驻吸引了其他技术公司尤其是小型创业公司纷纷入驻国王十字中心，在车站区域形成了新兴产业的集聚效应。[2]

庞大的铁路站场与城市交通的空间交织、叠加，使得铁路客站区域城市更新较之于其他地区显得更为艰难、复杂。在早期我国高速驱动的城市化进程中，大量客站地区的历史建筑、空间环境被不假思索地推倒重建，让新建的周边社区在享受当代物质生活的同时，渐渐迷失了理应遵循的历史发展轨迹，在环境中造成与城市文脉和传统的割裂。具有城市传统风貌的既有客站区域城市更新，不仅能驱动周边地区的土地开发，促进城市经济增长，而且需要承担传承城市文化的义务，成就丰富的城市精神生活和活力场所再生的价值创造。城市化进程正在不断改变城市和乡镇之间的关系，为许多趋于衰退的既有旧城区的更新提供了新的机能。实践证明，更新的铁路客站地区，如同一台拥有造血功能的机器，为城市这个生命体补给新鲜的血液、愈合创伤而重获新生。

图 3.14 国王十字区首层用地规划平面图
图 3.15-3.16 上海站地区城市更新设计（哈佛大学团队方案）

上海站位于上海市的中心城区，几经迁址、改造、更新，见证了城市的变迁。2015年举办的"UD上海国际城市设计上海火车站区域竞赛"，为该地区未来的发展，就如何利用铁路空间资源，整合南北交通联通，创造特色城市活力区等开拓了新的思路。竞赛获胜方哈佛大学团队的方案，考虑了车站周边区域在三维空间上的发展，强调城市基础设施建设和地区的繁荣，以及对于更多人群活动的用途和参与。设计包含了地形，交通和城市形态，通过铁路上盖设计策略，为城市提供了和谐的空间环境。此外，规划引入了大尺度的公园和连接客站和宝山路的步行广场，提高了步行可达性并创造了更多的活动空间，以期将上海站地区建设成为集文化、教育、休闲、生态、旅游等为一体的城市新地标，也再次将铁路客站地区更新升级为特色城市活力场所。

3.1.3 地区燃点

在高等级的铁路客站及其周边城市区域建设过程中，因众多人群流动、集聚、增长，在较短的时期内，由交通行为的量变引发地区环境的质变，导致地区产业结构、经济结构、空间结构产生根本的变化，成为形成新秩序、促进区域城市快速发展的主导因素，并在一定的持续时间内催生出具有活力和辐射影响力的公共空间场所，进而渐渐伸展至步行可达的周边区域，成为地区建设、发展导舵和发动引擎。我们将这种引起蔓延式变化的核心场所称之为"地区燃点"。

客流行为催化

作为现代铁路网络的重要组成部分，铁路客站特别是大型和特大型高速铁路客站在提升区域经济、城市功能、空间环境以及地区文化等方面的发展，具有积极的推动作用，其最重要的原因是庞大的客流人群活动溢出的多方面影响。

序号	站名	站房面积	候车区面积(含商务及贵宾)	商业合计	商业空间与候车面积比例	商业空间与总建筑面积比例	序号	站名	站房面积	候车区面积(含商务及贵宾)	商业合计	商业空间与候车面积比例	商业空间与总建筑面积比例
			副省会级及以上车站				18	泉州站	288861.0	9744.00	7828.0	0.80	0.03
1	广州南站	486000.0	65000.00	8810.0	0.14	0.02				地市级车站			
2	南京南站	281577.0	61000.00	8436.5	0.14	0.03	19	珠海站	60507.0	4100.00	2020.0	0.49	0.03
3	上海虹桥站	240000.0	67400.00	17245.3	0.26	0.07	20	吉林站	55881.0	14796.10	2683.0	0.18	0.05
4	福州南站	168224.0	21744.00	2954.0	0.14	0.02	21	莆田站	30768.0	12248.00	907.5	0.07	0.03
5	厦门北站	162409.0	8447.00	3048.0	0.36	0.02	22	三亚站	16022.0	6103.00	957.0	0.16	0.06
6	杭州东站	155569.0	56522.00	6997.0	0.12	0.04	23	常州北站	12300.0	3976.35	329.0	0.08	0.03
7	长春西站	112000.0	23647.80	6901.0	0.29	0.06	24	常州站	10000.0	5578.00	772.0	0.14	0.08
8	沈阳站	61332.0	21410.00	2498.6	0.12	0.04	25	辽阳站	7497.0	3105.29	212.5	0.07	0.03
9	长春站	54643.0	26696.00	12329.0	0.46	0.23	26	博鳌站	4025.0	1510.00	187.0	0.12	0.05
10	沈阳北站	46900.1	23663.00	7578.3	0.32	0.16	27	上海西站	3935.0	1440.00	200.0	0.14	0.05
11	杭州站	37747.0	11739.00	600.0	0.05	0.02	28	中山北站	3885.0	1155.00	280.0	0.24	0.07
12	福州北站房	37208.8	13183.00	5512.0	0.42	0.15	18	泉州站	288861.0	9744.00	7828.0	0.80	0.03
13	南京站	36000.0	14250.00	3204.0	0.22	0.09				县级以下车站			
14	广州站	25014.0	12778.60	1945.0	0.15	0.08	29	龙嘉站	13728.0	1320.00	80.0	0.06	0.01
15	福州站	20150.0	6340.90	1635.2	0.26	0.08	30	铁岭西站	9953.0	4474.27	145.0	0.03	0.01
16	南昌站	19154.0	8477.00	4812.0	0.57	0.25	31	罗源站	3625.0	1048.50	33.0	0.03	0.01
17	海口东站	9903.0	2639.00	814.0	0.31	0.08	32	德惠西站	3197.0	1276.38	35.0	0.03	0.01

表 3.1 前期部分铁路客站站内商业面积调研（数据来自国铁集团《铁路客站站区综合开发利用相关问题研究》课题）

根据2014年中国铁路经济规划研究院关于《铁路客站站区综合开发利用相关问题研究》报告显示："新建客运专线车站内部的商业开发的规模（含原设计以及自行改造）依据车站类别不同，规模变化比较大。最大规模为上海虹桥站，站内的商业设施达到18000平方米以上，最小的县级车站内只有几平米的商业零售点。其中17座副省会级以上车站的商业面积规模在600～17000平方米，占到总建筑面积的2～23%，平均在6%左右。11座地级车站的商业面积规模在300～2000平方米，商业占总建筑面积的2～8%，平均在3%左右。4座县级以下车站的商业面积规模在30～150平方米。占车站总建筑面积的1%。由于一些新建大型车站的部分线路尚未营运，其商业开发的面积仍在增长过程中，既有大型站受原建筑规模的限制，商业规模难以进一步扩大。"时至今日，除了上海虹桥站、广州南站、北京南站等一些中心城市的特大型客站仍然不能满足站内旅客对商业服务需求的增长，而大量中小型客站的站内商业服务规模和状态基本趋于平稳或缓步增长的状态。

仅仅从报告的站内商业一小部分数据便可以看到，在客站营运的短短几年中，尽管大量客站的商业业态还比较单一，站内商业行为的需求仍在增长。事实上这些商业还远远不能满足旅客潜在的对多元化服务的需求。同时，从客站规模与商业占比的极大落差数据，也反映出客流量在一定条件下引起铁路客站综合功能占比、分布和结构性变化。而另一组正在实施中的铁路客站协同周边地块城市规划开发量数据，则显示了铁路客运综合交通枢纽规模与城市一体化开发的业态占比关系如下：

雄安站位于雄县城区昝岗片区，距雄安新区起步区20公里。京港台、京雄、津雄三条高铁汇聚于此，以雄安站为核心打造高铁新城。站与城同期规划、设计。总建筑规模48万平方米，其中京雄站房面积10万平方米，预留的津雄站房面积5万平方米，市政配套规模约为18万平方米，城市轨道交通规模约为6万平方米，地下空间为9万平方米。雄安站充分利用桥下空间将市政交通配套场站与客站一体化设计，实现了

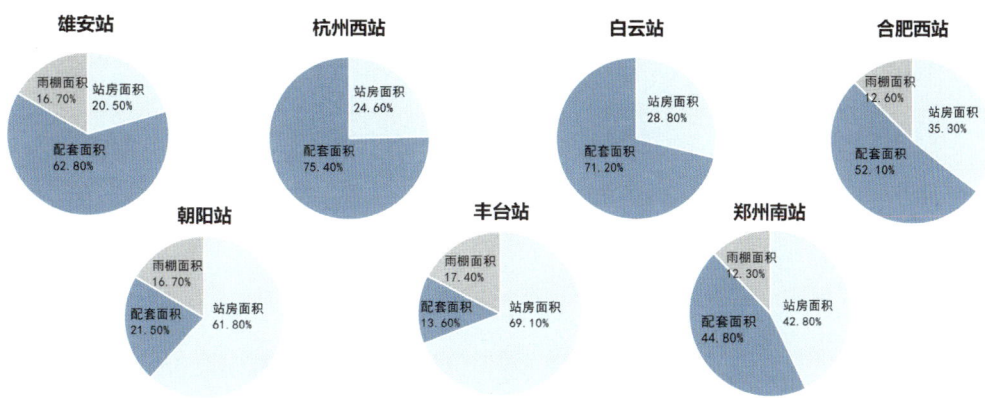

图 3.17 近期立项，对在建大型铁路客站的技术经济指标、投资影响因素等进行了综合研究，形成了大型客站综合评价指标体系。其中，站房配比（站房配套面积与站房面积的比值）较直观的反映出站城融合的程度

多种交通方式顺畅衔接。

杭州西站位于杭州城市科创大走廊中部，城市建成区边缘，是杭州极具发展潜力的地区。总建筑规模约245万平方米，其中：铁路客站综合体面积60万平方米，与客站紧密相连的南北侧规划两个高层簇拥群，融合商业，办公，会展等功能，面积约180万平方米，客站雨棚上盖物业5万平方米。枢纽区域范围以铁路客运为中心向外辐射扩散，包括了枢纽核心区：东西1076米，南北660米，含客站综合体，盖上开发，云门及城市综合开发等工程，其中客站综合体、云门为2022年杭州亚运会配套工程；云城先行启动区：枢纽新城区 + 动车所上盖物业区，规模约为21平方公里；云城：规模约58平方公里，依托交通枢纽优势，建成长三角最重要的科创新中心。

广州白云站位于城市成熟建成区，土地价值高，客站以普速列车为主兼顾高速和城际列车，综合体紧凑布局，促进老城区更新。总建筑规模约165万平方米，其中：铁路客站综合体面积59万平方米，预留铁路上盖开发23万平方米；城市枢纽配套58.5万平方米，四角上盖开发24.5万平方米。枢纽整体外方为城、内方为站，中间圆为呼吸广场，是站城之间缓冲和功能调配的弹性空间，以应对客流波动。城市开发结合四角进站，可对应接驳各种交通配套设施，提高效率。铁路上盖与线侧开发，立体分布，竖向互动，分区明确。

重庆东站位于重庆市南岸茶园新区，背靠樵坪山，茶园新区定位为城市副中心及新兴商圈，渝湘线、渝万线、东环线引入重庆东站。总规模116万平方米，其中：铁路主站房建筑面积12万平方米，城市枢纽配套68万平方米，综合开发36万平方米。包括西侧的城市交通中心，东侧的景观平台以及南北两侧的铁路综合开发。站区交通体系以南北双环高架营造面向城市的开放型"灰空间"，结合城市轨道交通换乘形成多功能复合的立体流线，打造高效有序的"城市客厅"。综合开发与站房之间设置四条景观步道，使车站步行商业环境与城市功能互利共融。

从国铁集团的近期立项来看，铁路客运对客流需求服务的范围正趋向进一步扩大，形成区域一体化建设的整体规划；对在建大型铁路客站由客流催生的系统性技术经济指标、投资影响因素等进行综合研究，并逐步完善我国大型客站综合评价指标体系。其中，站房配套比（站房配套面积与站房面积的比值）比较直观地反映出中心城市铁路客运综合交通枢纽未来推动区域城市经济发展的巨大作用和潜力。

现代铁路客站显然已经从仅具有基本交通功能的传统火车站转变成集餐饮、休闲、购物等综合功能为一体的新型铁路客站，能够更加有效地吸引过往旅客和周边人群，产生集聚效应。同时，针对铁路客站的高可达性，协同地方政府对客站周边区域进行综合开发、统筹规划，以期使未来铁路客运枢纽地区产生更多的针对性服务和公共性活动附加功能，使综合交通枢纽地区形成集多种城市功能于一体的综合社区组团，成为新的城市副中心，以更好地整合空间环境，带动城市经营资本的汇集，从而显著地提升周边区域的土地价值和社会文化价值。

城市生活对自然环境的向往，致使客站建设从对宽敞、舒适、明快的空间追求向绿色、经济、温馨的品质以及智能、生态的环境转型。城市建设水平的提高，又将致使客站建筑升级为城市最重要的综合交通活动场所，并集聚相关的产业，调整结构而协同发展，曾经的铁路客运交通站点，如今"引燃"城市的新生活力，成为推动区域城市建设的核心和新的经济增长点。

从功能建筑到生活场所

我国许多内陆城市近年来呈高速发展趋势，一些在历史上被描述为"火车拉来的城市"通常经历了"先有站、后有城"的建设时序，使得铁路客站一直处于地区和城市建设的焦点。现代意义的客站地区城市更新也往往是铁路客运交通战略下的城市发展契机。因此，铁路客站始终不是单向或孤立的建设行为，而是与地区城市建设发展同命脉共生息。

铁路客流是影响地区发展的主要动因。铁路在与城市交通发生集散换乘行为的同时，庞大的到发客流开始运动，与城市接驳交通发生频繁的交换互动，并波及所有步行可达的范围（500~800米/10分钟）。围绕这个活动范围的空间呈现出空前繁忙的状态。这个范围又恰好吻合了各类城市公交设施分别短距离接驳铁路客运而合理分布的空间需求。步行换乘的路径是以最短的直线通道方式设置，其路径周边的空间则成为旅客非交通行为发生的区域。显然这是一个交通极为高效的空间，又是一个充满商机、多样化提供各类配套服务的优质空间场所。交通的效率和市场的效益并存以满足旅客的出行需求。在此，交通与服务功能的结合显现出同等重要的价值，交通客流的行为和需求"引燃"了这个区域，并逐渐成熟而向外蔓延，直至渗透入更外围的城市生活地带。

制定理性并具有前瞻性的区域规划，能将拥有大规模的客流优势转化为地区或城市区域环境

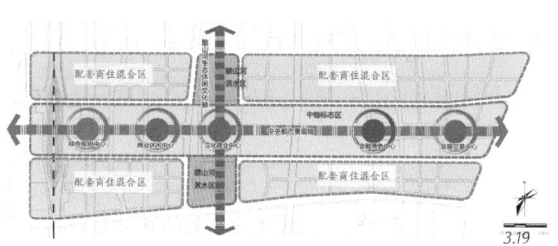

图 3.18 济南西站区域城市设计鸟瞰图
图 3.19 济南西站区域城市设计规划结构图

的综合优势，导向良性循环、共生共赢的发展方向。在高速铁路网建设不断完善的时期，客站建设对于毗邻土地价值的提升作用愈发明显。京沪高铁济南西站是京沪高铁五个主客站之一，位于济南市主城区西部，建成后将与北京和上海两个中国政治、经济发展极地城市间的时空距离大大缩短，从北京到济南约1.5个小时，济南到上海约3.5小时。济南市正以京沪高铁建设通车为带动，加快推进主要由西部新城、大学科技园和济西湿地公园三大功能板块组成的西部新区的开发建设，其中西客站片区占地55平方公里，核心区为6平方公里。济南西客站片区核心区由交通枢纽、商务会展、商业商贸、文娱旅游、居住、预留用地六大功能板块构成。除了基础的交通枢纽板块之外，西客站核心片区被京沪高铁划分为站东、站西两个区域。其中，站东区包括商务会展、商业商贸、文娱旅游、居住等板块；站西区则定位为预留用地。随着济南西站、长途汽车西站、金融商务区、会展中心、文化艺术中心等大型配套设施的建设完工，西客站片区凭借着土地集约性和交通优势性提高了周边区域开发价值，促使各大新开楼盘云集周围，成为近年来济南房地产市场的增值区域。从总体趋势来看，在距离高铁站区2~5公里范围，受铁路客运交通的辐射影响，俨然被扩大为一个社会生活、经济、文化的活跃场所。

当铁路客站与周边城市建设同步，客站的秩序与空间的活力使铁路客运交通功能发挥出强劲的优势，无可替代地参与了区域城市整体空间与生活场所的建构，突破了交通功能的局限，而产出更高的城市协同、社会共筑的无形价值。

秩序与活力

目前我国新建铁路场站，特别是大中型客站基本上都地处既有城区边缘或新城区规划的中心，客观上铁路客运设施建设先行，以其客流量规模为周边城市区域的交通可达性和人气聚集创造了有利的条件，也为周边区域城市综合开发打下了良好的基础。然而，铁路客站和城市发展，始终是相互交替作用而前行。由铁路客站

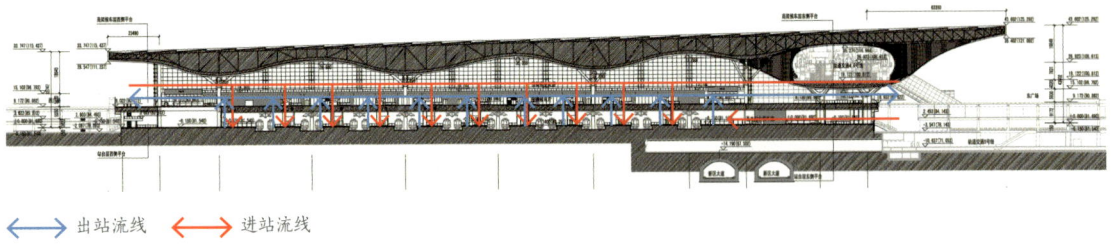

⟵ 出站流线　⟶ 进站流线

图 3.20 深圳北站流线

接入的地区会因为高人气因素反作用于城市而带来新的生机，每每在客站建造营运后不久，周边地区便出现了高涨的人气和频繁的商机，同时也往往会暴露出客站建造初期始料未及的规划薄弱问题，也不难发现早期建设的大量客站周边，虽然商机盎然却仍然缺乏良好的秩序。

铁路客运的快速发展催生了铁路客站与周边城市区域一体化规划建设的需求，而这种联合发展一体化建设从实施到合理运作的过程，并不能一蹴而就。我国大量铁路客站与周边区域城市的规划建设虽然已开始趋于同步，但无论从建设规模、建设时序、建成年限来看，一个完整的城市区域中心的形成仍然需要逐步的市场化培育。城市铁路客运服务的重点职能，是要结合铁路客运交通的实际情况，统筹、协调铁路客站建筑和区域规划、城市设计的相互依托关系，合理建立铁路客流的核心交通行为秩序，并以此为影响因子，混合功能、组织引导，服务各类城市活动人群，参与营造有序的外围城市空间，拓展土地开发，辐射影响周边区域环境的综合治理。

严密的交通路径组织关系是综合交通枢纽构成的第一步，依据合理的近远期客流预测组织人车分行的便捷交通流线，是总体规划控制核心交通区域的要点，紧凑有序的交通连接并非是简单的密集和绝对的短捷路径设计，而应根据铁路线位、城市空间、竖向分层的立体交通、客流集散行为需求的方向、强弱、缓冲等，建立疏密有致的空间连接和客流转换系统，充分并紧凑利用空间，营造内紧外松的高效接驳交通环境。

深圳北站为了配合场地西高东低的城市地形，铁路轨顶标高高于东广场地面约3.6米，又低于西广场地面约9.2米，形成了"上进上出"的立体化复合式站型。车站东侧为线侧平式，地面层设基本站台候车，上方设高架广场与高架候车室平接，中部为高架候车式，西侧为线侧上式，地面广场与候车室平接。站型的确立，决定了"上进上出"的流线模式，出站旅客从站台层上一层到达与候车层同一标高的出站通廊离站，通过位于东广场的地铁4、6号线的高架站厅和5号线的地下站厅换乘离站，或者通过广场两侧立体到发分层设置的公交车场和社会出租车车场换乘离站。客流交通以立体换乘方式组织，形成组织有序而高效便捷的空间关系。

深圳北站也是未来深圳铁路"三主四辅"客运格局中的核心枢纽客站，衔接京广深港客运专线和厦深铁路，并有三条城市轨道交通接入，以及长途、公交和出租车接驳形成口岸功能的特大型交通枢纽。秩序井然的立体化交通空间组织关系为城市未来立体化开发打下了良好的基础。近年来，深圳北站中心公园以及周边一批商务区的陆续建成，正在逐步成为区域城市中心。铁路与城市的双向便捷交通将必然成为区域发展的燃点、城市公共活动行为的活力场所。

铁路客站进一步与城市的衔接的界面正变得愈加开放，使客站与城市交通突破在一个边界点上无序或弱序的积聚连接，而发展为一个有序的系统空间集合场所。

3.2 隐形交通系统

德国人文地理学家F·拉采尔（Friedrich Ratzel）曾指出："交通是城市形成的力，是连接城市的重要枢纽，是城市发展运送人流、物流的重要通道，交通的便利性，对于一座城市的崛起有着重要的意义。"显然，这种力演化为力流的网络形式曾经作为建构城市空间结构的方式而被一直延续下来。城市公共交通建筑便是那城市力流网络中的一个重要节点，好比是一个循环运作的加速器，吸纳并输送进出城市或地区的客流，在力与流的关系转换中反哺城市的进一步生长。

3.2.1 客运枢纽的生命线

不同于其他公共建筑类型，铁路客站是"以流为主"的交通建筑，合理的交通流线组织是其设计核心。流线组织的本质是设计人流的通行空间，具有三维的空间形态并承载相应交通流量的客流运动轨迹。对内，各种流线的合理组织构成了铁路客站的主体空间形式；对外，客站流线的延伸与城市接壤形成富有活力的城市节点；流线的多维空间拓展，衍生出更加丰富的业态空间环境，融合城市步行系统，参与建构城市景观体系，发挥出更加广泛的城市价值。某种意义上可以认为：铁路客站建筑是由多种交通流线的分布与组合构成的立体复合空间网络结构。

生命有机体

建筑是人与自然相结合的结果，是整体环境系统中的有机组成部分，具有生命的活力，可以适应周围环境的变化与之相互协调。如同人体血管的组成，有动脉、静脉和毛细血管之分类，铁路客站的交通系统同样是一个复杂的体系，可以动态与静态交通分类，或是以人行交通、车行交通分类，又可以客站范围的内部交通和外部交通分类,更可以客流交通和辅助服务交通分类,系统庞大而错综复杂。

以功能主义为指导的设计理论是将交通建筑空间组成比作一台机器,交通系统就像是输油管,供给各零部件功能正常工作的需求,它们并不表现为机器的外形,却是不可或缺的内在动力系统。但机器终究是无生命的机械,虽然功能合理、运作正常,却无法避免生硬而缺乏持久性,一旦功能变化,机体亦难以适应。铁路客运枢纽可理解为是一个城市有机生命体的重要部分,一个推动区域城市发展的核心。我们更希望将客运交通系统织就的网络视作生命体的血脉,隐形而搏动有力,串联起每一组客运功能肌体。如同血液是生命体的恒久动力,血液循环可以供给生命体细胞所需要的氧气以及各种营养物质,同时又可以带走二氧化碳和各类细胞所产生的垃圾,通过新陈代谢,促使生命体的有机生长并持续充满活力。对生命系统的进一步认知可得出结论:良性秩序的建构是有机体可以持续充满活力的重要基础。

可能很难简要地回答一栋公共建筑的哪个部分是最为重要的,因为建筑物的重要性往往是依照其功能用途、空间使用频率、安全等级和空间尺度等多种影响因素而被确定。对体育建筑而言,可能是赛场、观众席;教学楼的重要空间是教室、实验室、报告厅;医疗建筑则是就诊室、手术室和病房……公共建筑类型各异,功能空间分布和形态构成也大相径庭。但这些不同类型的建筑都拥有一个极其重要并被当代建筑设计充分关注、优化的关联性空间,那就是联络这些功能性目标、单元用房的路径——交通空间。大量公共建筑的内部交通流线通常并不太引人注目,流线合理、顺畅似乎是必然的,而一旦违背使用规律,建成后便会被使用者诟病且难以逆转,尤其对交通建筑而言则是致命的。所以,从专业的视角,较之所有其他类型城市公共建筑,在铁路客运交通建筑中,旅客流线组织系统的重要性则更为突显,犹如生命体中经络血脉的有机组织,必须是保障其客运交通功能持续正常运作最为关键的空间系统,其畅通、便捷的旅客交通行为需求和组织方式更为甚之。客站交通空间的合理存在、高效运行,虽不如进入客站的广厅壮观,也没有大空间的候乘区优雅、从容,而几乎永远是一种旅客忙碌穿行、频繁流动的区域和至关重要的"隐性"空间状态,并一定是铁路客站建筑营运功能表现优劣的第一要素。

新时代铁路客站正在不断地汲取城市成长过程中生成的丰富营养,伴随并促进这个生命机体的良性生长。

隐形的客流动线

铁路客站建筑专业设计上称为"流线"的术语,可以进一步定义为:主要由服务于旅客活动行为而形成的目标路径体系,或被称之为"旅客动线"。涵盖铁路客运枢纽范围以步行为主导的交通路径可被感知为满足旅客乘降功能(刚性需求)的交通路径和配套服务旅客(非刚性需求)的交通路径的集合,虽然这个路径系统是作为维系客站运营的主要用途,但却以并不特别为人们关注的隐形空间方式存在于客站之中。

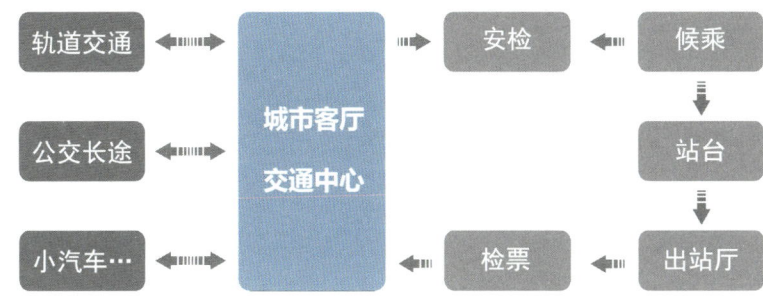

图 3.21 铁路客站流线系统图示

深入认知"隐形"的客流交通路径的作用,目的是建立简化而紧凑高效的基本客流交通关系,扩大并开放城市化配套服务的空间。可将客站建筑流线系统分解为由刚性交通和非刚性交通服务两组客流空间的关系,分别研究它们各自的作用、特征以及相互间紧密衔接的基础,从而进一步解析"综合交通枢纽"的意义,让隐形的交通秩序发挥出更大的社会潜力。

作用于客流出行目的的交通路径,是最直接的流线组织系统,包括进站、出站、站内国铁、城际换乘和城市公交换乘四组目标分明的快速客流路径。路径空间呈线状,简洁明快并辅以明确的空间形态导向和静态标识导向,强化引导或暗示目标空间的方位。

进站交通基本流线由城市快速车道接入和城市换乘交通集散中心接入两种方式,依次进入客站广厅(安检)——候乘休息厅(验票)——站台——上列车,完成进站至登车的全过程。

出站交通基本流线为满足列车抵达的瞬间大客流量疏解而更为快捷,其流线依次为下站台——下(上)行——出站通道——城市交通换乘集散中心或城市通廊、集散广场。

基于我国铁路客站的客流量庞大的特点,目前采用进出站分流的客站空间营运模式,避免进、出车站客流混行而形成对冲的不利情况,这也是铁路客站有别城市轨道交通站点的流线组织方式。因此,铁路客站在空间上比较复杂、错综的刚性交通流线关系是换乘路径的组织方式。

铁路客运换乘交通可以被分为两个方面:其一是铁路站场系统内的换乘(站内换乘或铁路换乘),站内换乘交通是服务于旅客搭乘不同站场或国铁与城际列车之间的换乘流线。最不理想的方式是旅客出站后通过站外集散空间再次返回安检、验票进入车站后重新抵达换乘目的地站台的流程;比较便捷的方式是旅客不出站而进入候乘空间再次验票进入换乘目的地站台;最快的方式是下站台后利用出站通道转换,验

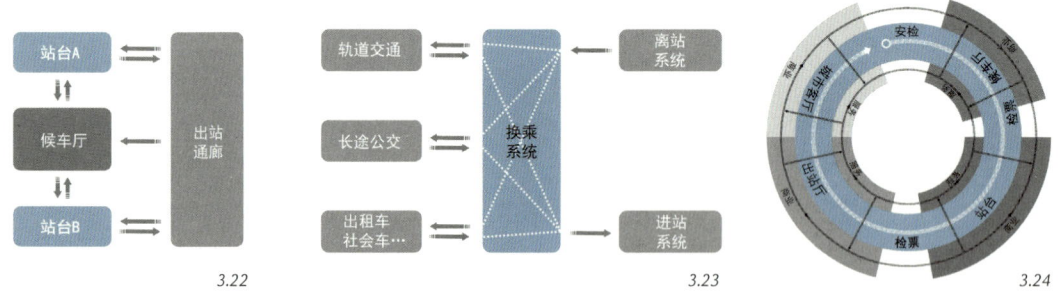

图 3.22 站内换乘系统
图 3.23 站外换乘系统
图 3.24 交通流线：灰色为非刚性交通流线；白色为刚性交通流线
图 3.25 沙坪坝站剖透视
图 3.26 于家堡站剖透视

票后反向直接进入换乘目的地站台。前一种出站再进站的换乘方式正被逐步淘汰，后两种换乘方式目前多在营运中应用，并将被进一步优化。其二是铁路客运与城市公共交通的接驳换乘（站外换乘或城市换乘）。站外换乘关系相对站内换乘更为复杂，包括城市公交换乘铁路的进站系统和铁路换乘城市公交的离站系统两部分。站外换乘之所以复杂，是因为多种交通方式并存而形成多站点之间的交叉换乘，且客流来自不同城市方向，并有着不同目标去向，充满了旅客交通活动和部分城市人群活动的混合行为。因此，紧密围绕客站建筑的周边区域，进、出站客流在同一空间中的路径交叉在所难免。总结目前我国铁路客站营运现状，大量矛盾问题产生以及比较薄弱的设计环节，主要在于换乘交通的流线及其空间组织设计，尤其表现在客站与城市交通集散的结合点上，旅客活动频繁的行为流线，看似无形实则内含规律和建构逻辑。

对应铁路刚性交通流线的另一组旅客活动行径是非刚性交通流线，它们同样由旅客活动需求和服务配套功能性设施的相互关系组合而成，出现在铁路客站内部以及与出站空间相邻的城市通廊或城市交通换乘集散中心的周边。相比刚性交通流线的进、出客流需求，非刚性交通流线则以紧密缠绕主导刚性交通流线的多功能、单元化服务设施的线性空间形式存在，而呈现出较为弱化的、诱导式辅助流线的特征：分离主交通流线、立体化、少交叉、隐蔽却灵活方便。非刚性交通流线组织模式更类似城市商业中心，相对随机，或线状、或融入开放的休憩空间，目的是辅助提供站内旅客短暂的候乘行为活动，以及出站旅客进行城市公交换乘的舒适性服务需求。

3.2.2 协同城市地下设施

大运量客流带来高人气集聚，现代化交通手段形成高可达性节点场所，信息科技运用提升高

效率客运功能，强强叠合造就了铁路综合交通枢纽成为"地区燃点"的核心地位。

集散空间转型

传统的站前广场吻合了铁路客站以"门户"形象代言的城市属性，并以开放站前区的城市空间为主导，满足旅客进出站的安全需求，其最主要的功能则是有利于铁路客运的人流集散。由于早期客站空间容量较小，且城市公交的客运接驳方式相对简单，基本以公交巴士、小汽车等地面交通工具为主，并通常分设在站前广场的两侧，满足城市客流的交通接驳需求。铁路站前广场也往往被用作于客运高峰期（如长假日和"春运"）客流的集散、缓冲、等候区域。

当代城市轨道交通以及其他新交通方式的发展，全面促进了铁路综合交通枢纽的成长，使得大运量交通的城市接壤更加通畅快捷。新型高铁客站的诞生融合了以城市轨道交通为主导的换乘客流对接，使铁路客运系统模式已经完全改变了传统客站的集散营运方式。大型铁路客站通常与城市地铁或轻轨等大、中客运量交通方式对接，早期站前广场的集散功能逐渐削弱，形成旅客通过立体化交通组织分流进、出客站的趋势。站前广场的作用和功能正在被重新定义，以全新的方式诠释城市交通的"门户意义"。

城市轨道交通在多数情况下是在地下接入铁路客运枢纽，也通常吻合铁路客站"上进下出"的客流交通组织系统。客流集散在城市地下空间的衔接方式为城市面貌带来了诸多利处：缓解地面交通、提升区域环境、释放了地面层土地、扩大了城市活动空间、免受地面不利气候影响等等。然而，关于地下空间的利用又是一把双刃剑，复杂的大客流集散交通引入地下，在安全性、方向辨识度，乃至地下空间结构以及经济性等方面都会产生很大的困难。

无论如何，结合铁路客运功能的集散流线组织与地下城市轨道交通快速对接，通过地下空间利用而形成的城市公交换乘系统，在整体上具有很强的优势，既满足大客流量的疏解、交换，

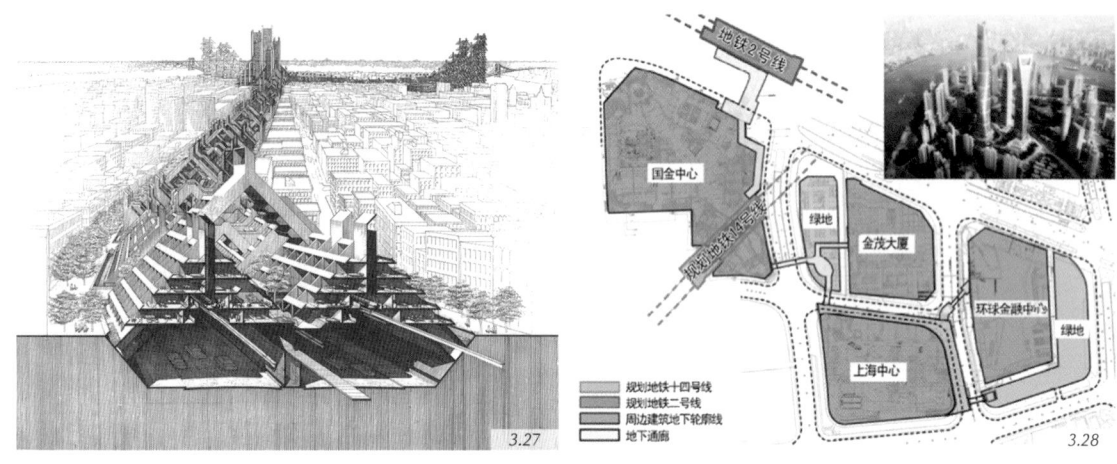

图 3.27 曼哈顿下城公路计划
图 3.28 陆家嘴地下空间缝合

又在"隐形"的地下空间状态下融入城市活动的功能。许多成功的案例如：重庆的沙坪坝站、天津的于家堡站、深圳福田站等都以相同的方式创造出不同的地上、地下联动空间形态，以其高效、便利的交通组织为城市接受，继而在交通空间节点和人群活动行为上蔓延、拓展并高效而有机地连接外围的城市公共活动区域，有序的客流组织在客站的边界，在客站和周边城市的地下空间形成张弛有度的合力，成为充满生机的活力场所。

整合市政基础设施

引入城市轨道交通的大型铁路客运综合交通枢纽，由整合地下集散、换乘功能而触发展开规划设计的地下空间，已成为铁路客站与周边城市双向互通互联的重要组成部分。从城市建设的视角，地下空间能在有限的土地范围内实现高密度的功能复合，辅助解决城市日益加剧的人口增长、土地资源稀缺、交通拥堵及环境污染等难题。纵观地下空间建设在我国的发展，已经逐步由满足地下人行交通、商业、人防工事而独立建造的基础设施，转型为具有一定规模、综合利用的地下空间网络。尤其是如今的城市地下空间建设更加注重与城市综合交通枢纽的结合，注重城市混合功能的融入，注重城市环境的品质，也更加重视作为长效投入使用的地下公共空间与市政设施的一体化、集约化协同整合，实现紧凑、高效的城市空间利用。

大型铁路客站往往拥有庞大而复杂的地下空间系统，匹配相应的活动人群规模，连接城市各类公共交通，提供换乘服务，并在解决客运交通问题的同时，以自身高度的可达性和人气优势扩展为区域城市的综合活动场所。不仅如此，地下空间还关联了城市的地下基础设施，尤其是浅层地下市政设施的整合，包括水、电、暖各类公共市政管线、地下道路、停车设施、过街地道、机电设备等一体化设计整合。

早在20世纪60年代，在时任鲁大学建筑系系主任保罗·鲁道夫（Paul Rudolph）与其他建筑师合作研究的曼哈顿下城公路计划案例中，城市建筑与地下公路隧道、铁路交通是完全交叠在一个整体的系统规划设计当中。虽然这项研究计划最终未能如愿实施，但其设计思想却影响深远。庞大的居住社区混合了城市交通、地下隧涵、环境景观于统一的整体，揭示了城市中的建筑物、交通干道、市政设施之间的关联性和系统性。设计方法摆脱了建筑项目各自独立建造的传统思维，化解了相关但不同学科间的对立，而相互紧密连接为整体，协同工作，发挥出高度综合的潜在能效。

在我国持续的建设发展过程中，受制于整体经济状况和建设条件，在城市前期基础设施的规划和投入上难免存在一定的欠缺。上海陆家嘴地区的开发建设初期，似乎并没有预测到今天的发展程度，至少在连续多年的后期建设实施阶段，也未能将中心区地下空间的集合利用纳入总体规划，致使如今的区域核心地块之间以及多个城市轨道交通站间的地下空间连接仍然采用暗挖地下通道的后补方式予以连通，这或许是前期策划的不充分而留下的缺憾。

大型铁路客站占地面积大，尤其是站场、线路也会切割城市土地，形成铁路两侧城市相互贯通的障碍。铁路线下空间利用已成为铁路客站在规划阶段的设计重点，以利更加均衡车站两侧的城市发展，提高城市空间互动和使用效率，协调市政设施的一体化建设。另外，城市大型地下基础设施投入大、不可逆，其建设的策划和长效性使用存在一定的风险，也并不是普遍适用的前瞻性规划。缜慎、准确地预测和深入的评估，一体化设计、分期实施并为未知的发展前景预留接口，或许是化解矛盾和风险、积极应变的有效策略。

客流交通的延伸

交通建筑的客流行为主要表现在旅客乘降行为交通路径的流线组织上。流线是由客流行为的需求和互动而形成，分别包含了机动车流线和步行流线两个方面，也包含了进站与出站两套系统。

铁路客站的机动车流线组织分属于城市交通规划，主要由动态交通和静态交通两部分构成。动态交通相关城市道路系统组织、信号控制、道路形式、等级和断面流量、接壤方式以及匝道、出入口设置等；静态交通则包含了各类公交站点或车场设置、各种车辆停放、停靠或等候区域。铁路客站的机动车交通流线组织，构成了铁路客运核心系统与外围城市道路交通的分布关系，目标是保障各城市区域的客流，方便、高效、畅通地连接客站，抵达或疏解客流，并在邻近客站周边合理布局各类公交车站和停车场地，建立城市与客站之间合理的城市道路交通层次和客流输送组织系统。

步行流线则最直接地关联了旅客的交通乘降和换乘活动行为。过去十余年的客站设计建造实践，为客站步行交通在进站和离站的功能流线组织，以及各类重要的旅客活动空间分布和基本尺度等方面，打下了深厚的基础，"上进下出""下进下出""上进上出""快进快出"的多种高效流线组织，依据客流量规模和站型已形成明晰的路径系统，技术措施也日趋成熟和完善，极大地方便了站内旅客的乘降活动。铁路客站正在以新时代倡导的进一步丰富旅客出行行为体验、满足城市生活的多功能需求目标，深化设计创新。在合理植入新功能、提升服务品质以及提高空间利用效率等方面，将城市生活与铁路客运功能更加紧密结合在一起。

铁路与城市之间的客流换乘关系，实际上是客站功能延伸向城市的一个公共交通综合换乘服务场所，可以说是铁路客站"引燃"城市或地区建设发展的物理空间核心。它位于客站衔接城市各类交通换乘的边界区域，是客站和城市双向客流互动最为集聚、频繁的场所，是城市功能与客站功能交汇的重要地带，也是目前规划设计较为薄弱的环节。无论历史的还是当代的铁路客站都能看到，涌动的进出站和换乘客流、密集的各类交通设施分布以及提供多种服务的城市业态，在客站内外的空间界面交汇，形成复杂多变的区域环境和丰富混合的空间场所。面对不同的客流需求，以更加开放的空间形式，系统组织对接换乘轨道、公交站位的交通行为关系，分区、分层设置的立体化步行交通引导人群有序分流，从而将交通产生的"力流"化解为充满活力的城市"动能"，成为客站向城市过渡并影响周边发展的关键因素。

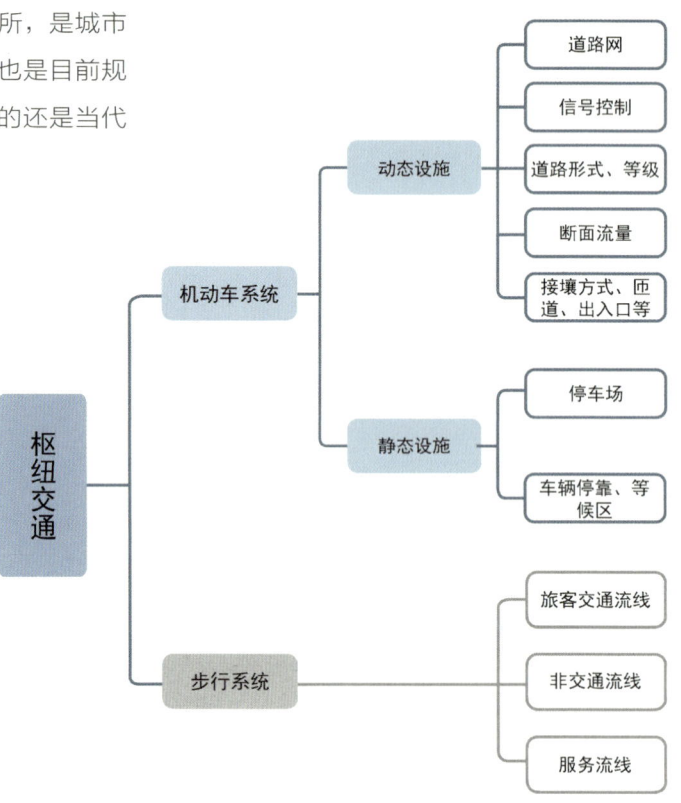

图 3.29 铁路客站交通基本组织

3.3 综合交通枢纽

铁路客站愈来愈强的综合性，正在健全其丰富的城市多功能属性，由铁路交通和周边城市服务双向组成的多样化客运复合功能，成为新时代铁路客运综合交通枢纽成型的源动力。

3.3.1 社会价值

铁路客站是城市的有机组成部分，是城市规划的先导，城市经济发展的引擎，也是整合城市交通功能的容器。新时期铁路客站建设从"门户"概念、"功能"拓展和"集散逻辑"等方面的演变，体现铁路综合枢纽更大的社会价值。

城市门户

借鉴国际上先进的铁路客运枢纽案例，以及我国十多年来铁路客站建设的成功实践，可以发现传统的铁路客站转型为当代铁路客运综合交通枢纽对城市发展的促进作用和所产生的积极影响。铁路客站在中西方历史上都被冠以"门户"的象征意义，也多半以建筑形式为表征。"城市之门、铁路之窗"作为广义的、泛指地区发展的象征意义，尚具有一定的客观性与合理性，也可被广大受众通俗地理解。随着铁路客站的持续建设，越来越多的城市出现了第二个和第三个车站，由此出现了一个困扰的问题：究竟哪一个才是"门户"的代表？这种似乎是初级阶段的形态象征意义正在受到业界和社会的质疑。而事实上，这种"形而上"的思维，抑或是狭隘的"领地文化"表象，所带来的是设计思想的禁锢和交通建筑形象的"负荷超载"。相对城市文化而言，"门户"代表的不仅仅是显性的建筑形式，应当包含综合客运功能健全的内在关系，深层的文化底蕴和表里结构的一致性。"地标建筑"或许可取代的专业用语，褪去了表征的歧义，弱化了对表象的追逐，关注交通建筑的可识别性，又可包容客运功能的本质内涵。

铁路客站之所以能够转型为综合交通枢纽，本质上是将交通功能作为客运服务的刚性需求和基本原则，推动铁路客运交通进一步面向更为广阔的市场化服务而提出的深层问题。转向思考铁路客运结合城市功能的继续扩展、延伸，集合交通营运、多元服务、环境塑造、信息传播、文化传承的综合功能于一体，准确定位铁路客运的城市属性，以更强的综合性、协同性创建客站与城市互动、共赢的一体化发展模式，或许是未来"城市门户"含义的重新解读。

客观上，我国短时间大量客站建筑的出现，相同的站型、技术条件以及类似的地域文化、自然资源背景，不可避免地造成许多中小城市车站建筑形式的趋同和相似，在形态上了丧失了"门户"表征的独特性；而大型城市又在此建设热潮中，一些真正具有文化、历史价值的早期车站被毁于一旦，即便是按相同的形式再复制建造一次，"门户"的认同感在城市环境中仍然被降低。在创建便利交通的同时，一些昔日车站和地区的空间特质、文化记忆又正在渐行渐离。这使我们越来越清晰地认识到，铁路客站建筑并不一定能承载过多的文化道义，却需要肩负在传承的基础上铭记新的历史之使命。

功能拓展

"形式追随功能"是19世纪美国芝加哥学派的著名建筑师沙利文（Louis H·Sullivan）的名言，并成为日后现代主义先驱"包豪斯"（Bauhaus）学派的教义，也是20世纪前半叶主流工业设计盛行沙利文功能主义的根源，在建筑学领域至少影响了整整半个世纪。而20世纪后半叶至今，学界对此产生了异议，而反思功能究竟指涉了什么？其是否可以涵盖形式的全部意义？正、反双向的思考在学界引起了广泛的研究和讨论。建筑的功能包括了双重含义：物理空间的作用和形态空间的意义，前者是客观物质的理性定义，后者是意识形态的文化概念，两方面的结合，才产生了今天那些形形色色的建筑空间。我们仍然认为多样化的形式是来源于功能的作用，但我们需要更全面的认知功能，至少包含了物质和精神两个层面。

客站综合交通功能组织的内在运作源发于以下几个主要方面：其一是客运交通流线组织的路径空间系统优化，包括对不同旅客群体需求的统筹，同时伴随各类新生业态的植入而使得交通空间环境更加丰富并具有层次；其二是旅客服务设施的完善与整合，包括提升卫生防疫、节能、安全、防控设施机能以及自动化、信息化技术管理水平，先进技术与高质量管理的有机交融将生成新的集约化空间组合形式；其三是因开放而将随之形成改变的客站公共空间格局，以室内、外交融的自然环境渗透和人文景观创造，体现绿色温馨的新时代生态发展观，全面提升客运服务空间品质；最后是诠释铁路客运建筑空间的文化艺术表达，继承、发扬并传播城市与铁路双向的优秀历史传统和人文精神。

深层挖掘由旅客交通行为而导致的客运功能内涵，才能真正理解新时代的社会需求，创造出丰富并耐人寻味的空间关系以及建筑形态新的语义和语境。

集散逻辑

铁路与城市的双向发展需求，促进了铁路客站与周边地区产生愈加密切的互动交流，进而转型为综合交通枢纽。其最重要的条件是在当代客站建设的基础上，扩大与城市公共交通的衔接互通和服务设施的双向作用共享。以往从属于城市公交接驳的系统，正在被纳入铁路客运的综合交通体系，形成一体化规划设计，同步建造营运的客运枢纽范畴。

"门户开合之枢与提系器物之纽，事物的关键部位；事物之间联系的中心环节"而意为"枢纽"[3]。铁路客运枢纽则是以铁路客站为核心衔接各类城市交通工具的客运枢纽空间，由市政道路、轨道交通、步行路径、客运服务综合形成地面、地下和地上的立体化空间组织。依据客站规模、区位环境以及综合分析各类接驳交通工具的运量、设施的体量、纵向分层的便捷性进行序列组合，形成最优的空间布局模型。

空间分布的物理逻辑：通常情况下，铁路客站的集散安全是铁路客运枢纽的重中之重。大型铁路客站的配套城市公交换乘，首要的是城市轨道交通引入以缓解大客流量的进出站交通，因此其便捷的可达性、导向性是第一位的，良好的轨道交通站位、快速的客流路径空间引导，以期在短时间内化解瞬间出站客流拥堵。而后的公共交通换乘顺序，基本以交通工具的运量能力和公共交通优先的原则排列，依次是城市公交、长途（或旅游专线）、出租车的接驳站点和站位的相应设置。但在许多情况下，铁路与城市交通工具对接的距离和分布方式并不是绝对的，接驳交通系统需要根据具体的交通工具营运特征、地形和场地空间条件进行综合评估、合理布置。需要因地制宜，充分利用立体、分层的空间设计手段，结合现代科技应用，科学的交通流量测算，建立相应的集散交通秩序，形成高效的交通空间构成逻辑。

功能行为的心理逻辑：客站物理空间分布的短、平、快布局方式，并不足以体现客流集散的全部需求。在不影响集散交通的前提下，结合线性的快速路径抵达，渗透设置旅客服务设施，如卫生间、问询导览、餐饮等，抑或是开放的、具有缓冲能力的，以及松弛的景观休憩地，包括空间的光照条件、色彩、肌理、声音、气味等感官反应，都将提供安全、便捷的心理暗示。更优质的交通服务环境，无疑能使旅客在心理上满足舒适旅行的行为活动需求。重视旅客在铁路客站中感受全面的物理空间环境和心理上的丰富旅行体验，才是真正意义的新时代铁路客运集散空间构成关键。

3.3.2 经济价值

铁路客运综合交通枢纽是一个庞大规模的系统空间概念，在物理空间范畴上，依据不同的城市等级、客运交通量而形成不同的建设规模，区域规划也将由铁路客站建设为主导，构成枢纽核心区、拓展规划区和辐射影响区三个不同等级的渐进式区域发展格局。结合丰富的城市功能和产业布局、多层次的城市工作和生活环境，波及有效的区域范围宏观规划，建立长效的投入与产出机制，充分吻合城市交通枢纽地区的分区、分期的建设时序规律和依据，全面促进城市和地区的经济发展。

交通节点驱动

铁路客运综合交通枢纽于城市的重要性和长效性决定了其规划设计应当具有的前瞻意义。它一方面提供客站与城市多类交通设施衔接的基本旅客出行行为服务，必须畅通捷达；另一方面需要保障客站与城市各种功能充分混合并预留对接条件，形成有机融合。铁路客站及其城市公交换乘系统的空间叠加可以被视作综合枢纽核心区，一般按近期客流量预测，预留远期规划发展条件，客站开通营运和城市公交接驳同步设计、实施，建设周期大约为1~3年，规模覆盖半径依据客站出入口按5分钟慢速步行计约300米。其主要职能是服务城市对外的出行旅客运输和对内的铁路到达旅客集散，可认为是城市综合客运交通枢纽核心区建设的基本空间范围和启动节点。

如同未来区域城市逐步成长的风向标，铁路客站在这个节点上为城市担纲了承前启后的历史发展重任，客站的节点价值体现于其内、外部交通转换过程中，形成的大客流量作用于周边环境影响力。以步行距离为尺度，铁路客流与城市人群的行走和停驻过程所产生的各种行为活动和需求，是带动车站地区发展的核心资源。应利用客流集散换乘途经的空间地带，提供相应的多样化城市服务，塑造舒适的步行空间和可供停留的场所，营建便捷、高效而愉悦的交通空间环境，并通过培育密切关联的商业氛围，与城市生活的多种功能活动联结，有序的建设步骤推进，促使客站区域成为焕发地区经济和文化活力的场所空间。

区域空间引导

根据城市发展的需求，综合交通枢纽核心的稳定运行及综合市场培育的中期建设，开发建设规模一般周期为3~5年，由此核心向外扩大的延展区域半径，依据客站出入口按15分钟慢速步行计约在800~1000米。这个范围，将近是一个城市轨道交通站点区间的距离，适宜步行又方便公交抵达。当然，由人行活动的时间和距离确定的发展规模合理性，并不足以成为唯一的区域发展依据，也必然会受制于铁路客站所在城市的特定条件，包括人口规模、密度、经济水平、主导产业结构以及发展定位等各个方面的影响。虽然这是一个因铁路建设、客流催化引发的区域城市发展计划，需要一次性规划，但一般不可能完全同步实施，而是通过以点带面的方式，持续响应城市长期发展战略，有效地促进区域城市的逐步成长、成型。

借助铁路客运综合交通枢纽区域的高可达性交通条件，重视新建铁路客运枢纽与既有城市中心功能的相互关系，评估所在城市区域的产业发展优势，整合区域业态结构以及相邻城市副中心的互补发展关系，合理扩张周边土地利用以及可能的城市地下空间规划，有利于形成良性的开发导向，达成与城市协同发展的共识。

根据国内外交通枢纽区域发展经验，新建铁路客运综合交通枢纽若位于城市中心区，依托既有城区的交通、经济、科技以及文化基础，相对比较容易取得成功，而位于城市边缘区则需要具备更多的条件以确保成功，其中必要条件之一是必须与城市中心区保持畅通的联系。这种便捷交通的建立，不仅能够使新建枢纽以及周边地区快速集聚人流，并有效促进新的区域城市中心形成和生长，对于既有城市中心而言，也是有效提高其可达性，分散、缓解市中心交通压力的重要方式。

理性研究是综合交通枢纽节点演化为城市公共活动场所的必备条件，也是成功推动枢纽区域建设繁荣与发展的动力。使之成为恒久地根植于城市生活环境中的公共交通空间。

社会资源共享

铁路客运综合交通枢纽形成的高效城市交通节点价值，决定其应以集聚功能为主导的方式进行辐射建设，将铁路交通势能转化为城市经济势能，使城市空间、功能的集聚与铁路的高速化、城市出行的高频率相互匹配。在综合交通枢纽场所价值最高的客站区域步行范围内进行集中式协同综合开发，摆脱单点客站交通的独立建设方式，使枢纽与周边地区建立便捷联系并融为一体。新建或扩建铁路综合交通枢纽融入成熟完善的城市发展的远期建设，还需要5~10年或更久的成长时间。有效激发新建铁路综合交通枢纽的潜在能量，在实现节点驱动和区域引导的城市平衡发展过程中，需要重点关注土地集约化开发利用、多功能空间复合、生态环境宜人等问题，倡导以优质的公共交通设施为引领，集城市经济、文化、科技、生态环境联合发展为基础的共享社会资源平台，融入城市日常生活。

土地资源利用——新建大型铁路客站引入城市，必然会产生更大规模、更大范围的土地性质改变，紧凑型发展、集约化利用所创造的土地价值将进一步显现。在铁路与城市之间有序交通组织、平衡发展的前提下，形成叠合式站场、站台雨棚盖上建设、地下空间利用等立体化开发方式，整体规划、因势利导、缓步推进，将成为集约化城市土地资源高效利用的重要措施。

人文资源创造——建筑是人类物质形态和精神意识结合的产物，展现出时代人文智慧和科学思想的结晶。新时代铁路客站继承了历史传统的积累，更应该展开相关城市的交通资源、环境资源、文化资源、信息资源、科技资源的进一步整合与开发，融入交通枢纽区域的整体建设，以保障客运交通为己任，充分发挥场所精神的人文效应，面向城市发展的需求而开创新的未来。

经济资源共享——越来越多的实践证明，在一些重要城市，铁路客站逐步向综合交通枢纽转型，这是可见的发展趋势。在信息科技快速发展的当代，新兴产业的崛起，广泛的互联网合作，相比枢纽建设本身于城市的客运交通意义，更重要的是推动构建了地区的共享经济平台，站城协同、融合发展，扩大了市场价值的同时更创造了社会价值。站-城关系也将走出土地权属之争、社会权益难分的局限，取代以地区环境共建、经济利益共享、站城管理共治的最终目标。

铁路客运交通创造的活力社会资源和经济价值，理应回报于城市生活以及建设的持续发展，铁路客站终究将走向交通出行的日常客运运作而成为城市生活的常态。

注释：

[1] 徐东云，张雷，刘紫玉. 交通运输与城市发育的关系 [J]. 交通运输系统工程与信息，2008，10：15-20.

[2] 数据来源 Argent (King's Cross), London Continental Railways (LCR) and Exel. King's Cross Central: Public Realm Strategy [R/OL]. London, (2004.04). https://www.kingscross.co.uk/?attachment_id=33495.

[3] "枢纽" 释义源自《辞海》。

现代系统论认为：任何一个具体的系统整体都有三个要素决定，构成要素的质量、构成要素的数量、构成要素的联系方法（结构）。因此，系统整体的优劣取决于系统要素的质、量、序的关系。[1]

肆

综合交通枢纽的三个维度

塑造多元化品质空间

整合一体化交通系统

创造双重性综合效益

从总体上说，铁路客运系统具有三个基本特征：整体性、相关性和动态性。今天的铁路客站设计创新并不是一件轻而易举的工作，创新的目标正在指向更优质的系统完善。精细化空间品质提升和一体化空间规模拓展，形成细至人性、大至城市的两极化发展，同时也将由高效的客运功能转化为社会利益的共享资源。立足于当代铁路客站建设的广泛实践，深入解析现实产生的新问题，突破瓶颈，追求更优的发展途径。以如下三个维度为观点探究铁路综合交通枢纽的再发展的前景：

——源于旅客多元行为体验的精细化品质
——贯通客站内外交通联系的一体化整合
——效率与效益相融合的公共场所性节点

4.1 塑造多元化品质空间

现代铁路客运从传统的交通运输配套服务发展转型为基于心理、精神层面响应旅客出行需求的交通行为体验。服务旅客的本质没变，便捷交通的核心没变，而是将设计对目标的关注转移到对旅客出行行为过程的关怀。如果铁路客站作为城市人群使用的建筑产品，不妨学习、借鉴当代工业"产品设计"学科的一些新概念、新创意，塑造新时代、新需求背景下的铁路客运新空间形式和新环境体验。

4.1.1 精细化产品设计

产品设计的目的是取得产品与人之间的最佳匹配。这种匹配关系最大程度满足人的使用需求，并与人的生理、心理等各方面的需求相适应，体现了以人为本的设计思想。产品设计理念涵盖了广泛的交叉学科融汇，涉足了众多的学科研究领域，犹如当代社会的黏合剂，使原本孤立的学科诸如：物理、化学、生物学、市场学、美学、人体工程学、社会学、心理学、哲学等等，彼此联系、相互交融，结成有机的统一体。

用户体验

20世纪90年代中期，用户体验在产品设计领域被大大推广。"用户体验"的重要意义是以用户为中心的工业产品设计，终极目标是通过用户对产品的操作体验、反馈而创造出更具人性化、精细化和市场竞争力的产品。

20世纪末，信息技术、自动化技术的全面发展为产品设计方法和理念带来了深刻的变化。在趋于越来越丰富的当代生活环境条件下，随着时代科技的迅速发展，传统思维下的工业设计包括建筑设计，被不断分化出更多、更专业的学科分支。正如建筑也同样可以被认为是供人类社会长期使用的一种居住、工作的城市性产品。产品设计是从属于工业设计学科的重要分支，也被视为狭义上的工业设计。产品设计较之建筑设计相对更加微观而精细，更倾向于对产品使用者的关注。当代产品设计的基本概念是面向用户，以用户需求为目标，并将此需求转换为具体的物理形式或工具的研发过程，通过拟定计划、规划设想、解决问题策略和方法的一种创造性设计活动，并展现当代科技和美学逻辑，同时反映时代经济、技术和文化的价值观。

"用户体验"是一个脱胎于传统工业设计实用美学的概念，目的是将产品使用功能作为基础条件，而将设计视野转向全过程关注人与产品间的深层互动联系，包括使用者和生产者，同时还将设计范围扩展到产品商标、包装、宣传等一系列市场营销等方面的各个环节。这种设计研发过程，旨在进一步挖掘用户在生理和心理上对产品的潜在需求，追求产品细节设计对使用者的关怀，通过多种被进一步关注的元素重组整合，不仅表现出产品功能上的优越性，而且便于生产、制造，或降低经济成本，致使新的产品设计理念获得用户青睐，产品的市场综合竞争力得以再度增强。所以，以"用户体验"为新理念导向的产品设计是集艺术、文化、历史、工程、材料、经济等多学科知识于一体的创意设计活动，并将产品设计的功能与性能、技术与艺术、生产与市场紧密结合。

这种以"用户体验"为主导设计方法，大大促进了现代工业产品在设计战略思维上的新发展，体现了人与产品之间建立的新型关系，改变了我们对产品的传统认知和理解。因此，人性化设计、生态化设计、简约化设计成为当代所有工业产品以及建筑产品标志性的主要发展导向。

性能追随

在现代工业产品设计中，功能可视为设计需要遵循的原则，性能则是用户对产品品质进一步提升的可持续追求，基于产品性能展开的设计是研发工业与民用产品常用的设计方法。展开追随性能的极致化研究，涵盖了人与产品的所有互动关系，包括生理和心理层面的感知以及适应人性化需求不断增长的方方面面。而这一点是在传统设计领域被忽视或缺失的，并且可在不断变化的社会需求和用户反馈过程中，持续提升对产品性能的改良。关注产品性能特征的概念，主张性能特征应当成为控制整个产品生产的基本因素，成为连接用户需求与产品构成之间的桥梁。

所谓的"性能"（Performance）原指事物的行为或表现。从系统的观点来看，"性能"是系统功能的一种量度，它不仅具有功能的属性，而且还具有效率、程度与优劣的含义，因此在不同语境中有时也称为"效能"或者是"绩效"。在一般的建筑设计方法中，通常在建筑物建成以后，再将其空间与形体根据性能标准进行评估、修改或优化，但在以性能为主导的设计中，将建筑空间的性能表现和优化逻辑植入于设计的全过程，成为建筑形态与空间生成的内在法则。依据"用户体验"的产品性能研究可以被逐步分解为建筑空间各要素的基本功能、质量和约束，在性能需求不断分解和求解优化的过程中，持续寻找与性能需求匹配的解，使被分解的每一级功能及相对应的质量要求，再次可能成为下一级的功能需求，循环产生新的性能需求。"性能"在这种状态下扮演了一个重要的

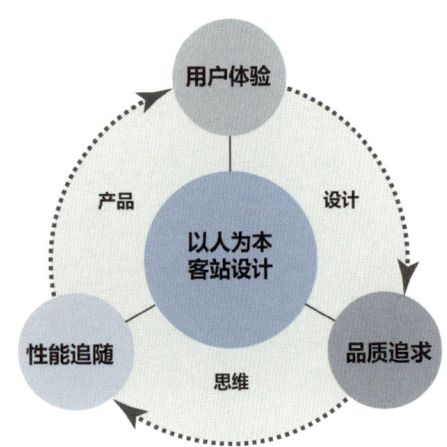

图 4.1 铁路客站的产品设计思维

双重角色：它既是设计的驱动源，也是设计结果的评价标准。

如果我们将铁路客站建筑性能定义为城市交通行为与铁路旅客需求的一种整合关系，那么追随"性能"的设计就是一种整体地看待城市及旅客综合交通行为表现的方式。因此，客站建筑空间的性能涉及从城市交通、社会文化到技术、经济等多学科领域的综合考量，试图确保个人行为和社会环境的关联性、实效性、空间品质以及交通建筑本身的系统性和完整性。新时代铁路客站的设计创作需要突破，更在于发现，性能追随的主要借鉴意义在于：在既有功能模式生成客站空间形式的设计方法和基础上，进一步解开其各要素构成的本质逻辑和当代科技进步影响下的不同性能需求，寻找并发现问题，创造出铁路客站建筑形态与空间环境建构的新视点和新方法。更主要的依据是客站在环境、功能与技术等方面所表现出来的"性能"表达，而非纯粹的基本功能罗列。由展开对铁路客站性能研究出发的设计方法，对功能要素及其构成关系的扩大化和精细化研究，开拓新时代铁路客站在整体实施、使用品质方面的创造性思维。

品质提升

现代产品设计将用户体验分解为表现层、框架层、结构层、范围层和战略层五个系统层面，从这种新的设计方法中，可以看到现代产品设计的方向愈加趋于对人性化体验的追求，这种理念完成了对产品的实用功能、认知功能、象征功能、审美功能的分解，又将产品的表征、结构、构成、材质、色彩、空间、安全分别进行针对性研究，表现出对产品品质的极致追求和完美呈现。

从汽车、电气、家具、日用品等新一代工业产品设计中不断呈现的新思维、新方法和新理念，给予了对设计目标再思考、再优化、再创造的不同方向和多元方法。以铁路客站建筑为设计产品升级研发的前景，同样可基于对使用群体的人性化关怀、空间环境品质以及建造材料、工艺的多方位追求为目标，展开以旅客为中心的交通行为用户体验研究，从新的扩大化和精细化视角，发现潜在的交通建筑产品性能诉求，深入解析旅客与客运服务间的互动影响，以及客站各系统功能间的互动关系，进一步完善并优化铁路客站的空间关系和使用效率，促进环境品质提升。这一过程将有效开放铁路客站设计创作的视野，为城市所用的交通建筑"产品"激发出无限的优质化潜力。

优质空间环境的体现，在近年来铁路客站的设计、工艺以及施工方面都具有显著的变化，无论是材料应用、色彩变化、技术设施、设备的安全性和舒适度，乃至公共卫生设施的人性化布局。大型铁路客站建筑设计分设专项研究内容包括：交通设计、动静态标识设计、金属屋面防排水设计、幕墙节能及造型工艺技术设计、特殊消防设计、精细化室内（含商业和广告位）设计以及重点攻关技术专项设计等，都为新时代铁路客站建设发展打下了深厚基础。另一方面，铁路客站建筑的设计品质，必然是城市发展、社会进步、行业科技成就的综合呈现，是铁路企业精神文明和人文思想进步的写照。同时，其空间形式和环境所表达的建筑语言，隐含了对城市交通、旅客行为、服务环境等全方面的至微关怀，也更将高度反映设计师团队的修养以及设计企业的优良传统和文化理念。通过对铁路旅客行为体验的研究，"精心、精细、精致、精品"的设计、建造理念为新时代铁路客站设计创新指引了方向。

4.1.2 差异化服务

立足铁路交通客流行为，分析旅客个体活动需求，在构建满足群体化服务空间的同时，考虑针对个别人群服务的个性化空间定制。研究客流量变对设计条件带来的影响，寻求实现客站多元化空间合理配置的条件。

人性化分区

从便捷出行到优质出行的客运服务空间设计转型过程中，铁路客运量是综合交通枢纽构成的基础，客流交通秩序保障枢纽的良好运作，客运服务质量则是保障枢纽服务空间品质的体现。

不能简单地理解高人气、高可达性带来的就是未来城市高速发展的前提，也许其隐藏的负面问题就是空间环境"无序"和交通组织"紊乱"所导致的结果，无疑我们有过这样的经历。从整体建设环境而言，虽然今非昔比，但也可能会重蹈覆辙，尤其在客站建设的初期。客运服务功能的升级，重点是认知观念的转变，包括主观的营运管理方式，以及客观上更直接的交通组织和空间秩序引导系统设计。铁路客运以量变引起质变是交通空间功能组织设计的本源，人性化的、以"用户体验"为中心的设计表征，是形成合理的空间秩序并满足舒适的出行体验，其最直接的方法是对客流需求的区分对待。

抽象的客流交通与城市纷繁人群互动以及因需业态服务而产生的复杂函数关系，或许在于动态客流的量变因素分析，以及人群特征化和差异化因子的分类。众多城市人群未必都是客站

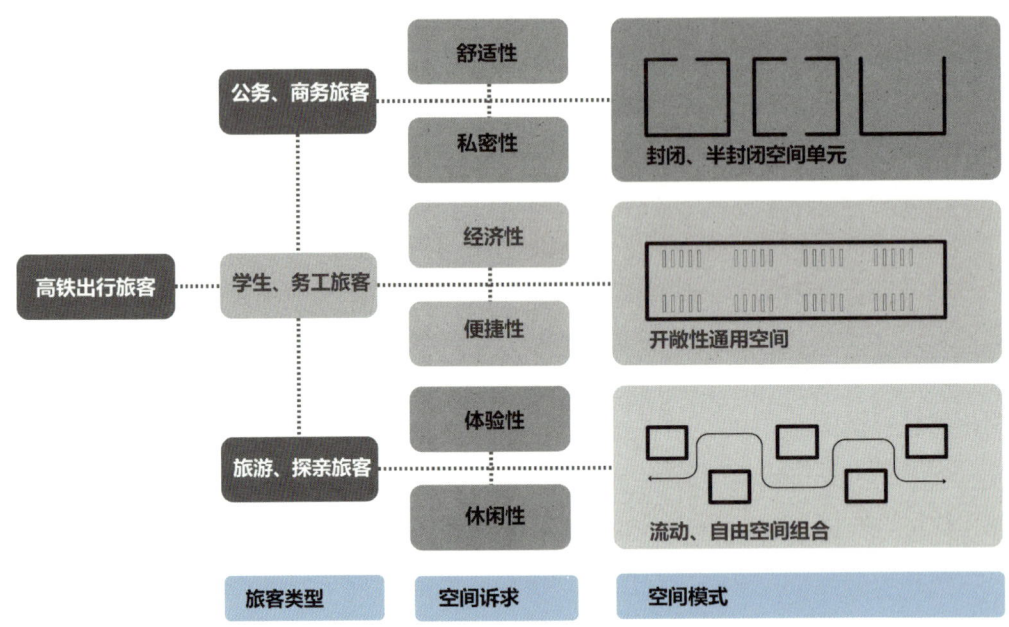

图 4.2 旅客人群分类及对应空间模式示意

的匆匆过客，庞大的铁路客流也未必就能驱动客站地区的扩张，但越大的客流量与社会人群的双向叠加，就会产生越多不同的需求。如果能测定各类不同人群的基本比例，则可在进一步分析特征性需求的情况下，配设相应规模和具有特色的服务功能，这是保证有效客运服务质量和控制客站空间理性发展的关键。

任何重要的交通空间必须有捷径，但一定不是只有捷径，相当数量的旅客并不是以绝对的通勤需求和匆忙的商务活动进入车站，捷径主要是为那些在时间上刻不容缓的旅客而准备。至少大多数出行旅游团体和家庭，他们需要放缓脚步的体验和感受，使出行赋予品质，毕竟从走出家门的一刻旅行便开始了。所有植入在客流通行线周边空间间隙中的休憩、餐饮、文娱、景观等功能，产生综合的业态服务和丰富的文化环境都是为了更好地让旅客放松身心，感受并体验悠闲出行的乐趣。虽然旅客在站内的时间相对短暂，至少按15~30分钟或更长一些的候乘时间计算，考量这些旅客在这个时间范围内可能的需求行为发生，便足以让我们改变一些候乘空间的现有状态，而创造出丰富的业态服务环境和更为人性化的分区活动空间。但这一切的可能性变化，必须是基于旅客舒适、便捷候乘的基础行为，适度的开放性设计变化，使空间具备灵活变化和阶段性调整的可能，让旅客获取相应的空间环境体验。

个性化服务

由客站规模所致，从交通行为发生的概率上，越大规模的客流量所产生的需求和差异性也越大。适应大量普通旅客普适性服务的功能、空间配套设施，在现行客站中受到广大出行旅客的欢迎，餐饮服务、信息咨询、卫生条件、应急医疗、安全等设施条件，也在被不断地改良、完善和升级。

铁路客运对加强社会弱势群体，包括妇孺儿童、障碍人士的关注，是铁路企业文明进步的标志、社会义务和责任的担当。在客站有限的公共空间范围内，合理、适度地设立老年人休息区、母婴服务区、哺乳区、儿童娱乐区以及特殊的卫生设施等一系列个性化设计措施，都将表现出客站服务环境对弱势群体的关爱和尊重。优秀的社会公益文明传承，可以为铁路企业和城市带来无形的品牌资产和传播效应，也将进一步方便并吸引城市和地区更多的潜在客流的出行，公平享受优质的铁路交通资源。

铁路客运整体环境的变化驱使高端服务在近年来营运的客站中逐渐增加。对高端商务旅客而言，优质的VIP区域空间是他们最佳的候乘选择。独立、安静、舒适可以满足这些日常奔波于职场旅客的间歇享受。在心理上，相对候乘空间的品质，他们不会过度介意在站内稍长的走行距离，更希望不被打扰；不会特别在乎空间高大而渴求优质的环境，如独立的餐饮、小型会议、文娱视听等商务需求系列的配套服务设施配置，将能够有效地满足高端商务旅客的需求，也必然可产生相应的利益回报。

深入研究不同客站所在地区的客流组成、特征和不同群体的运量占比，如：旅游、学生、务工等群体的行为方式和需求，给予所需要的服务资源和功能空间配置。充分利用客站空间，平衡好不同旅客的差异化需求，合理功能布局，使有限的空间资源获得高效的利用。研究铁路客运交通中个体行为的差异性以及需求的异同性，分类客流群体，分解空间作用，以深层次的客运服务和旅客切身的体验为切入点，掌握市场化的社会发展动向，营造丰富的、独具品质和特色的客运空间。

4.1.3 性能优化设计

近些年来，通过系统"性能"来优化系统功能结构的设计方法被广泛应用于工业产品设计领域。其独特性在于以研究产品的使用性能为设计导向，以特征分析和评价体系为基础，结合设计对象特定的外部条件与人的使用行为需求，模拟、评价其使用效果，优化其设计过程，最终提高产品性能，达成设计目标。这是一个在传统设计方法上引入性能作用的设计过程，可称为"性能优化设计"。

功能与性能

"功能"通常指产品的用途，表现为合不合适，能不能使用，而"性能"则是反映产品的效率，好不好用。"性能"和"功能"具有相互依存的关系，水阀的功效是一个日常生活用品的案例：只要能放水或断水，就基本实现了其用途的"功能"。但这只是适应最基本的使用，如果给这个水阀规定更长的使用年限，那么它的材料性能将成为问题；如果这个水阀需要给儿童使用或者需要具有更好的卫生条件，那么，水阀的机械装备、安装的位置、能否自动取、断水、形式和触感都将成为重要的性能衡量标准。一个简单的日常水龙"功能"分化即触引发了设计上如此多变的思考，铁路客站方方面面的"功能"都将有更多潜在的新形式出现。关于"性能"的解析、深化可以扩大到构件结构、材料、色彩、肌理等方面，更可以对功能产生的系统结构、人性化使用进行性能优化调整。

"性能"在建筑学中并非是一个完全当代的概念，历史中有关"性能"的讨论甚至可以追溯至维特鲁威（Marcus Vitruvius Pollio）在《建筑十书》中所提出的"坚固、适用、美观"三原则，这些原则其实就是建筑在结构、功能与形式方面所表现出的三种建筑"性能"诉求。但在随后的历史中，"性能"逐渐被美学所固化的模式所替代，逐渐丧失了通过性能优化创造建筑多样性的可能。18世纪末19世纪初，随着社会发展、技术的沿革与文化的变迁，现代建筑学逐渐从古典美学的形式束缚中解放出来，通过新材料、新技术的理性运用，将建筑的性能重新纳入到设计研究范畴，开创了现代建筑设计的新局面。

"性能"具有引导产品系统设计建构的作用，同时也可用于结果评价。性能优化设计可以看作是从产品的功能出发，通过设定性能标准改善一系列设计问题的途径，提升产品功效。可以说，性能优化设计是一个"设计-评价-反馈"不断循环的过程。

性能优化设计并不是脱离产品"功能"的不同设计方法，而是对"功能"适应性的深入剖析，旨在面向产品效率最大化和最优化，是传统设计中注重功能系统结构合理性的思考方法升级。性能优化设计关注的是各要素间相互关系及其性能表现，因此它为设计方法的多样性提供了条件。同时，性能优化设计具有自适应性，即当面对不同的设计边界条件与设计目标时，它将把对合理设计的探索引向不同的方向，并尝试创造出设计方案的多样性，实现产品功能为人所用的更佳、更多、更适宜的可能性途径。

解构与重构

把握设计创新的重点并不是盲目的臆想，而在于对问题的探索和发现。解析、解构"功能"的不同"性能"成份，便可能成为开创系统结构重组、重构的设计原点。

18世纪的自行车较之今天的同类产品，在长达几百年的进化中其核心的代步功能和载运用途几乎没有变化。然而翻开其成长的历史，了解一代又一代的车型进化过程，很容易理解人类一直在不断探索，解构其物理结构功能，发现作用于不同用途的操作性能，同时结合人体工学，研究使用者对自行车的驾驭、载重或收纳等多种可能性需求，运用时代科技进行一次次改良，而产出更优性能的新产品形式。我们也可以在中国铁路的建设和发展中学习，纵观中国铁路机车更新、迭代发展的百年历史。从1881年唐胥铁路开通时，中国历史上出现的第一台成功自制的"中国火箭"号（俗称"龙"号）蒸汽机车为开端，历经一个多世纪，走过了机车制造从蒸汽机车至内燃机车、电力机车再到今天电力动车组的发展历程。同样还是作为铁

图 4.3 机车发展图谱

路牵引机车的功能，但动力系统、传输系统、机械结构、造型外观基于性能改良、优化的目标驱使，在反反复复的系统解构再重构的变化中不断获得新生。即便经历过无数的失败，依然成为日后成功的重要动力和创新的源泉，并始终沿着学习、引进、仿制、改造、研制进而自主创新设计的发展道路，不断循环、循序渐进，追求品质的卓越而获取创新成果。

作用于新时代的铁路客站设计，在设计方法上，如果能对我们一些习以为常、熟视无睹的系统要素，诸如用房、通道、站台，或是围栏、楼梯、扶手、天花、柱式、门洞、设备末端等，进行优化使用性能分析，发现系统功能的不足或可以被再度解构，认知到"解构"后产生的问题，并成为局部研发和设计探索的起点，而当产品被再度整合、重构时，新的形式和意义则会显现。诚然，"新"并不意味优，"解构"驱动下的"重构"也并不代表可以直接获取成功，而是建立了一种不断提升产品品质的优化设计方法，形成自我完善的设计过程。无论如何，没有创新就难续未来，不尝试"解构"又何谈"重构"。

大量客站设计实践表明，今天的客站"功能"已被充分证明了它的有效性，但也让我们进一步感知到它存在使用性能方面的一些问题和不尽合理性。比如：客站新技术应用导致的空间设施匹配度；商业空间资源的最大化利用；不同旅客群体的差异性服务；交通空间的引导性；进、出站厅空间尺度以及可能的业态服务需求；站前广场的作用等等，在这些方面仍然可以对其进行性能方面的优化。从技术升级、社会需求发展的角度，充分发现那些功能表现不力，或有机会预留适应未来变化的空间区域，详细解构功能的成分，针对性制定新的性能标准，重新设计调整，构建适应性能标准的空间形式，并在环境品质和空间效率上加以进一步提升。

评价与反馈

铁路客站建筑设计的评价工作，通常是在方案中标、实施调整、初步设计、施工图设计的各个完成阶段进行，并以汇报、校对、审核的方

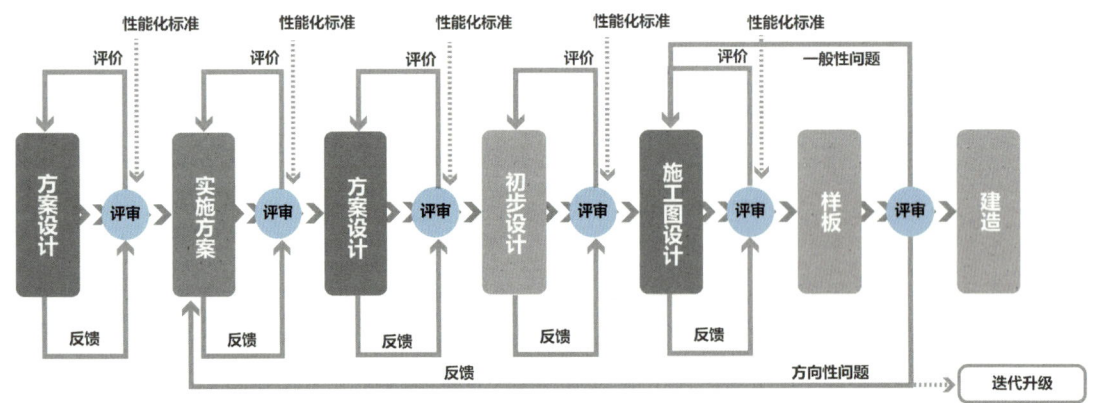

图 4.4 性能化标准介入评价与反馈

式出现，大部分反馈意见也均以国家标准、行业规范的执行为主要依据。此外也有一些重点工艺和创新专题设计，需要通过工厂或工地的样板工程予以进一步的实验反馈，并作出客观评价。但多数情况是进行项目施工阶段的分项检查和竣工验收给予总结，若需要修改或调整，则表现为比较被动的设计和修改设计状态，直至建造完成。这种现象更像是惯性的流程操作，本质上获取评价和反馈方式，主要是接受专业设计外部意见和建议。虽然实用，但缺点是没能在专业设计的源头上杜绝大量可以通过设计过程评价、反馈、再评价的循环优化方式，来解决可在实施中避免出现的问题。

显然，新时代铁路客站建设需要从设计、规划初期到项目施工的全过程中，采取主动评价和反馈的专业性工作方法。评价是对事物或人物及其表现进行判断、分析后得出的结论。反馈是控制论的基本概念，指将系统的输出返回到输入端并以某种方式改变输入，进而影响系统功能的过程。通过评价获得反馈，形成一个可以循环的过程。

性能评价和设计过程反馈是性能优化设计中另一个重要的特征，其关注设计过程的逻辑推导和标准设定的基础依据而非主观臆断，避免性能优化设计的盲目性。性能优化设计的目标评价过程主要采用先期设定的性能标准检验，或计算机模拟使用情况，对具体的设计方案进行适用性评估，评估获得的结论则成为设计方案信息的反馈。反馈信息未必都是性能优化的合理结果，也包括否定。符合或超越既定的性能评价标准意味着达成目标，可被选择采纳，成为设计方案的成果。如获得的反馈信息并不满足性能评价的标准，则可以通过反馈的问题信息，重新调整设计方案，并再次进行评价，直至达到标准或接近标准。

评价与反馈并不是一个"优胜劣汰"过程，因为衡量性能标准的参数设定变化，决定了这个过程可以不断重复循环，创造出更优的设计产品，并且更可能在这个过程中获得新的发现。

4.2 整合一体化交通系统

铁路客运综合交通枢纽是城市交通体系的组成部分，其首要的作用是满足城市对外的客运输送以及连接城市内部公共交通的转换功能，通过完善的交通协调方案，实现多种交通方式之间的便捷换乘以及与城市交通系统的一体化整合。

4.2.1 客站系统解析

完整的"铁路主导型综合交通枢纽"核心系统，包含了城市对外的铁路到发交通组织系统以及城市对内的公交换乘衔接交通组织系统紧密关联的两个部分。

铁路客运交通

新时代铁路客站设计创新的基础必然是源于中国铁路所走过的艰辛历程。假设我们以中国高铁的诞生为界，可将铁路客站划分为普速车站和高铁车站两个不同的时期，并经历了从西方移植到自主创造的多个递进式发展阶段。高铁速度的提升显然是铁路客站发生质变的分水岭，尽管普速铁路依然在铁路客运的市场领域占据相当的份额，但事实证明，以功能、系统、文化、经济为先进理念主导下的铁路客站创新发展并快速成长，使得20世纪80年代之前的车站无论在功能、空间、技术、环境等方面都无法相提并论，同时也为新时代铁路客站的进一步设计创新打下了坚实的基础。

2008年中国高铁车站诞生，将铁路客运交通及其地区城市建设推向了一个新的高度。铁路速度的驱使和当代科技的支撑，包括客运功能、技术装备、城市风尚等方面都极大地改变了传统火车站的基本面貌。与包括航空港、航运港以及城际公交总站的任何城市交通建筑相同，铁路客站的主要功能是服务旅客乘降列车，接送旅客离开或到达这座城市。从前期的建设实践中可以感知到，铁路客站在基本功能方面，通过铁路联络外部城市或地区的对外交通系统设计，已经日渐走向稳定和成熟，包括基本站型结构、进出站人车分流交通组织、综合候乘、换乘流线、快捷疏散、设施设备，以及层层展开的客运服务空间序列等形成的铁路客运交通体系，基本完备并具有长足的进步。

一些正在出现的变化也将导致客站交通流线、开放环境、商业业态和空间形态的差异。北京丰台站首次在我国采用了双层叠合式站场，重庆沙坪坝站深埋地下而形成全面的客站上盖开发，以及北京城市副中心综合交通枢纽大范围的地下空间整合，带来了不同的新型客站交通组织方式。今天的铁路客站已经不能以简单的一个独立作用于旅客承运系统的概念来定义，可以说已经开始逐步超越了客站交通的基本范畴。也正是在新的时代理念所驱动的高速发展背景下，在广泛的建设实践基础上，以新的视野在站-城关系、多元出行、信息技术、生态平衡等不同层面，解剖客运交通系统的各个技术环节：从人的行为体验审视系统服务的合理性，从平面功能的完备尝试空间性能的突破，从多业态商业植入解析综合交通路径的优化，从人

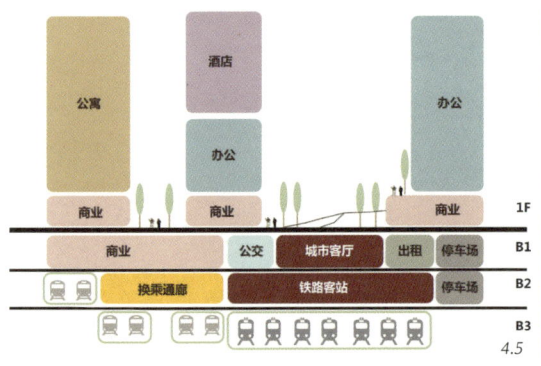

4.5　　　　　　　　　　　　　　　　　　　　　　　4.6

工技术空间序列过度向复合生态环境的演变。多学科、多视角、开放的、可循环的设计研究方法，将激发出无限的创造力，进一步改良铁路客站交通系统，持续成长而焕然一新。

城市换乘交通

铁路到达的旅客离开车站需要通过城市内部的交通工具转换运送，所以就形成了铁路客站对内与城市公共交通的对接关系，术语称"城市公交换乘"系统。其形成的场所空间也就是在第二章的最后小节提及的"城市综合换乘交通中心"。

无论今昔客站，都有个有趣的现象：被作为城市"门户"而广受青睐和重视的是铁路客站面向城市空间的建筑形态，无疑这是具有广义的城市精神象征意义。然而，大量搭乘列车进入城市的旅客，在列车抵达城市的那一刻所见的站台、出站通道、出站厅却并没有在现行设计中被特别关注而体现出城市"门户"意味的空间场景。虽然也有一些在技术性能上表现突出的雨棚结构设计，但多数情况下，更接近于一种品质机械、缺乏意味、快捷送客出站的流程设计。

进入客站的旅客离开城市，离开客站的旅客进入城市。实际上这个由双向"出""入"关系形成的是客站与城市的交通界面空间，而且因旅客需求的不同、选择来往交通方式的不同，并存着多个出入交换的界面。但无论如何，由客站对内衔接城市各类公交的接驳系统界面，形成了最为重要而复杂的对接换乘交通关系，形成旅客出入行为以及城市人群同时发生的集、散混行空间。

缺少与大、中运量的城市轨道交通接驳的客站，明显在对接铁路大客运量换乘过程中，失去了快速疏解的优势，尤其对出站时的瞬间客流疏散的缓解。所以，包含城市轨道交通的"城市综合换乘交通中心"是目前全世界范围内衔接大型城市门户综合交通枢纽之最复杂多变的换乘交通体系。而其他依换乘运量规模的城市公交换乘包括：捷运系统（类似定点对接的轻轨或新交通系统）、定点公共巴士、长短途及旅游

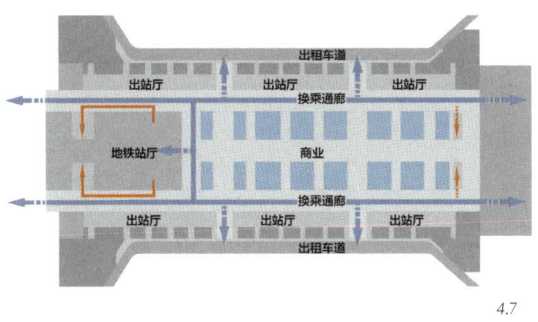
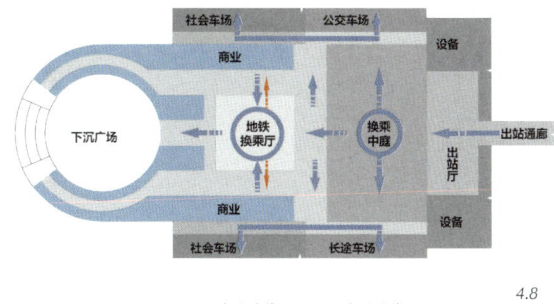

图 4.5 北京城市副中心交通枢纽联合地下开发竖向简图
图 4.6 北京城市副中心站剖透视图
图 4.7 虹桥站换乘模式图解
图 4.8 重庆西站换乘模式图解

巴士、出租车,以及私家车、网约车和可能的公共自行车等接驳交通工具。可见,城市公交换乘系统规划设计的复杂性,来自于交换进出混行客流、城市人群、各类接驳交通站点的空间分布方式以及各自承运功能规模和交通组织的系统差异。

大多原本滞后于铁路客站开始营运的地区建设,以及往往被分开规划设计的城市对内交通连接体系,相比客站对外的交通系统,往往随着增长的铁路客流显现出对接上的乏力。生硬的交通过渡、干涩的业态功能,始终没能形成充满互动、和谐的铁路客站与城市共生关系。由于城市轨道交通规划设计、建造的滞后,或区域城市交通设计的不力,又或长短途客运车场定位难以决断,甚至是城市建设资金的捉襟见肘,渐渐地在站-城同步规划设计、一体化建造方面暴露出种种无可避免的问题,引起城市出行的不便和社会舆论的反响。

由于铁路与地方规划建设长期分离的惯性所致,城市换乘交通系统的合理性仍然是铁路客站区域规划的薄弱环节,一些问题出自交通流线、导向标识的紊乱造成客流方向上的交叉,或空间体量的不足而产生客流拥堵;另一个反面是营造了庞大而缺乏设计感的空间体量,犹如没有划分车行道的宽大马路,使旅客进入后无处适从,长距离行走至接驳公交站点而鲜有旅客服务设施,形成冗长而尴尬的步行体验。

线性通廊、集散广厅以及厅廊结合,是目前较为高效、合理的三种城市换乘交通系统模式。重点的设计意图是引导旅客出站后直接进入集散厅或集散通廊,再由厅、廊空间导向各类换乘交通单元,其他配套服务的业态功能空间分设于交通流线的周边,形成清晰可辨、以交通为导向的通过式换乘旅客流线组织系统。

站内快捷换乘

"站内换乘"也被称为"中转换乘",这种旅客交通行为多发生于铁路拥有多个到发方向和多个站场的大型铁路枢纽客站,如郑州东站(京

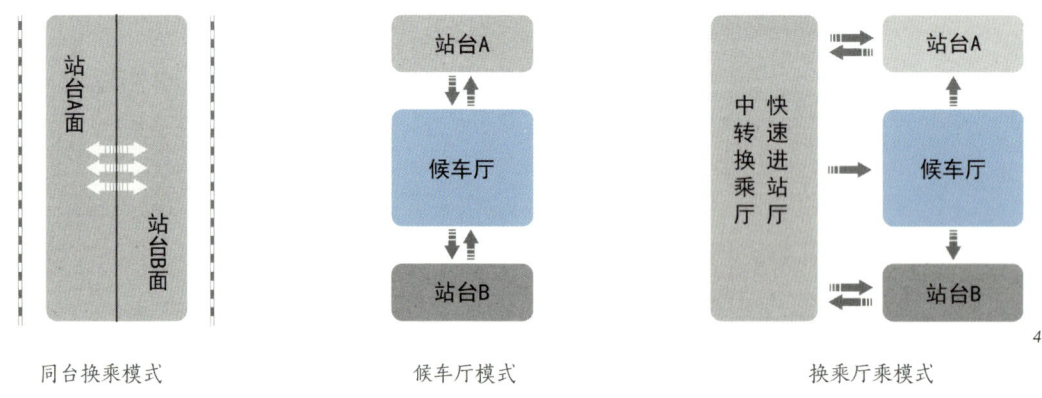

同台换乘模式　　　候车厅模式　　　换乘厅乘模式

4.9

广、徐兰、郑开方向）、武汉站（京广、武九、武石、武冈、沪汉蓉方向）、西安北站（徐兰、大西、西成、西银、包西和关中城际方向）等。从属于一个旅客进、出站流线的子系统，功能是实现铁路旅客能在站内通过不同的方式转换站台乘降列车，而避免先出站后再次安检、验票进站、换乘的重复流程。目前有三种站内换乘的流线选择方式：

利用站台设施实现换乘——这是最为直接、便捷的换乘方式，常见于欧洲的火车站。需要换乘的旅客，如果在同一个站台换乘下一趟列车，则可以同站台换乘方式轻松实现；而不在同一个站台乘降的旅客，可以通过地道、天桥跨线设施抵达，实现不同站台的换乘。由于国内铁路运营管理部门尚未开放站台的短时候车功能，这种换乘方式并不多见。

利用候车厅空间实现换乘——适合线正下、线正上站型的换乘方式，需要换乘的旅客，可以通过站台的进站楼扶梯处增设的逆向的自动扶梯，抵达进入站台的检票口，经中转验票后进入候车厅，再转到目的站台的检票口重新检票进站换乘。

利用换乘厅空间实现换乘——换乘旅客可以以出站的方式进入独立设置的中转换乘厅，前端与出站通道相连，后端与候车厅相连，形成不出站的内部换乘流线。同时，中转换乘厅也可兼顾快速进站功能。

以上三种站内换乘方式，根据旅客中转换乘功能的便捷需求，在目前营运管理的条件下，通常会利用进、出站扶梯设施逆向转换客流，流线系统虽不特别复杂，但在换乘客流较大的情况下，可能会形成局部进出混行而需要通过站内管理、有序引导解决便捷换乘问题。

"快速进站"系统是铁路客站为满足搭乘城市轨道交通前往客站的通勤旅客快速进入站台需求而设置的专用通道，一般设置于轨道交通出站厅的同层或夹层，免去了旅客越层进入候乘厅

图 4.9 站内快捷换乘模式图解
图 4.10 南京南站与城市轴线关系
图 4.11 乌鲁木齐站与城市轴线关系

候乘的时间而可以直接通往站台乘车。

"中转换乘""快速进站",甚至包括错行旅客的"容错通道"等,这些并不是各自孤立的矛盾问题,也未必需要各自独立的系统组织。合理的流线布局、空间利用应当兼顾这些功能的需要,形成紧凑而高效的换乘空间设计策略。

4.2.2 客运系统再整合

客观上,目前铁路客站客流行为组织被饱受诟病的功能缺陷焦点,多发生于客站和城市交通交换的连贯性问题上,这是一体化交通规划设计的薄弱环节,也成为铁路交通与城市交通乃至区域发展协同共建的瓶颈。

向量组合
交通行为空间的方向性引导是交通建筑设计的重点,理论上,综合交通枢纽的系统空间组合由交通客流和城市人流不同行为的向量关系决定,它们相互间连接、互动所凝聚成交通"力"流作用于空间场所,生成交通行为的逻辑关系。

城市大型客站建筑空间的多种布局形式在形态上,通常取决于铁路线位走向。站房建筑往往跨越铁路线在空间上与之叠合,并兼顾与客站区域城市道路的中轴线对位、呼应,形成建筑体量与铁路站场在空间上的正交或斜交关系。这是城市层面上铁路客站空间形态构成的基本方法。术语称之为"基本构型"。如南京南站铁路线接入城市与城市道路成正交关系,所以跨越铁路站场的站房与城市轴线(主干道)吻合;而乌鲁木齐站由于铁路线路与城市道路几乎成45°角接入,导致站房与城市路网也呈现45°角交接,设计采用圆弧形侧式站房形态转换视觉关系,化解了站房轴线与城市轴线之间的矛盾。

构成客站形态空间的次级向量由城市接驳客站的地面车道产生的进站方式而形成,或平行铁路线在客站的两端接入,或因站场规模大、股

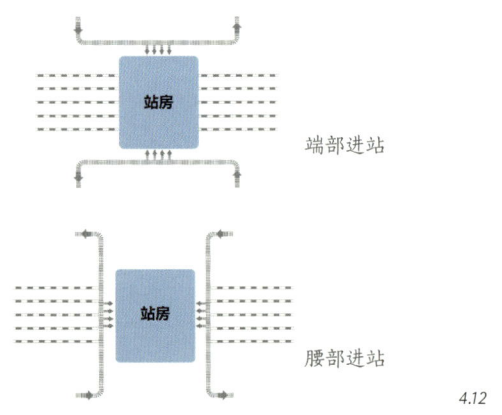
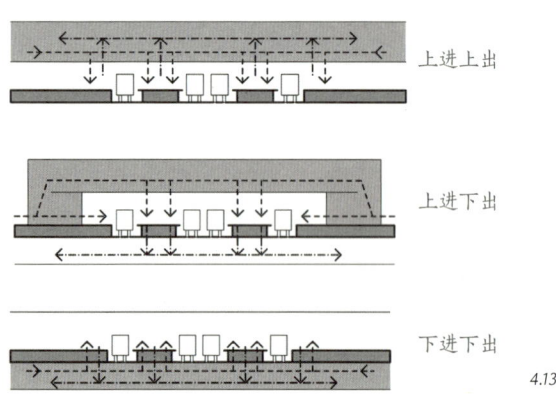

图 4.12 进站模式图解
图 4.13 进出站流线模式图解

道数量多而引入横贯线路的客站两侧"腰"部车道接入。这两种空间关系被称为"端部进站"和"腰部进站"模式。尽管站内空间的旅客行为关系相对多元、复杂，但是以客流进出站台为主导目标的方向性依然是清晰明确的。

大量营运客站的实践表明，站内由交通行为活动构成的基本空间向量明晰有效，并逐步被固化为铁路客站的交通组织范式。但非交通行为的向量组合关系仍然表现薄弱。比如常见的高架候车空间模式，其中夹层的商业功能分布和路径组织，相对效率不高，业态分布关系分离，候车空间两侧的商业夹层缺乏路径联络，虽然在夹层活动的旅客可以相互观望，但遥不便及，仅隔几十米的宽度却无法使有限的站内商业资源互通、共享。

构成客站形态的向量关系，在空间上可以被分解为"方向"和"体量"的结合，也可以认为是交通路径和功能空间的有机组合方式。它们分别都可以通过较为精确的计算而获得更为高

效的空间形式，重要的方法是尽量紧凑交通路径，最大化释放服务性功能空间，使流动的交通和宜人的候乘、休憩空间动、静分离，相得益彰。

空间叠加

铁路客流连接的对外交通组织系统（或称之为站内系统）与连接城市综合交通换乘中心的交通组织系统（或称之为站城系统），相互交织为客运综合交通枢纽。如果仅仅依赖平面化的向量组合，在实际营运环境中，显然不足以彻底解决复杂的旅客刚性交通行为和非刚性交通行为的全面服务需求。并且，旅客的进出站活动行为也并不可能完全在同一面层上发生。

"上进下出""上进上出"或者"下进下出"的基本客运站型模式是应对铁路进入城市地理条件设定的几种常见空间系统组织方式。尽管各类型客站的竖向关系不同，但对应功能的连接、组合原理是一致的。基本的分层功能空间包括候乘层、站台层、出站层：候乘层——主要对接

城市机动车到达，旅客进站，同层候乘；站台层——满足列车停靠、旅客乘降，并由候乘层（或跨线设施）上、下行到达，以及上、下行通往出站层（或跨线地道）；出站层——对接城市轨道交通站厅层，尽可能与出站集散厅同层，并延伸连接城市轨道交通、公交站、出租车场等城市交通设施。"上进上出"或"下进下出"站型的候乘层与出站层或许为同层。

这是大型客站最基本的站型竖向空间分布关系，既满足站内客流交通组织功能，又合理对接城市交通空间的集散方位。由于受这些主要的空间功能、环境或结构条件影响，铁路客运空间的各层层高一般会达到10米左右甚至更高，所以高大空间就会被再度分隔形成主空间的夹层，以利于配套商业以及其他客运服务设施的分布。有机结合多层次的竖向空间叠加，可以规避不同客流行为和路径方向上的矛盾，区分空间功能。这些重要的客运服务空间叠合关系的紧密衔接，目标是高效利用空间、提高服务效能、营造愉悦的客运空间体验。

新时代视野下的铁路客站和城市都将趋于开放，交通行为也将更加社会化、多元化。不同的地区环境、铁路接入高程和形式，也都将丰富客站空间的竖向结构以及产生相适应的功能变化。如同北京丰台站采用双层车场布局谋求未来客站创新设计的新途径和新方式，无论在集约土地资源、整合客流路径方式、协调城市综合交通等方面都在多维度空间叠合利用和整合方面做出了新的贡献。

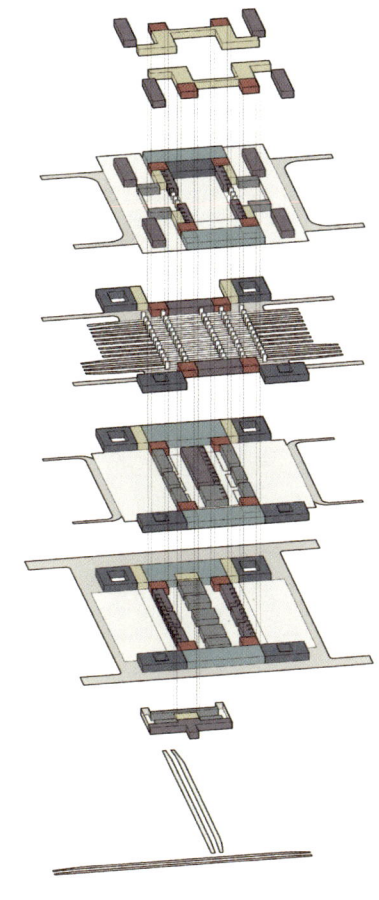

图 4.14 空间向量组合图解

空间互动

人与人的互动行为交流、人与建筑空间的互动作用、建筑与城市环境的互动影响，构成了铁路客运空间成型的条件。充分研究并寻求他们相互间的联系和依存关系，都将成为铁路客运系统再度整合空间设计的基础依据。

人车分流以及多种进出站交通方式形成客站的分层系统空间关系，根据不同功能需求构成多层面交通空间的向量组合，相互叠加、交互又

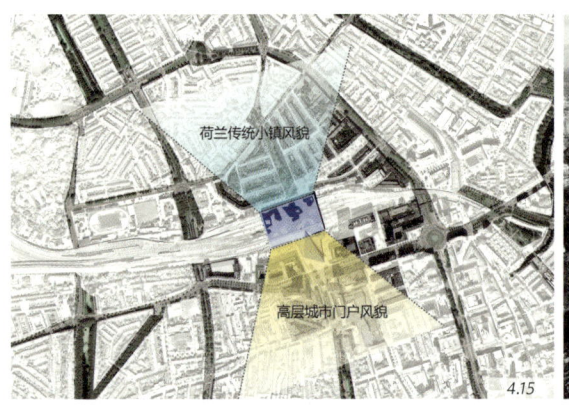 

图 4.15-4.17 与城市环境互动：鹿特丹中央车站火车站的北部入口采用适度常规的设计，适合北部城市荷兰小镇的特点以及小流量的乘客出入；南侧主入口大尺度出挑，逐渐与城市相连，融入国际化城市中心
图 4.18 多层开放竖向空间互动：涩谷站未来之光城市核剖面

构成整体的客运服务空间体系。然而，平面交通行为的向量组合，简单直接的空间叠加也许只能做到分层系统的合理，片面地解决单纯的交通问题，却难以贯通整体空间，产生相互作用。竖向的空间叠合需要关注交通功能的整体性和全面性，需要整合各分层之间的互动关系，需要调整、平衡分配非刚性交通需求组成的客运服务功能，更需要有效利用好建筑空间资源，产生互通、互联的公共环境关系。

建筑公共空间的关系在某种程度上是反映人与人之间的关系，分离、割裂的空间将导致使用者和使用行为的单一、封闭、隔离，弱共享性。

适度的开放空间创造，能拓宽旅客在站内空间的视野，间接指引客流的方向，可以分享舒适、愉悦的空间场景，或提高空间的灵活性以适应可能的使用功能变化，尤其在一些人群容易集聚的空间，适度的开放竖向交通组织，形成层与层之间的共享空间。多层开放的共享空间，利于多样性旅客行为互动、客流缓冲、集散引导，并能产生高识别度的场景性空间记忆。

互动设计还可作用于客站建筑形态与城市土地以及周边环境关系的建立。客站建筑造型的主立面往往面向主城区，对应城市正交路网主干道，形成中轴并呈对称形态。这是目前我国最

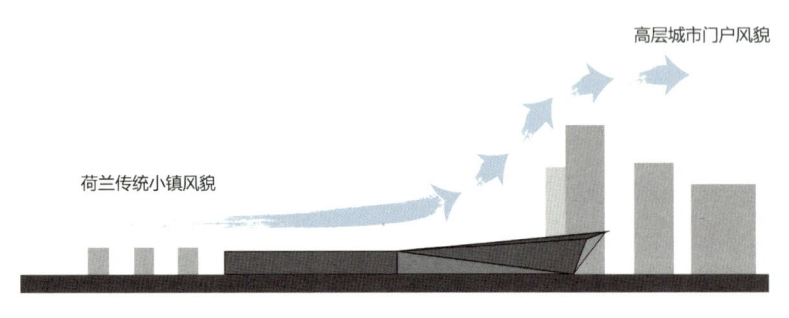 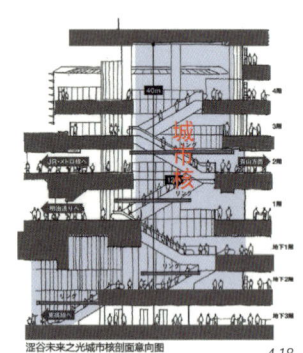

涩谷未来之光城市核剖面意向图

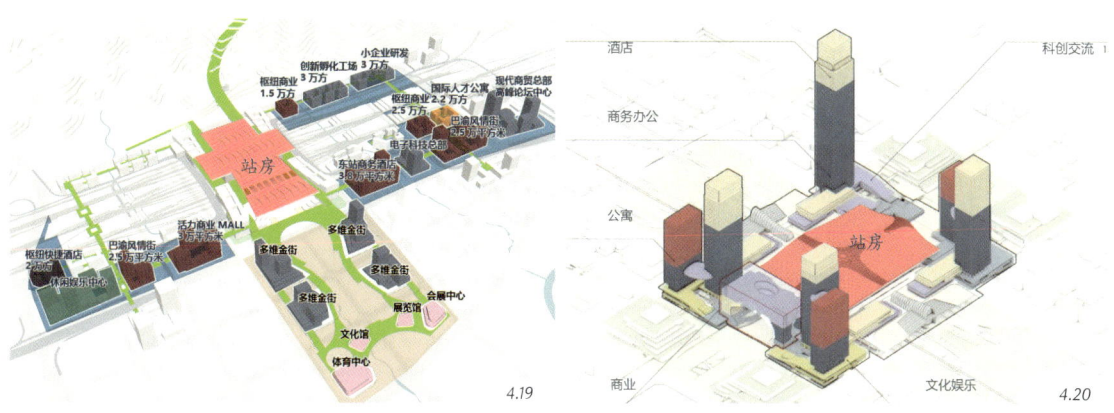

图 4.19 重庆东站融合城市开发
图 4.20 杭州西站融合城市开发

为常见的客站造型方法，优点是符合客运功能布局，又吻合多数行政区城市礼仪的官方属性和形态上的城市环境需求。但也有些站位与城市路网斜交或铁路两侧主干路网偏位，造成轴对称造型设计的困难，一些客站设计会采取圆形造型或局部圆形，以及扩大主立面入口空间的方式谋求与城市环境关系的协调（如：北京南站、宁波站等）。但这些方法在一些特殊环境条件下，尤其在一些偏远城市的风景旅游区的车站未必适合。在建筑学意义上，克服不利的地形条件，与场地和环境互动设计的方法有许多，非对称结构的建筑形态，通过空间体量的组合，形成新的造型韵律、节奏。稳定的不对称平衡，同样也能获得相应的效果，甚至创造令人赞叹的建筑形态。

正在实施建设中的杭州西站、重庆东站案例表明，我国高铁客站建设已经突破了单一客站建筑范畴的技术提升，而逐步融入城市整体，走向站-城空间互动的新格局，客站协同周边城市建设一体化规划、相互渗透、并肩发展。杭州西站引入沪乍杭、杭临绩、湖杭、杭温四向铁路，并无缝融入区域城际铁路网络，成为城市西向的交通门户枢纽。立足国际视野，高点定位，构建以公共交通为导向的发展模式，秉承"站城一体、综合配套、多元融合"的设计理念，契合与杭州城西科创新城互动、协同发展，创建以铁路客站为核心，集合高铁、城市轨道交通、公交、出租车及社会车辆等各类交通出行方式以及临近地区城市土地开发为一体的大型铁路客运综合交通枢纽。联合大范围的站-城一体化互动设计，利用高铁主导的综合交通优势，和谐开放的社会公共场所效应，扩大辐射影响，助力杭州城西科创大走廊建设，实现人流、物流、资金流和信息流等生产要素的快捷化流动，推动城西科创大走廊从城市边缘地区向竞争优势地区转变，打造具有新时代意义的标志性现代城市铁路客运综合交通枢纽。

4.3 创造双重性综合效益

真正的财富在于用尽量少的价值创造出尽量多的使用价值,换句话说,就是在尽量少的劳动时间里创造出尽量丰富的物质财富。[2]

4.3.1 关联的效率与效益

"效率+效益"显然是企业追求的主旨目标。

均衡效率

在经济学概念中,以较为简单手段形成的系统作用能达到较高评价的预期目的,即可称之为"效率",也可以被认为以尽可能少的投入获得尽可能多的产出,并以不浪费资源为前提的良性系统运作。

客观上,由于效率的产生关联了时间、资源等可变因素,所以效率不可能达到极致,而是一个比较级的概念,也就是说,在一定的变量影响条件下,效率可以被不断提高。另一方面,高效率未必表现出高质量,单纯的高效率可能会偏向于系统的某种功效凸显,而并不意味系统整体的均衡性,也不体现投入与产出的性价比。就好比一件被高速建造完成、功能俱全的产品,可以在短时间内被有效使用,但结构关系、使用舒适度、耐久性,以及投资的经济成本与回报、被感知的社会效应等等,也许未必被全面顾及。

从客运交通的视角,铁路客站改善或提升效率必然是我们所努力追求的目标。比较早期的普速铁路客站,在空间容量、环境体验、技术条件、服务设施等方面已经整体升级换代、进步显著,并且新的客站构型改善了客流进出站交通效率,便捷的流线系统提高了客运时间效率,紧凑的功能分布增强了空间使用效率,先进的机电设备保障了空间能耗效率。但是,铁路客站并不等同于一台以经过严密的数理逻辑计算、改良就可更高效运作的交通机器,同样这些提高客运效率的各个方面,仍然与经济性、整体性、适应性、人文性等密切相关。片面追求客站某些方面的高效率并一定不能提高实现整体的、综合的社会价值。许多提高效率的功能要素是相互关联的,即便是独立的要素,其因子的组成关系也是在不断递进和变化的。比如出站交通流线的长短,虽然与旅客行走时间有关,但也与设施配置有关,稍长的流线配置自动步梯,既可缩短行走时间又改善了行走的舒适度,同时对于客流集聚可能产生的隐患则起到了客流缓冲作用,尤其是对行动迟缓的弱势人群,起到间接的安全保障作用;环控设施降低能耗效率问题,同样关联整体空间的开放或密封性条件,材料保温隔热的性能以及设备机组的更新。因此,提高效率的同时必须兼顾交通行为的舒适性和安全性。

事实上,关于提高铁路客站效率,也可以将提前发现的问题在设计前期预设并进行相关性问题研究,制定均衡效率的策略而获得产品的整体价值,这也将涉及与之匹配的另一个因子——"效益"。

双重效益

"效益"是特定系统运转后所产生的实际效果和利益。具体地说，它反映系统投入与产出所带来的利益之间的关系，其中同时存在经济效益和社会效益两个方面。

经济效益的自然属性表现为人类社会存在和发展的客观要求，也是解决人类需求无限和自然资源有限矛盾的内在要求。经济效益的社会属性则是某种生产关系体系的市场利益表现，是实现社会生产目的的重要手段。良好的系统所产生的经济效益比较直观，反映投入成本和产出利润的关系，可以通过逻辑计算，量化获得的收益；而系统所产生的社会效益的体现比较间接，但涵盖更广，可以包括政治、文化、教育、艺术等多个领域，且难以量化评估，从宏观的角度，社会效益也许是长久而无限的。多数情况下，一个优质的系统产出的社会效益，远大于它的经济效益。

2013年3月，根据第十二届全国人民代表大会第一次会议审议的《国务院关于提请审议国务院机构改革和职能转变方案》的议案，铁道部实行铁路政企分开。国务院将铁道部拟定铁路发展规划和政策的行政职责划入交通运输部，组建国家铁路局，由交通运输部管理，承担铁道部的其他行政职责。2019年6月，经国务院批准同意，中国铁路总公司改制成立中国国家铁路集团有限公司（简称国铁集团）。短短几年，我国铁路建设发展从原先的行政主导转变为政企结合的模式，并由国铁集团承担主要的企业职责。这是个历史性的转折，为国铁实现从传统运输生产型企业向现代运输经营型企业转型发展迈出极其重要的一步，以优化建设结合多种经营的有效措施，在既有高效建设发展的强大基础上进一步提高企业效益。

客站作为推动城市建设、服务全民优质出行的国家铁路客运交通设施，难以依赖单纯的交通设施服务获得全部的利益回报，需要以更加开阔的视野寻找契机、拓展市场、全面发展。利用好大规模的客运设施建设以及客流资源优势影响外围区域，从基础设施、交通组织、空间环境、出行需求与业态分布等，全方位创建与城市协同、互利共赢发展的方式，平衡效率的提升和效益产出的相互关系，创造经济效益、社会效益的双重价值。

4.3.2 客运空间的综合效益

铁路是连接我国各省、市间的主动脉，承担着国家大范围交通运输的重任。铁路客运综合交通枢纽则是铁路网络服务旅客乘降、交换不同方向客流的交通节点和城市公交换乘人群服务的交通场所，肩负着国家和城市地区交通运输的双重使命。由此，高效的系统组织、良好的预期效果并获取社会和经济的双重效益是综合交通枢纽最重要的职责。

空间效率

铁路客运一贯以提高交通效率为旅客服务宗旨，铁路客运综合交通枢纽系统的效率，主要表现在交通系统方面。相比传统的火车站，当代铁路客站的交通系统效率显著提升。人车分行的交通接驳系统；宽敞简捷的进出站空间序列和流线组织；清晰可辨的动、静态标识系统；电子信息设备和机电设备的技术运用，结合构成了完备的铁路客运交通服务体系，尤其是在缩短路径、节约时间成本方面的效果更为明显。随着社会的进步，高科技助力下的智能设计技术、信息管理技术，以及新材料、新工艺、新设备技术等系统综合应用，又将持续促进服务于旅客行为空间使用效率以及空间环境品质的共同提升。

铁路客运综合交通枢纽系统面向城市的另一方面，是邻接了城市各类公共交通换乘系统以及城市多功能服务的综合活动场所。提高综合换乘交通效率的概念，正在从无缝对接的复合化交通路径梳理，扩展为整合各类交通、业态、空间、环境资源的高效利用。铁路客站与城市相结合、相贯通的复合化程度越高，则空间形成的关系和意义也更加多元而复杂，也已经不再以短捷、高效的路径距离作为唯一的标准来衡量。比如：集约、快速分流的进站空间，在实名制验票、安检的运营管理系统下变得局促、拥挤，开放进站前厅空间，加强空间形式的导向性和动静态标识的引导，抑或是增设更多的进站点分散客流的集聚，这些空间设计变化手段都在改变传统的功能和流线组织方式，形成更富秩序且提升环境舒适度和进站效率。另外，大量实践证明，大型铁路客站的大客流量在短距离内瞬间进入轨道交通换乘区域，往往会发生拥堵的现象，并可能干扰换乘其他公交设施

区域旅客的正常通行，因为城市轨道交通及其他公交设施具有服务铁路客流和地区生活的双向性。因此在这种人流叠合作用的情况下，越近距离的对接效率可能适得其反。在可控的步行时间内，适当的拉开距离或扩大集散空间范围，并辅以旅客服务空间渗透其中，既能起到缓冲客流的交通作用，又可为旅客提供安全、方便的服务，满足多样化需求的整体空间效率。

在综合交通的意义上，对效率的追求也应当进行综合考量，探索创新的设计方法和策略，还需要把握好交通空间和非交通空间功能的系统整合，平衡输入与输出的关系，以及提高投入与产出的均衡性和性价比。

针对铁路综合交通枢纽的客流特征，分析可能存在的不确定性和不均衡性，研究近、远期发展空间规模和客流量变化的依据，整合不同的客流群体对综合功能资源的差异化需求，运用系统性、开放性、层级化、多元化空间设计方法，提供适应当前并面向未来的高效率、高品质综合交通服务。

经济效益

综合交通枢纽系统最直接的经济效益产出，依赖多功能服务的业态关系，包括业态的选择和组成以及空间的尺度和分布，通常属于服务旅客的非刚性交通功能系统。

关于业态选择——良好的客运服务业态配置是产生效益的基础，依据差异化需求的旅客群体分类业态选择可以概括为普遍性需求和特殊性需

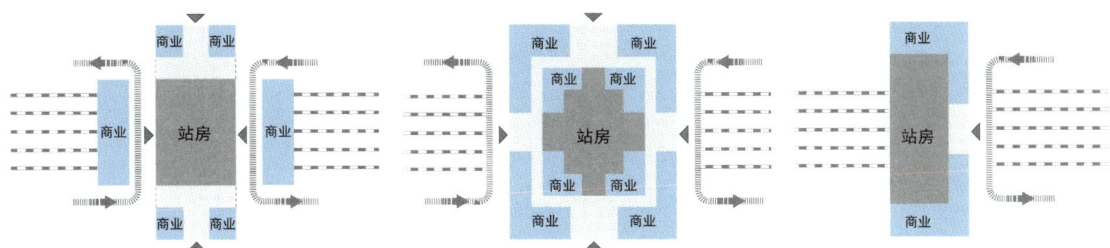

图 4.21 铁路客站业态分部

求。普遍性业态是以大众化的轻餐饮、书刊杂志零售、计时小件存储、微型设备租赁等业态设置,为满足基本客流群的公共服务需求。特殊性业态关联的方面则比较丰富:基于差异性人群和差异性地区特征而分类,并根据客流预测和具体客运条件选择配设。

基于差异性人群特征的业态有:服务高端商务群体的VIP独立区域,空间兼顾餐饮、休闲、小型会议、影视以及卫生等设施;服务家庭亲子出行的分区或用房,可根据条件提供小型活动场地、玩具体验和儿童用品等;服务改签旅客或较长时间等候的旅客,可配设适量的钟点房休息;服务有障碍或医疗出行需求,可按无障碍设计规范,配设专用的独立空间和设施。此外,可适当采取临时服务场地的划分,为假期出行的学生团体提供租赁配套服务。

基于差异性地区特征而分类业态,主要包括一些大型历史文化名城、热点旅游区以及其他特色铁路客站,可增设旅游集散中心(定向公交站)、土特产商店、特色餐饮、旅游纪念品商店,甚至扩大到一些小型文化、科技场馆等文化类服务业态。

以关注旅客体验为导向并与市场结合的特色业态遴选,可以有效吸引客流的参与,扩大区域辐射影响,产生有益的客运行为与区域城市互动,突显了新时代"人性化"综合交通服务主旨,体现了对铁路客运服务精细化品质的孜孜追求,也将获取更大的经济利益回报。

关于业态分布及空间利用——业态的有效性和吸引力,不仅在于对其合理性选择,还在于需要适合的空间位置布设。合理的业态分布原则是基于客流行为趋向和集聚度动态分析,以诱导的方式,让有充裕时间和需要的旅客进入商业行为区域。业态所处的空间位置,既要具有辨识性又不可过于引导而干扰主线交通,确实是矛盾的两难,需要在设计中平衡把握。

最理想业态空间通常被环绕设置于进站前厅、

集散广厅的位置，也就是旅客进站安检之前和验票出站之后的空间内，形成半开放式扩大空间，或分层分设，或形成贯通竖向的中庭空间连接。这种布局方式的优势在于综合交通枢纽所处的站城界面空间位置，并在大多数情况下也是车站引入城市轨道交通的站点的区域，由此双向吸引铁路旅客和城市人群，形成高人气、高可达性的空间场所，并根据城市区域发展的规划条件，使业态关系继续延伸向城市的各个方向，融入城市生活，达成商业资源的最大化人群共享，产出最大化经济效益。但不利因素是必须结合站城双向客流、城市各类公共交通设施、大量综合性业态分布以及城市环境于一体的思考，及其可能引发的复杂安全问题。这是一项涵盖交通、建筑、桥梁、地下空间、市政设施、环境景观等多学科交叉的高难度一体化、多层次空间设计整合，需要精心的设计策划、有序的多元功能组织，空间分离的人车交通，且使商业活动不影响交通客流而形成分离于交通流线、自成体系的商业环线，从而使交通系统和商业系统互动互利、共享共生，创造生动的、高度综合的空间形式。

站内业态多分布于旅客候乘区域的周边。受现行客运管理条件所限，这部分业态直接为进站候乘旅客提供服务，系统自成一体，与城市的关系相对封闭。基于大型客站的客流规模以及未来客运管理发展的思考，一方面，可通过设计手段进一步丰富商业服务空间环境，整合分离的商业空间单元，建立良好的可达性路径，开放站内业态空间共享的条件，提高使用效率。另一方面，高架候车站型，旅客候乘区域的商业夹层往往临接"腰部"进站的车道边，是一些大型客站在铁路站场上方、面向站台雨棚屋面侧向的内、外空间界面。如何利用业态空间拓展，进一步使之成为结合站台上盖开发、周边商业开发、具有互动优势的半开放区域场所，或许是新时代面向未来的设计命题。

社会效益

国铁集团是重要的国家企业，在大力发展铁路助推城市经济建设的同时回馈社会是铁路企业最重要的义务和责任。中国高铁建设的成功，无疑是它产出了高经济效益和巨大社会效益的双重体现，良性并持续的发展，更依赖它所广泛获取的社会效益。铁路客运拥有的最大资源是客运量带来的庞大客流群，服务并利用好客流资源并产出铁路客运的最大社会效益，将是综合交通枢纽设计、建设在市场经济体制主导下的发展模式，是反映社会文明程度和服务品质晋级的重要标志。

利用铁路客运资源，吸纳并培养人才，研制、应用并发展科技，建全服务设施、提高服务质量，让旅客感受"宾至如归"的出行体验，充分实现"品质"带来的提升和溢出社会效应。铁路客站在完成客运交通任务的前提下创造有序、多元、丰富、有益的公共空间环境是铁路客运交通节点走向城市生活活力场所的真正意义内涵和社会价值所在。所以，满足社会精神生活需求，将一如既往地进一步成为城市发展的前景，也将体现在公共文化艺术审美的空间环境设计当中，产生无可估量的社会文化效益，发挥出铁路之窗的广泛价值内涵。

图 4.22 京张铁路太子城站、八达岭站：艺术结合建筑材料的自然呈现

铁路客站是交通枢纽，也是城市生活的舞台，我们可将各种展现铁路历史、城市文明、科技成就、自然和艺术的方式，结合当代科技手段，包括多媒体信息，以公共艺术审美观呈现给广大受众，传播于社会。如何形成文化效益产出物化为空间环境具有多种建构手段和方式，无需刻意为之，而自然贴切、深入细微地植入于客站环境之中，让旅客在频繁的交通活动中不经意地发现，则更表现出客站的宽容气质和文化素养。比如：当代建造工艺技术的精细化本身就展现了交通建筑的时代特征；或根据客运规模和空间条件，适当在非重要交通区域规划一些可作为文化艺术展示的临时区域（可定期换展），丰富旅客出行体验并提升客站空间的利用率和多义性空间应变能力；或结合室内空间环境、建筑构件，嵌入相关城市和铁路文化、历史元素，以反映地区自然环境、风貌特征、重要时事、科技信息，提供旅客候乘休憩之余，获得更多温馨的享受和优质体验。宣传并传播社会文化效益终将成为新时代铁路客运综合交通枢纽的城市场所的重要职能。

社会效益于铁路客运而言，不是急功近利的商品买卖关系，也不能直接获取相应的企业利润，却可由铁路客站作为公共交通枢纽产品代言，产出无价的企业品牌宣传和广泛公共活动体验等重要社会价值。"增长不等于发展，富裕不等于幸福"，经济效益和社会效益总是相辅相成的。无形的社会效益是中国铁路精神财富的象征，蕴含着国家企业的文化品质和公益事业属性，扩大社会效益，满足旅客的精神需求，间接产出更加丰厚的经济效益。

注释：

---

[1] 凌亢. 经济效益范畴之研究 [J]. 南京财经大学学报，1994，02：1-7.

[2] 英国古典政治经济学家大卫·李嘉图 David Ricardo.

唯物主义的世界观建立于对客观事物的本质属性和运动规律的认知基础，并形成合乎逻辑的理论体系。人的意识能力反映及其掌握客观事物的高级形式就是科学思维。科学思维在社会实践的基础上，对感性物质进行分析与综合，通过概念、判断、推理的形式，从具体到抽象，再从抽象到具体的循环往复过程中，建立起新的科学技术体系。

伍

科学主导创新

科学思维

新技术应用

智慧设计

全球新一轮科技革命和产业变革蓄势待发，颠覆性技术不断涌现，孕育了社会新经济、新产业、新业态、新模式的蓬勃生长，并对人类生产、生活方式乃至思维模式和价值观念都产生了前所未有的深刻影响。科学主导发展的大背景催生了铁路客站设计的创新思维。

5.1 科学思维

在人类社会的发展历程中，每一次对客观世界规律的认知发生划时代的飞跃，都伴随着科学技术的重大突破，而这背后是科学观念、思维方式、理论体系的深刻变革，并成为推动社会各领域进步发展的重要基石。

5.1.1 时代科技革命

时代技术进步促使社会出现生产方式智能化、数字化的新特征，强势带动生产力的发展，引发铁路交通发展的智慧变革。

信息技术飞跃

语言是人类最本能的信息交流基础，人类掌握语言并准确传递信息，成为相互间可以合作的强大工具。语言促进了人类思想情感的交流和思维能力的发展，进而提高了人类认知和改造自然的能力，推动了社会的进步。随着对信息的记忆、存储和扩大的需求，催生了文字的发明和印刷术的产生，让阅读得以普及，知识被进一步推广并更加广泛地传播。19世纪末，伴随第二次工业革命，从电磁波的发现到无线电技术发明，看不见摸不着的电波可以将大量的信息从地球的一隅无线传输到任何地方，被视为人类最早的信息通讯技术。而后电报、收音机、电视相继出现，更多的信息以不同的感官涌入人脑，再一次带来人类的信息科技升级，并被应用于更广泛的科技和管理领域。20世纪40年代，电子计算机问世，计算机语言随之诞生，互联网、云计算、移动传输等信息技术在短短不到一个世纪内相继出现，并迅速渗透到社会生活的各个领域，带来人类新的认知变革。我国"十二五"规划中明确了战略新兴产业是国家未来重点扶持的目标，其中之一的新兴产业——信息技术，被列入重点发展、推进计划，并将新一代信息技术分为六个方面：下一代通信网络、物联网、三网融合、新型平板显示、高性能集成电路和以云计算为代表的高端软件。

当代信息科技取得了科学发展最显著的成就，以互联网为代表的新一代信息技术革命，正在引领社会前所未有的变革，拓展着人类生活的新空间，特别是移动互联网技术的出现，压缩了空间的距离，为人们提供了更多、更便捷的信息和知识获取途径，也极大提升了各领域相互合作工作的效率，提高了人类进一步认知和改造世界的能力。近年来大数据、云计算、物联网、人工智能等技术的发展和成熟，促进了各技术领域以信息化为主导的交叉融合，掀起了各行业、各领域的创新热潮。

在新一代信息技术飞速发展的大背景下，应用于铁路客站的设计创新和突破，在规划设计、旅客服务、生态环境，还是在建造科技、运维系统、质量控制、经济与管理等多个方面，正积极地融合科学思想和人文精神，适应新时代需求，致力创造，推动发展，朝着智慧交通枢纽建设的方向努力践行。

促进社会发展

新时代科技已成为社会发展的第一生产力。2013年，麦肯锡咨询公司在一份研究报告中列举了可能改变未来生活、商业和全球经济的十多项颠覆性技术，其中大部分属于新一代信息技术。国家对新工业革命"一主多翼"的战略定位，是以新一代信息技术的应用作为城市和产业结构发展的主要驱动力，同时与新能源、新材料和生物科技等诸多领域的技术进步相协同，呈现出融合创新、全面发展的态势。

新一代信息技术革命本质上是由大数据信息生产、交换、分配和消费方式变化引起的社会生产力和生产关系的巨大变故，它的影响是全方位的、长周期的。生产力的发展史就是人类不断通过技术进步解放自己的历史，每一次产业技术革命都给人类社会的生产生活带来巨大而深刻的影响。比如，19世纪60年代开启的第一次工业革命用蒸汽机取代人力，大大地提高了生产效率。第二次世界大战后，半导体、集成电路、计算机、卫星通信等电子信息技术的发明和应用，使人类掌握信息运用的手段发生了质的变化，自动化逐步取代了机械化，尤其为制造业领域带来了生产力的大发展。近年来，新一代信息技术发展日新月异，扩大了人类的视野，推动了知识结构的更新和社会生产关系变革。信息技术同样催生了一大批城市建设领域的学科进化与发展，三维可视化信息模型设计，远程数据监控、人脸识别、安全防范、数字化建造，环控仿真模拟等新技术被广泛应用。科学思维、技术进步正在创造人类生活新空间，拓展国家治理新领域，极大地提高了人类进一步认识世界、改造世界的能力。生产方式智能化、信息资源数字化、产业组织平台化，都会在微观和宏观层面极大地提升全社会的生产效率和资源配置效率。如果说工业革命以强大的机械化手段拓展了人类的体能，通过大规模工厂化生产、标准化制造，创造出惊人的物质财富，那么，新一代信息技术革命正在空前地增强人类脑力，使社会生产力再次形成质的飞跃。

捕捉新一代信息技术促进时代科技全面发展与应用的突出特征，才能准确观察和深入理解我们所处的代快速变化的趋势，从而契入新时代铁路客运综合交通枢纽在信息化、智能化方向发展的历史机遇，创建智慧交通枢纽和谐生长和健康发展的新环境。

智慧城市交通

"智慧"是生物所具有的基于神经器官（物质基础）一种高级的综合能力，包含有：感知与辨别、知识与记忆、逻辑与计算、理解与联想、情感与包容、文化认同、归纳与分析、判断与决定等多种能力。[1]"智慧"是大众崇尚、憧憬与神往的名词，是人类思想升华的核心，其宗旨是强调人的灵性、悟性与创造力。"智慧"让人可以深刻地理解人、事、物、社会、宇宙、现状、过去、将来，拥有思考、分析、探求真理的能力。

"智能"是智力和能力的总称，智力是智能开发的基础，能力是获取和运用知识解决问题的实践活动。[2]人类的智能涵盖语言表达、逻辑思维、空间认知、肢体运作、音乐审美、人际交流、自我反省等多个方面。智慧是心智的感悟与创造，智能是心智的唤醒与执行。智慧表示智力系统的终极功能，智能则是某种智慧的能力反映。新时代，凝聚人类智慧精华的现代科技推动了社会生产力的发展，并已然成为铁路综合交通枢纽设计创新的主要动力。

智能交通系统（Intelligent Traffic System，简称ITS）是一个基于现代电子信息技术面向城市交通运输的服务系统，并成为智慧城市概念下不可缺失的分支体系。其突出特征是以城市交通综合信息的收集、处理、发布、交换、分析、利用为主线，为社会交通活动的参与者提供多样性的服务，立足交通信息的广泛应用与服务，提高既有交通设施的运行效率。

智慧交通以科学的理念、辩证的思维，应用现代信息技术手段，全面提升城市交通管理和服务水平。智慧交通运用均衡多交通因子相互作用和影响的观点来解决交通问题，秉承以人为本、服务大众的思想，使先进的物联网、云计算等高新技术有效地集成运用于整个交通运输管理体系。智慧交通系统的概念是建立在数字交通和智能交通模型基础上发展起来的更高级阶段的先进交通模式，将有效地促进传统的交通发展模式产生变革。

智慧交通与智能交通系统都是信息技术、传感技术、通信技术等多种技术在交通领域应用的产物，二者在建设内容、关键技术、应用方向等方面拥有共同点。智能交通系统主要侧重于各类交通应用的信息化，智慧交通系统中融入了物联网、云计算等高新信息技术来汇集交通信息资源，会大量使用数据模型、数据分析、数据整合等数据处理技术，基于实时交通数据，提供实时交通数据下的交通信息服务，更强调的是系统性、实时性、信息交流的交互性以及服务的广泛性。

新时代，在智慧交通发展理念的导向下，铁路客运综合交通枢纽将立足现有铁路客站设计、建造技术，呈现面向未来与城市协同的综合发展前景，充满了想象力和挑战性，其现实的基础是现代科技水平的迅速提升、生产力的变革以及社会经济的转型,所包含的是对整个铁路客运系统的再度感悟和认知、再度转变观念、再度进行创造,其中不可或缺的是需要通过智能交通系统整合、构建而逐步成型。

5.1.2 多学科交融

运用信息科技是智慧铁路客运系统发展在当代科技条件下的重要手段,而铁路客运综合交通枢纽的创新是一个全方位思辨的过程,并涉及大量不同学科的知识和相互间的联系。当代交通建筑,已不再是一项纯粹的工程技术学科,它始终是与城市交通、生态环境、人类生活、社会文化、经济艺术紧密连接为一体的综合学科。

交通与景观

铁路客运综合交通枢纽规划设计看似一个整合城市各类交通的基础设施问题,但在现代意义上,它又是城市整体空间环境的有机组成部分。城市交通组织系统通常是基于严密的流量计算和整体网络的逻辑构成,交通枢纽则作为城市基础设施的功能性存在,这种单一思维下的建造方式,长期以来往往对城市空间景观、历史文脉产生消极的负面影响。新理念和新技术的应用,从生态城市、自然与人文观念出发,将城市基础设施融入自然环境的景观都市主义实践,促使这些矛盾问题得以解决并受到欢迎。

景观都市主义作为国际城市发展的前沿理论,代表了一种学科交叉、跨学科的思考和合作关系,它不仅仅提供观察问题新的视角,也蕴含着新的世界观和方法论。这种思想是在城市经过了数百年工业化急剧发展,遭受了工业文明对城市生活和环境的严重影响,从景观设计学的视角,不再孤立地审视那些功能至上的城市基础设施,而衍生出涵盖文化、历史、自然等各方面,平等地关注基础设施、景观、城市三者的相互交融关系,基础设施被视为改换城市环境的某种技术装置,共同参与城市整体环境的建构。

日本横滨国际客运候船码头将城市景观与海洋连为一体,主体建筑不再是一个单一的交通功能设施,而更象是融入自然的人工地景,是周边城市地表的延续。从海上观望,交错的滨海木板路就像精心雕琢的"木质沙丘",忽而隐入水中,忽而显现。

与之概念相似的香港西九龙高铁站,地面站房层叠起伏,扇形展开,如同港湾剧院,配置站前户外大型市民广场,焕发着地区的文化气息。客站设于地下,地表绿化,呈现出"绿色环保"的景观设计理念。在涌动的客运枢纽空间之上覆盖绿化休憩表皮,使之成为维多利亚港具有动感的新地标。

客观上,铁路客运综合交通枢纽在先进的运输技术条件下,已经大大改善了传统铁路对城市环境的干扰而渗入城市的中心区域,成为集散有序的城市交通容器,并以便捷、易达的高效系统组织隐匿于城市整体空间与自然环境之中。而在宏观意义上,其具有更强的综合性、包容

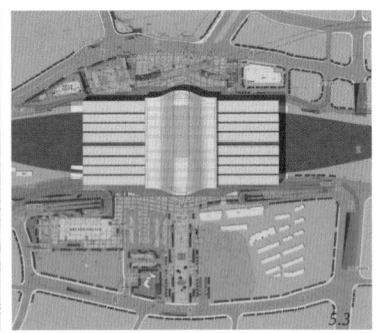

性和开放度。交通是形成枢纽内力的系统逻辑，景观是协调城市空间外力的系统影响，理性的客运交通组织结合感性的自然生态环境，方能彰显新时代综合交通枢纽对城市环境的贡献。

客站建筑与市政工程

在大量民用建筑设计中，建筑工程与市政工程是互为平行两个的分支系统。一切建筑内部所需的能源、排出的废污以及衔接交通设施的输入与输出，几乎都是通过建筑外围的市政管线设施对接连通，而鲜有相互密切结合的一体化规划设计。近年来，由于城市生活水平的不断提高，一些城市中心的市政地下管道、管线设施能力和规模时常根据频繁的更新需要被不断地进行升级改造，但又往往作为独立的市政项目建设，不时的路面开挖、绿地翻建以满足改造工程的施工需要，而难免对日常交通、社区生活和市容环境造成很大影响。目前，一些发达地区和城市已经开始关注地下空间与城市基础设施结合的课题研究，整体规划，将一些重要设备、设施建于地下，并通过综合管廊、管沟延伸连接周边区域，隐蔽且方便维护、检修、更新。尤其在一些大型公共建筑项目建设中，更应整合城市各类基础设施资源一体化建造，以期长效运作。

2012年实施建造的宁波站工程，是既有宁波站站址的改扩建项目，基地位于宁波市海曙区城市中心，周边城市交通、片区规划及其他市政基础设施基本成型。其中穿越车站的永达路是该区域连接东、西两侧主城区方向重要的城市高等级机动车干道，同时有两条十字交叉的地铁线贯通基地，并临近站房在北广场地下设站，近郊客运、公交、出租车、社会车相继围绕车站分场、布点设站。除了解决复杂的地形条件，梳理多交通衔接关系，还需要整合车站南侧既有的城市绿地资源、宗教历史寺院以及周边的城市居住社区。宁波站改扩建在设计中充分协调、整合客站建筑与其他城市基础设施协同建造关系，通过地下、地面空间分层设置，建立以贯通南北步行体系为主导的城市公共交通中心，方便轨道交通、城市公交及出租车换乘，

图 5.1 横滨港客运码头
图 5.2 香港西九龙站
图 5.3 宁波站总平面图
图 5.4 深圳北站

修筑永达路过境地道，立体化分流城市道路交通，缓解进出站客流拥堵的矛盾和压力，并综合市政各类管线设施，还原城市绿地景观，使铁路客运交通枢纽以城市综合体的方式融入周边城市公共环境。

由此可见，虽然铁路客运综合交通枢纽设施涉及面广也更为复杂，但作为城市生活和空间环境的重要组成，多学科交叉、多分支建设的工程项目，如果缺乏综合一体化的前期策划、精心设计而导致的后果，终将留下难以弥补的缺憾。宁波站与其他城市基础设施一体化合建的案例尚还是以交通功能为主，并没有完全参与区域城市生活设施的共建，但不妨为一次有益的尝试，并为未来更优质的市政建设提供参考。

"桥建合一"的铁路客站技术，同样是站房建筑与铁路桥梁工程紧密结合的案例，是桥梁与建筑交叉学科共融的成功实践，其成果使铁路桥梁设施成为客站建筑结构一体化设计建造的组成部分。连接深圳北站的轨道交通线穿越站房建筑并在其中设站，不仅使客流交通衔接愈加便捷，而且其优美的空间结构形态也为区域景观增添了色彩，成为客站区域城市的新地标。

我国重要城市的大型铁路客站正在升级为以铁路客运为主导的城市综合交通枢纽，与地区市政建设的关系将变得愈加繁复而紧密。"桥建合一"尚只是建筑与桥梁设施整合的良好开端，未来的综合交通枢纽将进一步整合城市道路、轨道交通、过街连通设施、机电设施、综合设备管廊，乃至区域地下空间系统、景观绿地等市政工程设施，形成高度综合、高效有序，紧凑型、集约化的智慧客运交通枢纽系统。

艺术与经济

任何建筑艺术都是人类智慧、文化和科技的结晶。具有大运量、高人气的综合交通枢纽无疑也将成为城市和铁路文化广为传播之地。其中艺术是文化传播的重要载体，经济基础则是重要的物质保障。

艺术属于上层建筑范畴，反映人们对于未来的完美想象和憧憬。新时代，社会经济发展到一定阶段，物质丰富，人们不再满足乏味的基本日常生活，摆脱本能和物质欲望的枷锁，关注自我的兴趣和有益的发现，将目光转向艺术，希望并喜欢有自己参与的计划，倾向于在这个瞬息万变的世界里寻求精神的寄托，展开有限的个性化人生。作用于铁路客运服务和意识形态层面的艺术设计多属于大众文化类型，其实现的途径取决于社会经济基础，并产生高质的性价比。

铁路客站的艺术创作由来已久，不同的历史时期、不同的社会文化背景、不同的经济基础，烙印了不同的艺术创作倾向。从世界范围看，那些早期为统治阶层服务的火车站，华丽的艺术装饰、繁复的细节、甚至被誉为"铁路大教堂"；工业革命时期，大跨的拱形钢结构，让艺术与时代科技紧紧关联；现代主义时期的火车站，已褪去了昔日繁琐装饰的外衣，以良好的比例、尺度以及简洁、优雅的几何形体组合，并趋于以经济合理的设计方法解决功能问题，同时呈现现代艺术的美学逻辑。早期中国传统客站中频繁出现反映地域文化的马赛克壁画，已然成为一代铁路客站的文化记忆。在当代，艺术表现的形式和手段愈来愈多元，既有对历史文化的传承，又可结合时代科技创造和相应的社会经济条件，通过材料、工艺展现，或运用声、光、电以及多媒体影像，传达丰富的文化信息。艺术创作和表现始终具有时代发展的痕迹，社会经济与文化的繁荣促进了艺术创作的繁荣。虽然，经济发展并不能决定艺术成就的高低，但艺术的发生、发展，在总体上依然是社会意识形态的反映，并建立在彼时的社会经济基础之上。

建立在铁路客运服务之上的艺术设计创作，是以广泛的大众文化和审美为基础，反映历史的传承、地区的特征和时代的风貌。在此，艺术的表征是传播大众审美信息，创造社会价值观，并不直接创造经济利益。当代交通建筑的艺术呈现，并不以精美艺术品观瞻为目的，多可采

图 5.5–5.6 老银川站室内壁画
图 5.7 某高铁站室内方案效果：通过灯光在天花上刻画抽象山水意向
图 5.8 伯明翰新街站：通过嵌入LED（多媒体）传达科技文化信息
图 5.9 栏杆、变形缝盖板、柱子细部

取潜移默化的方式渗透于建筑空间，或将艺术相融于建造工艺之中，这也是当代艺术在传统艺术基础上的大众化、生活化繁衍。那些大至壁面、天花，小到柱式、扶手、引导标识，都是可以施展精心的设计地方。艺术渗透于空间的魅力，并不是繁杂图案拼贴或重金堆砌，而是适宜地体现，赏心悦目，不经意间展现新时代的自然气息。艺术是体现时代精神的象征，是不违背社会经济的规律，是文明进步和文化修养的代言。

5.2 新技术应用

铁路客运综合交通枢纽建设是由多学科、技术紧密关联的复杂性工程，包括各专业技术配合、空间衔接，隐蔽工程与机电设备末端的精心设计，特殊节点构造设计和装饰、装修细部设计。在信息技术快速发展的当代，新思维、新科技无疑成为建筑领域的支柱，并贯穿、应用于建造全过程的各个方面。

5.2.1 建筑设计信息模型

移动互联网的发展实现了全球化信息的交互与共享，信息技术已渗入我们的日常工作与生活。随着建筑信息模型的推广和发展，从前期调研、城市规划、城市设计、建筑设计到施工管理与运营维护，实现了不同阶段的海量信息交换，使建筑信息化不仅在设计阶段让各学科、各专业之间的配合更加准确、便捷和高效，而且将三维空间信息模型设计技术应用于可视化建造过程，有助于安全运维和精细化管理，以及持续地采集建造信息和数据，建构不断生长和完善的资料信息库，以利于设计、建造经验的积累和总结，更新行业设计标准，建立技术评价体系；为客站建设的智能化发展奠定了基础。

BIM 技术推广

BIM（Building Information Modeling）是建筑信息模型的缩写，是当代信息科技发展于建筑设计和建造领域的应用技术。基于三维几何模型，包含丰富信息和支持开放式标准的建筑信息为基础，提供更加全面并强有力的建筑营造系统支持，提高建筑工程的规划、设计、施工、管理以及运行、监测和维护的效率和水平，实现建筑全生命期信息共享，从而实现建筑全生命期的优化。

BIM的概念最早形成于20世纪70年代，随着CAD制图软件技术的发展，特别是计算机软件三维表达技术的成熟，美国Autodesk公司正式推出冠以"BIM"名号的软件，经过十多年的发展应用，BIM技术取得很大进步，已发展成为继CAD技术之后行业信息化最重要的新技术。一些以美国为代表的发达国家应用较早，制定了行业标准，要求所有复杂的大型建设项目都需要提供BIM设计技术支持，并提交全面的建筑综合模型信息。新世纪，BIM设计技术逐步开始在我国建筑设计领域展开应用，国家在《建筑业发展"十二五"规划》和《2011-2015年建筑业信息化发展纲要》中均明确了建筑业信息化是我国未来建筑业发展的方向，其中BIM是重要的发展点。2012年1月，住建部下发《关于印发2012年工程建设标准规范制订修订计划的通知》宣告中国BIM标准制定工作正式启动。

我国高铁客站建设的迅猛发展，传统以二维蓝图为主的平面化设计方式，尤其在大型客站、综合枢纽建设过程中，适应多学科综合、多技术贯通的大规模、高精度客站建设方面，表现疲软。传统的现场施工作业和管理，主要依靠设计图纸，面对现状复杂的、动态的空间结构，这种二维的、静态的图纸信息表达在工作中会遇到很多问题。基于BIM技术的三维设计模型，可以高效解决这类问题。不仅有助于施工人员对空间结构的整体理解，准确地施工作业，又可通过移动信息传递，实现设计与施工的实时远程沟通、交流意见，紧密配合、提高效率。国铁集团研究总结了前期客站建设经验，于2013年开始部署BIM技术在大型铁路客站设计中实施应用。兰州西站是我国首个应用BIM技术进行优化设计和施工模拟的高铁车站，在设计过程中解决了大量建筑结构、空间形态变化的设计调整问题、设备管线安装的相互协调问题，并应用于室内声学环境、室温控制、节能遮阳、火灾情形下的客流疏散等可视化数据或场景的模拟分析，改善了传统设计中的许多薄弱环节，大大提高了工作效率和设计精细度。

BIM设计技术同样适合应用于施工技术和措施的虚拟化施工作业，特别在复杂造型的材料安装、精确定位、损耗补备、技术调整等方面优势显著。如重庆西站的建设期间，由于站房东立面的异型金属板和弧形玻璃幕墙的工程量大且规格不一，施工难度颇高。在设计和施工过程中，应用BIM技术系统的三维模型对幕墙的每一片材料面板进行编组、编号，记录各种板型规格并保存材料的色号、曲率、尺寸、通透率等全部信息数据，以精准放样各种曲面板型，确保定制加工、安装无误，使开放式金属幕墙得以精确施工，所有板缝控制在10毫米以内，

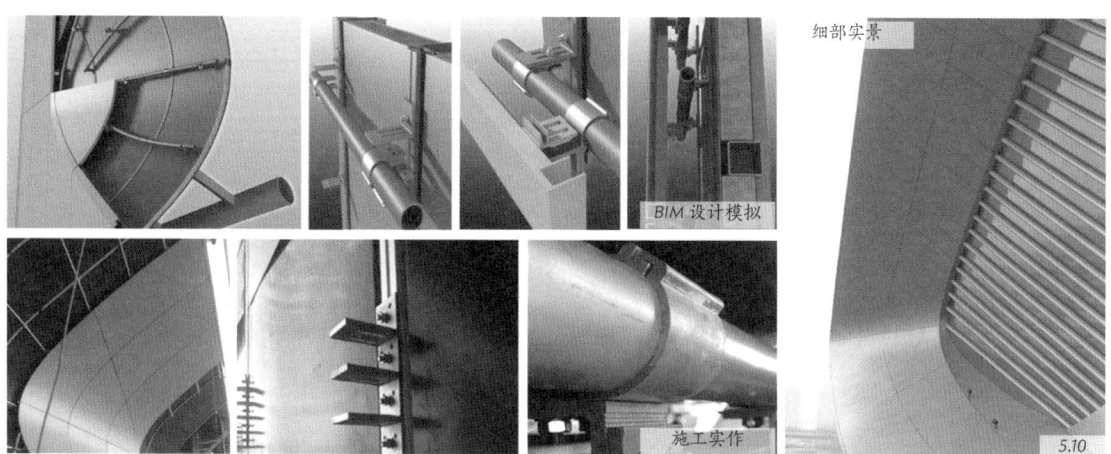

图 5.10 重庆西站插挂式双层幕墙运用 BIM 技术可视化设计

误差减少至 1~2 毫米，取得了良好的实施效果。同时在每一片材料表面印制上对应的二维码编号，以备后续可能损坏的情况下，用简单的手机扫码查询，快速通知工厂按原规格复制生产，实现高精度和短时间更换的工作效率。

中国铁路客站建设正在广泛应用的 BIM 技术，改变了设计方法也保证了施工精度，尤其为复杂的技术节点、造型工艺提供了精确、全面的数据信息，并方便被录入管理，或及时提取数据，充分保障设计和施工的质量，提高客站建造的完成品质。

可视化设计

可视化（visualization），最早可溯源于计算机技术日趋成熟的时期，由美国计算机科学家布鲁斯·麦考梅克（Bruce H·McCormick）在 1987 年提出。可视化设计是利用计算机图形学和图像处理技术，将数据转换成图形或图像在屏幕上显现并进行交互处理的理论、方法和技术。可视化设计领域的表现形式普遍存在于人们的日常生活中，诸如电视中播放的电视产品、动画及其他 3D 模型展示，电脑运行的各类游戏和建模软件等等。另一方面，可视化设计也作用于除视觉之外的听觉和思维领域，将听到的声音通过文字或者动态图片的方式进行视觉表达。在很多情况下，大大简化了对事物的表达方式，通过明晰的 3D 视觉演示获取较语言、文字或平面图形更为直观的动态信息。可视化设计改变了人与人远程之间的沟通交流方式，拉近了人与客观世界的距离，极大地方便了人们对复杂事物的认知，以及对未知事物的想象和模拟，并作为一项新技术在建筑领域被广泛应用。

如今，可视化设计方法已逐步渗透至铁路客站建筑的各个设计阶段。设计过程中的每个环节的相关信息，包括：显性的外部形态、隐性的内部结构以及材料、色彩、肌理等各类丰富的数据信息，都将清晰显示并被记录存档。通过可视化途径传递设计信息，不仅是简单的视觉呈现，更是一种新型的、可循环的过程设计方式和逻辑思维展示的方式。在设计实践中借助相关的软件操作平台，常见的如Revit、Rhino3D、Grasshopper等设计软件以及参数化建模插件应用，将建筑结构技术形式的数字化表达和各类设计数据信息的数字化整合，乃至由整体建筑传递出的人文寓意。可视化设计信息可转换成图形和模型这两大类别的有效表达，空间形态结构关系和量化数据信息二者始终紧密关联而又互为依托。

信息反馈与存储

许多大型铁路客站建设在前期的方案研究阶段就开始运用了数字化设计技术，以三维可视化设计方法取代传统的二维平面设计。将设计生成的可视化信息模型，应用于调整-反馈-优化的各个设计阶段循环，深入研究，并沿用于指导铁路客站的施工建造及后期运维整个建设环节，并通过移动设备传输，实时获取反馈信息，提供精准、高效的设计服务。

在传统客站设计过程中，无论是二维图纸还是三维实物模型，其中所包含的信息量存储是有限的，不同种类的信息需要分别保存在不同种类的文件中，不便提取或更新，在时间成本、人力成本的很大程度上限制了设计精度和创新能力。运用BIM技术所建立的项目模型中包含了能够覆盖建造项目全生命周期的全部信息，包括：设计原则、标准、规模、几何尺寸、结构类型、构造方式、空间形态、机电系统、材料规格、热工属性、经济指标等设计信息；项目进度、计划、建造工艺、物资供应以及项目成本等施工、管理信息；安全性、耐久性、监测、预警等维护信息。这些完整的数据信息输入并永久存储的方式是BIM技术支持可视化编辑、性能分析、仿真模拟等新设计方法运用的良好基础，从而为展开调整-反馈-优化、信息输入-存储-提取的循环设计研究与探索，提供了先进、高效的技术服务保障。

5.2.2 低碳工业化技术

建筑业是高能耗产业之一，工业化是发展低碳建筑的重要路径，通过工业化装配式、标准化的建造方式，不仅能够降低施工现场的碳排放，而且可以减少资源浪费，提高时间工效。运用低碳工业技术改变建筑的建造方式，才能实现建筑全生命周期低碳化的目标。

绿色建筑

绿色建筑并不是一种建筑类型，而是一种建造理念，包含建筑生长的全过程，最大限度的资源节约（节地、节能、节材、节水）保护环境、降低碳排放，营造人与自然和谐共生的空间环境。国家铁路局依据国家绿色建筑发展战略要求，于2014年5月颁布了《绿色铁路客站评价标准》，目前正在设计和建设的铁路客站都将执行这项标准的规定，部分特大型车站已经开始按绿色建筑三星的等级标准实施设计、建造并获得显著成效。

铁路客站建筑实现可持续发展的一个重要手段就是节约自身的能源消耗。节能设计在建成的大型客站中被广泛应用：候车厅采用了屋面天窗采光，白天站房内大部分空间都可以利用自然光直接照明，以降低人工照明能耗。武汉站采用了地源热泵技术和智能照明控制系统，屋面的太阳能光伏电池板，每年可发电200万度，有效的减少整个建筑的能耗；之后落成的虹桥站，也利用站房钢结构屋面敷设太阳能光伏发电系统，总装机容量6688千瓦，每年发电量可达630万度；而更早建成的北京南站将污水源热泵系统与冷、热、电三联供系统相结合，充分利用燃气发电机产生电能以后的余热，直接进行制冷或制热，同时结合污水源热泵及太阳能发电系统，在大幅度降低耗电的同时，也满足了冷热源需求，节能效果良好。实践表明，一系列绿色节能技术实施，有效降低了客站整体能源消耗，可持续的绿色建造将成为未来中国铁路客站建设发展的主流趋势。

绿色智能建造是一个更加有机的整体概念，贯穿于铁路客运综合交通枢纽的规划、设计、建造、使用以及维护的全过程，覆盖枢纽建筑的整个生命周期，其内容包含绿色建材、低能耗设备、智能化控制系统等。使之成为不仅仅是为旅客提供遮风避雨、舒适性能的物理空间，而是融入生态环境，与城市共同构成绿色、和谐的有机系统。新时代，在铁路客运综合交通枢纽建设中，对高科技绿色智能客站提出了新的要求，利用集成的方式，结合智能化信息技术、控制技术以及各种多媒体技术进一步综合运用，结合各种设施配备以及管理服务，进行系统优化组合，营造更加集约、高效的空间环境，并从各个环节减低自然能耗和工作能耗，推动铁路客运综合交通枢纽的发展走向一个充满绿色生态环境的新阶段。

然而，人们对人工环境的过多依赖并不是理所当然的发展方向，主动式节能也依然需要一次性设备的投入，以优化设备系统设计、高效低耗设备选用实现建筑节能目的。早年我国有许多热带和亚热带地区铁路客站，自然气候环境优越，并通常是以因地制宜的方式被建造，采取被动式节能方式，从良好的建筑体型系数、房屋的气密性、保温性、遮阳、自然采光、通风等低技术应用达到最低限度的能耗使用。虽然在一些极端气候条件下，被动式节能技术条件下空间环境的舒适度欠佳，但如果采取自然环境与人工环境相结合的方式，便可以化解不利气候条件的影响而更好地节约资源。绿色建造并不是以绝对的舒适为终极目标，而更应该是有效利用资源并尽可能节省能源输出的生态营造模式，寻求人与自然进一步融合的途径。以智慧的方式应用技术，才是铁路客运综合交通枢纽绿色建造、智能建造的发展方向。

预制装配

装配式建筑的概念主要包括预制构件（砌块、板材）装配和整体（盒式）单元装配。特点是工业化成批成套预制，适合运输，并具有生产效率高、产品精度高、时间成本低等优势。近年来，我国工业制造技术能力全面提升，开始在民用建筑特别是住宅建筑中逐步运用装配式构件。随着我国节能减排力度的加大以及城市化建设发展的需求，国家开始大力提高建筑业的工业化水平，预制装配式建筑迎来了新的发展契机。

 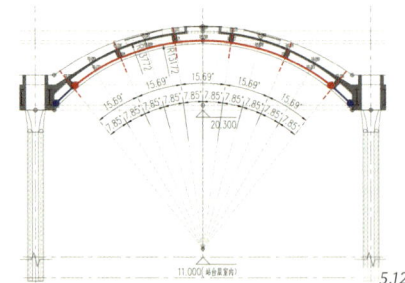 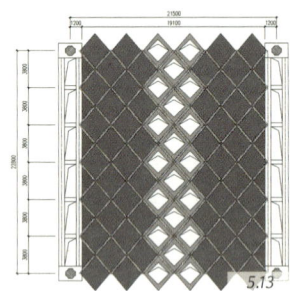

图 5.11 郑州南站雨棚效果图
图 5.12 郑州南站标准跨标准单元剖面划分
图 5.13 郑州南站雨棚标准跨标准单元平面划分

装配式构件是在专门的预制工厂事先制作好构件，然后再运输到实际的施工场地去进行组装并现场整浇的建造方式。其优点是可以节约工期、节省现场辅助作业，但缺陷是结构整体刚度较差，不利抗震，也可能在施工现场出现精度误差时难以调整等。早期我国主要将预制装配构件应用在工业厂房建筑和部分住宅的外墙建设中，但由于当时受落后的工业技术条件所限，在日后的使用中并不尽人意。另一方面，传统的土木结构现场浇筑施工作业，是在施工现场完成包括支模、绑筋以及浇筑混凝土、养护、拆模的整个流程，在施工过程中会消耗大量的人力、物力和财力，施工现场的劳动强度大，机械化程度低，劳动生产率无法得到有效提高。与现场施工方式相比，装配式施工由于建筑构件是在专门的预制工厂制作完成，其生产时的温度、湿度以及具体的操作精确度等能够得到有效的保障，因此很容易实现建筑构件的高质量和工业化生产的高效率。

铁路客站由于建筑自身的复杂性，除了钢结构体系的施工区域采用预制构件、现场装配焊接的方式，其他大部分施工作业区，采用装配式建造的难度相对较大，虽然我国大规模运用装配式建造方式还没有出现在铁路客站的建造中，但就未来的科技进步、行业发展而言，却是一项值得深入研究的课题。铁路站场的站台和雨棚等一些单元构件标准化程度较高的部分，在现有的建造技术条件下推行装配式完全具备条件。目前正在建造的郑州南站站台雨棚，采用清水混凝土联方网壳结构技术，应用工厂预制和现场浇筑相结合的施工工艺和工法，将所有顶部菱形密肋板设计为统一规格，分为两层，下层板采用预制装配兼作模板，预留连接钢筋，上层整浇混凝土，雨棚屋面底板的预制装配率达到90%以上，提高了施工效率。

装配式建筑是建立在强大的工业化基础之上的现代建造手段。在铁路客站建筑中，除了对常规并大量使用的局部建筑构件进行标准化模块设计、工厂预制，实现装配化建造的方式，也可采用对一些局部的功能性单元进行标准化设计、整体化工厂定制的方法，相比装配构件预制在施工现场拼装方式，而成为更加整体、高效的生产方式，类似无障碍卫生间、组装式疏散楼梯、机电设备单元等一些标准化小型整体装配单元，对此展开深入的设计、应用研究，推动客站建设的工业化进程。

标准化建造

建筑标准化表现在建筑工程中建立和实施有关的标准、规范、规则等的建造过程。其目的是合理利用原材料，促进构配件的通用性和互换性，实现建筑工业化，以取得最佳经济效果和质量控制。建筑标准化一般包括两项内容，其一是建筑设计方面的有关条例，如建筑法规、建筑设计规范、建筑标准、定额与技术经济指标等；其二是推广标准设计，标准设计包括构配件的标准设计、房屋的标准设计和工业化建筑体系设计等。

铁路客站建筑涉及的领域广泛，其标准化内容包括设计、工程、财务管理等，是一个多因素复杂的系统。目前铁路客站标准化建设，在铁路客站建筑设计层面有《铁路旅客车站设计规范》（TB10100-2018），《铁路旅客车站细部设计》等相关规范和行业标准，对铁路客站规划、设计、建造均起到相当重要的作用。尤其对材质、尺度、品质规格、施工工艺、安全运维等方面的要求及推动，日新月异，进步显著。国铁集团正在研究并即将颁布的《铁路旅客车站及生产生活设施细部设计和施工质量控制标准》，进一步总结了前期实践中的经验和不足，并对大量成熟、稳定的细部设计和施工工艺、工法制定更加明确的行业标准。

但铁路客站的标准化亦不能一概而论，特别是在客站建筑艺术表达层面，难以标准化手段进行固化。建筑艺术受政治、文化、环境等多方面影响，形成不同的艺术表达诉求，若不能发挥设计师在标准化定制下的主观能动性，丰富的客站空间艺术表达将很难实现，容易陷入简单化、程式化的单调格局。我国幅员辽阔，环境条件、地域风貌差异显著，也决定了铁路客站的文化艺术表征的多元性。因此新时期铁路客站标准化需要以辩证的思维去对待，将建筑中包含的地域特色、人文思想放在一个重要的位置，关注客站功能性和文化性的多样化需求相结合；运用现代科技手段，结合传统工艺，把握美学设计原则，注重旅客行为的人性化体验，关注细部设计和建造品质，力求创造标准化和人文需求相适应新形式。

5.2.3 可持续智能数据库

云计算、物联网、人工智能等当代信息技术的诞生及应用，使人类社会向技术与产业高度耦合、深度叠加、创新并行的智能社会发展方向演进，其最基础条件是庞大的、多向度的、可持续更新的数据库构建。

大数据技术

铁路互联网售票系统上线以来，注册用户已经超过 3.5 亿，乘车用户超过 8 亿并持续增长，每天都产生海量的用户行为日志数据。随着铁路 12306 互联网售票系统、站车 Wi-Fi 运营服务、广告媒体平台、互联网消费等系统数据的不断收集、录入，已经囊括了铁路客运累积多年的运营数据，包括对客票产品的清晰描述和定位，对旅客活动行为的采集，都已达到进行"可视化"分析、评估的程度。对旅客行为和需求的延伸，转化为物理空间关系的分布措施应对，将从平台拥有的万千数据分析中，借鉴当前互联网产业的发展模式，找寻适合客运服务空间发展的数据增值应用，提高铁路客运综合交通枢纽的整体效益和服务水平。

新一代信息技术发展为社会资源整合以及个性化服务提供了强大的数据技术平台。随着铁路客站管理理念的转变，客站的信息系统建设正在转向以旅客为中心的服务体系。客站将利用大数据技术预测、分析旅客活动行为的基本需求，感知不同旅客的潜在诉求，量身定制个性化服务，提供更好的候乘体验；通过站内导航定位、智能移动终端、Wi-Fi、5G网络等通信技术应用，提升客站信息化交通咨询服务水平，建立以人为本的客站全方位信息互联系统，掌握旅客和客站员工的实时信息，方便交流和互动，使得旅客出行更加舒适温馨，也使客站管理更加高效并保障客站营运安全；通过基于大数据分析的商业决策、精准社交媒体营销、近场通讯等技术，提升客站多元化服务品质，从而获得更好的经济效益。大数据技术运用将充分体现新时代铁路客运功能的健全并让旅客全方位感受到优越的数字化信息技术所提供的服务。

通过旅客行为大数据的基础搜集、积累，对旅客进行画像摹写实现对全路交通场景的信息以及延伸服务产生的数据进行汇集、交互和共享，为铁路客站客运服务和安全，提供资源管理、分析与统计支持。同时根据具体的客运业务系统的需要，拓展功能，辅助客运服务系统升级。其中包括：核验服务，通过与第三方平台共享铁路旅客实名信息，增设进出站口而免去人工服务，提高风险识别、安全交通效率；精准营销，通过对海量旅客数据挖掘分析，针对旅客分类特点、消费能力和活动行为，辅以多媒体手段推送旅客感兴趣的商品信息和文化信息，以助客站延伸服务，满足个性化需求；业务预测，通过数据分析为旅客提供客流高峰、餐饮服务、酒店服务、旅游服务等流量预测，以灵活性和适应性，创造多元业态交织的空间布局。通过多方位的现状信息录入，系统分析，最终将庞大的数据信息转化为客站空间系统优化和创新设计的后台依据。

从城市和地区发展的视角，已建成的逾千座车站留下了庞大的设计、建造、营运以及外围协同发展区域建设的客观数据，为相近的地区环境、车站站型、空间规模、设备运行、业态配比、交通组织、客流分类、资源分配等进步大范围的横向综合数据比较、分析、评估，提供了宝贵的信息统计资源，也为站城关系的交融、协同发展，提供了客观的分类、分项采样依据，并为未来铁路客运综合交通枢纽的规划策略制定、综合交通组织、空间系统设计、业态遴选分布等新时代创新发展，创造有据可依的条件，打下坚实的基础。

系统信息平台

建筑信息模型涵盖了几何学、空间关系、地理信息系统、各种建筑组件的性质及数量，它可以用来展示整个建筑全生命周期，包括了建设过程和运营过程。建筑的各个部分、各个系统在建筑信息模型中都能被及时获取并存储。由于建筑信息模型能够结合各种数据信息全面展示对象，建筑内部信息也可以十分方便地从模型中提取，这相对于传统计算机辅助设计只用矢量图形构图表示物体的设计方法来说，以数字化建模的组件表示现实中用来实施建造的各种构件，是本质上的改变。

运用先进的BIM设计技术，通过3D可视化设计矫正数据，协调解决隐蔽部复杂节点的施工措施，并在虚拟模型空间上模拟施工，优化工艺工法，选取最佳施工程序和步骤。全面建立各类建筑、结构构件的空间尺寸、材料、色彩、性能等技术资料的综合信息、安装人员施工操作信息以及工程经济概预算、决算的庞大数据库，能保证所有材料，特别是异型材料在3D模型空间上精确定位，以便现场施工，或落实到工厂定制加工，并可在每一个预制加工的材料构件上标注二维码，录入数据信息，并通过手机扫码功能，提取任何个体产品的身份信息，有利于建造过程中的不测以及今后维修或更换时的材料数据采集。

以BIM技术生成信息数据库带来广泛的用途为基础，建立BIM运营维护管理系统，实现了数据资料管理、维修养护管理、设备资产管理、应急安全管理、商业空间开发管理和决策分析功能，为客运交通枢纽提供现代化的管理模式。

当代铁路客站不仅涉及了多学科技术间复杂而紧密的配合，而且空间体量大、设施新、设备多、系统全、标准高，以致传统的车站管理模式难以适应现代化站房设计、施工和管理的需求。应用BIM技术，将设计、施工、运维的全过程综合信息数据录入，旨在构建全面的客站系统信息平台，从设计规划、施工建造、运营维护，为全路营运管理、全国客站设计乃至区域城市建设，提供并分享广泛的信息资源，构建更加科学、专业、高效并具高度智能化，涵盖设计、施工、维护以及营运管理的大数据信息系统平台。尽管目前我们尚未完全掌握并合理运用这些大数据信息，但仍然可以发现有意识地收集、分析、整理、归类这些庞大的数据资源，搭建系统信息平台应用于未来铁路客站从前期可行性研究、规划设计到施工组织管理、质量控制以及后续运营维护的全过程建设，都将产生长远的意义和巨大的价值。

5.3 智慧设计

铁路客运综合交通枢纽以其特殊的复杂系统构成、纷繁的空间组织、协同成长的城市环境，为新时代客站设计理论研究和技术创新带来了全面挑战。知识有限，智慧无限，认知知识结构及相互间的关系，在解决难题的同时创造新的智慧空间形式。

5.14

5.3.1 时空同构

日本作家谷川俊太郎这样描述他们的高铁车站："京都站是一个被置于既没有开始也没有结束的时间和空间上的坐标……是的,这里不是一个单纯的车站。如此高大,如此宽敞的空间引诱着你的灵魂,并将其变成一种蕴含在人们喧嚣声中的,无法用语言表达的祈祷。"

客站空间新模型

空间永远是建筑设计研究和探讨最富魅力的议题。侧式站房、高架站房、线下站房等不同的客站建筑类型,都是围绕着一个旅客输送功能核心——"铁路站场",而展开的客运服务空间关系变化,这是铁路客站建筑设计的基本规律。以往以平面方式展开的铁路站场,无论是一组或多组站场,都是平面并列展开,站台间最大距离可达400米左右,这个距离虽然难以接受,但又难以缩减。

北京丰台站以立体化铁路站场平行叠层的方式进入我们的视线,成为我国铁路客站从早期线侧式趋于平面化的站房布局到线上(下)式空间站房布局之后,又一次重大的站场空间设计突破和创新技术建造实践。双层站场意味着单层平面的铁路股道、站台数量减少,其重要的意义不仅在于缩减了候乘空间纵向的平面距离,还激活了竖向空间的拓展,将原本平面展开的

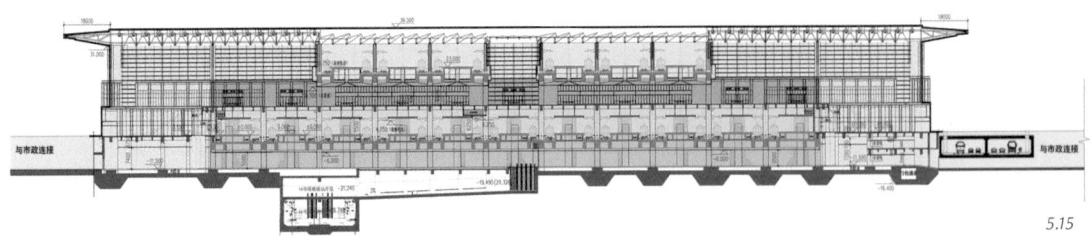

5.15

铁路站场分为上下交叠的两组站场，进出站旅客流线以及相应的客运服务功能随之变化，形成了空间上的竖向叠合关系。由铁路站场的改变引起的客运交通空间变化是一系列的，包括站内交通流线组织系统、站外城市换乘交通组织，都将产生相应的改变，也将衍生出新的客运综合交通枢纽空间模型。

双层铁路站场技术的应用，最直接的优势是高效的土地利用，释放了更多的城市空间环境资源，使综合交通枢纽空间从较为扁平化模式，进一步过渡向立体化空间状态发展。步行交通流线也随之相应缩短，交通功能变得更加紧凑，旅客服务空间则更加开放。然而，在这个新系统中，竖向多层的空间叠合，会对客流交通组织引导产生影响，城市交通衔接也具有多种可能，空间形态关系、业态功能分布、环境控制、运维安全等方方面面的改变，为交通枢纽新系统规划布局提出了新的问题，创新设计应运而生，更将面临新的困难和挑战。

2006年建成的德国柏林站采用双层车场设计，地下和高架的铁路线呈空间交叠状，旅客候乘活动和商业服务设施分布于两层铁路之间的开放空间之中，列车行驶与人行活动被共同置于车站开敞的内部空间，视线一目了然，交通便捷、高效，候乘与商业活动融为一体，井然有序。

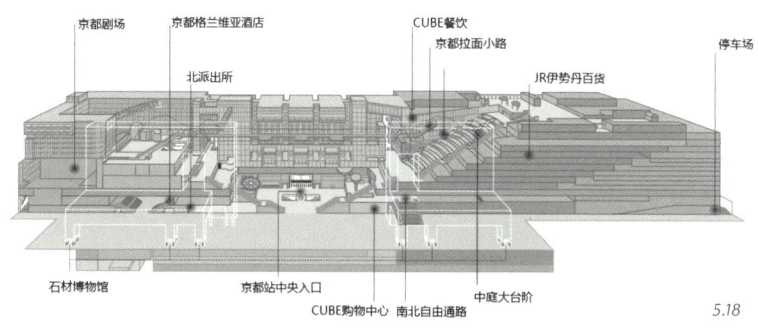

图 5.14 丰台站剖透视图
图 5.15 丰台站剖面图
图 5.16 柏林中央站剖透视
图 5.17 柏林中央站内景
图 5.18 京都站空间体量图

155

日本京都站结合土地资源稀少，站点用地局促的国情采用了多层主体布局。从客站来看，真正服务铁路交通的空间设施的实际占比很小，但协同城市商业开发整体，车站建筑规模总量则高达近24万平方米。偌大的谷状公共空间，多层次融合了旅客候乘与频繁的各类商业活动，其设计理念是使铁路客站交通与包括酒店、百货、购物中心、电影院、博物馆、展览厅、地区政府办事处、停车场、休憩旷地等城市服务空间高度综合而集约为一体，共享交通秩序和城市繁华，成为客站区域公共活动的地标性场所。

柏林站拥有空间开放的双层铁路客运车交通空间关系，京都站则几乎综合了城市最丰富的业态关系，二者分别以不同的空间视角，结合技术运用切入设计，创造出铁路客站新的空间体验。较之我国大型城市的客运规模、商业开发综合以及管理模式尚有很大不同，无论在站场规模、进出站客流组织交通方式、旅客候乘服务形式、集散换乘条件等多方面，都将存在新的问题和更加复杂的矛盾与冲突。学习、借鉴国际上先进的设计方法和空间模式，结合我国铁路客运系统发展的特征，寻找契机、接受挑战，用智慧创造新时代铁路客站空间的新形式。

地下集散空间系统

地下城市轨道交通换乘集散系统是铁路综合交通枢纽空间竖向发展的另一个重点。从近期一些规划项目上可以感受到铁路和城市双向对轨道交通接驳铁路集散问题的高度重视。总体上城市地下空间具有多方面优势：充分利用土地资源，释放地面空间，缓解日益窘迫的交通、人居密度环境；相对恒定的温度条件，避免自然气候条件的环境影响，而较小的环控能源输出，较少的地面交通干扰以及较好的抵御自然灾害和国防安全的综合优势。而不利处在于：地下阴暗、潮湿，自然光照条件差，开发投资成本高，建设不可逆。

暗视线、不通风、弱光照，是地下空间的通病，与客运交通集散、高效引导客流交通问题形成矛盾焦点，所以，光环境设计是地下空间首要研究解决的问题。通过增强光源的人工照明补偿的确是直接解决基本采光技术问题的简单方法，但不同光照的分布、强度和引导性设计方式，如：泛光照明、连续灯带、组合照明、日光模拟，都会使旅客产生不同的空间光环境体验以及对引导方向的感知。

兼顾城市活动公共空间的综合发展关系，竖向空间的分层功能同样取决于步行交通的可达性。大多情况下，以城市地面为主要步行活动的基准面，地上二层与地下一层将是人群最方便抵达的活动空间，通常的行为惯性，使人们更容易向上行走，只有当上下空间开放、视线相互贯通时，人们便会以比较平衡的心理选择面对上、下行的交通方式或交往行为，这也是城市开放性下沉式广场空间营造日趋受到人们广泛欢迎的主要原因。自然光引入是地下交通空间环境设计的重要手段，有利于旅客对方向的识别，有益于人们可以享受自然光照而忘却身处地下的负面心态。天津于家堡站的成功，源之

图 5.19 于家堡站采光穹顶
图 5.20 六本木地下城空间节点

于地下候车厅上方通透的大型螺旋形玻璃穹顶，满堂阳光洒下，让旅客浑然不觉这是一个地下车站。阳光于地下空间的重要等同于我们需要呼吸新鲜的空气，感受自然的环抱。

纵观国际，大量城市地下空间的规划、设计实践表明，独立的地下空间使用效率以及客流接纳的吸引力和灵活性远低于那些拥有互通互联的地下空间系统的环境吸引力。无论蒙特利尔、东京，还是香港、上海等一些比较发达的城市，拥有丰富地下空间设施，那些将重要城市节点之间贯通连接的地下空间，始终散发着高人气的魅力。铁路与城市轨道交通技术的发展，已经使得客运综合交通枢纽中的开放地下空间成为不可缺失的组成部分，并以客流人气带来的优势，旅客集散活动行为正在悄然扩展、演变为城市生活的活力场所，而逐步成长为区域城市发展、整合城市基础设施共同建设的地下公共空间核心，也将成为未来智慧交通枢纽设计创新研究的重点。

客站历史传承

科技进步可以决定我们未来发展的趋向，却无法把握我们对历史的选择，这是科技逻辑与文化传承间的矛盾，这也是需要用智慧解决的问题。

城市化进程必然导致城市需要更新，城市生活和科技水平的提升也必然使得人们向往更加舒适的环境。当城市发展面临那些无法适应现代生活的历史遗产（其中历史建筑是城市发展的最好见证者），拆除重建大概是最直接、最容易，甚至是最经济的方法，但恐怕也是最粗暴、最缺少智慧的方法。如果为了当下的利益，驱使我们选择拆毁哪些有价值的历史遗存，那么我又如何指望未来会留下我们今天努力付出而造就的成果？这并不是认为我们需要保存一切历史遗存的一概而论，而是提醒我们需要尊重历史，让一代又一代的后人知晓每个历史时期的人类智慧以及曾经付出的艰辛和所作的贡献，了解设计创新的一部分重要源泉来自历史文化的传承。

5.21　　　　　　　　　　　　　　　　5.22

对历史遗存的铁路客站建筑保护是一项极其重要而艰难的工作，甚至是不同思想观念的交锋。现实是严峻的，源于经济、政治和技术条件种种，有些问题可能比想象的更加敏感而致使困难重重。保护与更新的目的，并不是评估它们是否完成了历史使命而将它们供奉，也不是通过完全的法律手段规定哪些必须保留、哪些必须拆除的简单去留问题。于当代而言，历史建筑遗存的去留，更像是时空交织的命题和文化价值观的拷问。在上海繁华的旧城区一隅，至今还保留着一片被几经修复过的篱笆墙，质朴而略带沧桑，让所有路过的人们没有丝毫嫌弃，反而却感受到温馨，徜徉些许岁月的时光。

在我国，近代铁路客站所剩无几，城市的发展以及各种历史原因导致了正阳门站、大智门站被改造为铁路博物馆，老哈尔滨站被翻建，济南站被无奈拆除……因而类似青岛站、老大连站、老沈阳站等这些被原貌保留、改造、扩建的客站工程弥足珍贵。岁月无法倒流，今天，那些在功能上已经"淘汰"的70-90年代的车站去留是否也不需要思考？或者说它们正在影响着当代建设的进程？发达技术完全可以决定它们被"合理"拆除的命运，甚至可以被移至异地复建，但智慧的决策又会如何作出判断？长期以来，许多业内专家、学者一直在呼吁对历史建筑及其周边城市风貌实行保护、修缮，或提出采取形态留存功能改造的多种保护、更新的方法，并收获了良好的社会效应和相应的利益回报。北京的"菊儿胡同"、上海的"新天地"和"音乐厅"、成都的"宽窄巷子"，以及全国各地众多的老厂房改造等成功案例，都折射了时代的进步、观念的更新和智慧的闪光。

历史客站的更新改造并非易事，相关容量不足、功能落后、技术条件不符合新的规范、投入结构加固的成本可能高于拆除重建的成本、建设周期因改造的难易程度可能被拉长等常见问题，但这些现实的矛盾都不应该成为简单拆除决策的缘由。历史铁路客站改造与更新的方法有很多，首先需要根据对历史车站建筑的评估，制定相关的保护政策和修缮、改扩建原则，对具

图 5.21 上海丁香别墅篱笆墙
图 5.22 大连火车站
图 5.23 天水站城市轴线视图
图 5.24 天水站室内细部组图

有典型地域特征或已经成为时代地标的车站应该建议全面保留修缮并合理扩建,类似欧洲城市的一些改造扩容车站。也可以对一些特征一般、品质较弱的车站,采取部分保留的扩建改造方式,诸如建筑天际线的保留、外形的修缮、片段空间的移植,或是对那些由历史工艺和材料制作的艺术壁画、藻井、装置的复原等手段,都会开启人们对历史的记忆,让时光流至未来。

天水站的扩建改造,就是在兰州铁路局和地方政府鼎力支持下的一次有益实践。当改造落成的那一天,当地群众发现,车站并没有改变城市的天际线,但完善了现代化旅客服务功能:扩建了进站前厅;增加了原候车大厅的两层平台;改变了原先紊乱的地面出站方式,通过地下通廊连接城市公交换乘,并预留对接城市的地下车库。站内保留了原车站的马赛克壁画,采用本地区传统的红砖砌筑工艺与石材搭配装饰内墙,并与外墙面饰保持一致,经济适用又保存了原有城市的风貌和性格。焕然一新的车站为城市面貌添彩,也为那些熟识它的人们联想起曾经在此发生过的故事而津津乐道。没有刻意的改变、没有造作的修饰,却依稀泛起历史的回声。

5.3.2 弹性空间

"弹性",一个物理学名词,可理解为物体(空间)在承受外力的作用下可变化能力。研究"弹性"空间的目的是预测并设计客站在可能的变化因子作用下的适应能力,以期成为铁路客站以新技术导向空间设计创造的新视点。

空间应变弹性

一切建筑从被建成起就将面临未来发展的不适应性,这是历史的规律。如何面对应变,提高空间的功能和需求变化适应性,使建筑的生命更加长久,或可以灵活改变空间的用途,是我们当下需要作出的判断和选择。

159

图 5.25 朝阳站旅客综合服务中心
图 5.26 哈尔滨站候车厅平面：灰色为室外平台
图 5.27 哈尔滨站候车厅室外平台
图 5.28 昆明南站"灰空间"
图 5.29 南京南站"灰空间"
图 5.30 西安北站"灰空间"

铁路客站的空间应变能力，随着不断更新的新技术体系、功能系统以及旅客行为需求，正在逐步受到重视。售票厅功能是信息科技快速发展下的一个显著变化，网络购票快捷、方便，大大减少了在售票厅窗口排队的客流，智能信息系统仍在发展，人脸识别不需多时或将全面推广，大多客站售票厅空间变得门堪罗雀，何去何从？前段时间，一些大型客站因配套商业服务需要求上升，在候车厅增设了商业小铺，但终因影响客流，对安全不利又被拆除。那么旅客的需求又如何满足？原本可以受益的机会化为遗憾。

在新时代科技发展的影响下，近年来的客站建设实践，催生出许多新的营运管理模式以适应新的出行环境需求，也产生了在空间使用、分布和适应性方面矛盾。进站安检、站内换乘、环境体验等一系列新生的客运供需关系问题，在近几年间迅速上升，这种变化依然在新时代强大的科技体系和增长的社会需求作用下将持续演变。

当代大型客站采用的综合候车厅形式上改变了以前分区候车的多空间组合模式，在很大程度以其公共性和开放性为旅客提供了不同需求的空间共享，将交通、商业以及其他功能进行充分整合。前期建造的上海南站、南京南站、长沙南站等许多特大型高铁客站案例，以环状或线状的综合候乘功能服务关系，显示了大空间的灵活性和包容性优势。面对加剧增长的客流需求，多种业态的合理植入，以及未来在先进技术支持下更加开放的客站管理模式，都促使我们需要进一步分析客流行为特征，研究可能带来改变的空间区域，更充分地利用好每一片空间区域，让客站空间更富有弹性，适应多种发展变化的需求。

另外，面对多变的客流交通问题，一些新建站尝试采用局部空间调整，应变多方向交通和旅客活动。兰州西站增设了进入站台楼扶梯之间的连廊，兼顾应对旅客进站纠错、商务贵宾快速进站、站内换乘（反向上扶梯进入候车厅）以及外维护安全等多种功能需求；昆明南站、

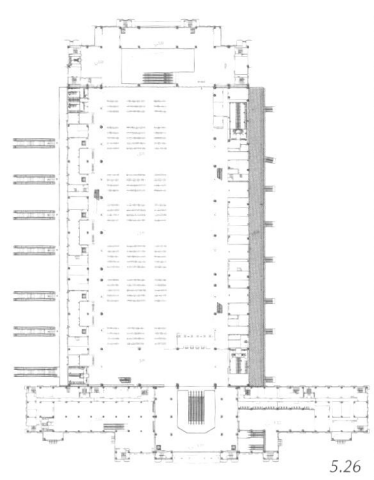

南京南站、西安北站等一些大型客站，采用高架矩形平面布局，在悬挑的大屋盖形成站房界面的"灰空间"覆盖下，连通了腰部落客平台和正向进站门廊，应对旅客可能的不同方向进站和环通需求；哈尔滨站则在候车大厅一侧开放了室外平台，应对高峰客流的不时之需，也可在平峰期供旅客享受户外环境，并解决应急疏散保障安全。

客运管理针对交通变量的刚性需求，采用弹性空间应变的方式势在必行。如何通过智慧设计，运用灵活可变的空间限定、空间分合、空间过渡等构成设计方法，结合永久性设施和临时设施的基础条件，创造富于弹性、主动应变的客运服务空间形式，将是我们未来需要思考和设计创新的关键。

气候应变能力

《北京宪章》指出：走可持续建筑之路是以新的观念对待21世纪建筑学的发展，这将带来又一个新的建筑运动，包括建筑科学技术的进步和艺术的创造等……

建筑设计基于可持续发展观点的一个重要条件就是具有适应变化的能力，包括结构和材料技术的自身变化、应对可能的空间功能性变化以及自然气候条件的变化。我国幅员辽阔，南北地域气候条件差异甚大，同样以提倡绿色节能为目标的客站建筑设计在空间开放度上具有明显的不同特征，如果建筑技术应用不仅仅是作用于应对气候变化，还可以应对室内外空间延伸、功能拓展，为未来发展提前预留空间变化和转换的可能，客站建筑则将具有可生长和自身调节机制的空间弹性应变能力。

建筑表皮设计近年来广为流行，之所以称之为"表皮"，主要原因是"表皮"在大多情形下是作用于建筑外部造型的装饰，产生相应的材质肌理和光影变化，对建筑内部功能通常没有特别的影响。而高技术导向的"表皮"深层结构，则大不相同，其具有特定的功能作用：可以智能开启、旋转遮阳角度，抑或是通过高密闭性，

图 5.31-5.32 瓦伦西亚天文馆钢结构"表皮"开启与闭合状态
图 5.33-5.34 上海旗忠森林体育中心屋顶开启与闭合状态
图 5.29 合肥西站综合换乘交通中心

形成"表皮"与维护结构间的空气夹层，具有密闭时提高热阻性能、开启时通过空气流动散发热量等效能。广义上的"表皮"也可以理解为建筑被特殊限定的界面，系统结构扩大化的"表皮"，将被赋予更多的空间含义，缘起于应对气候，更可能产生具有类似"灰空间"作用的意义。

一些更多元化"表皮"设计在许多发达国家和地区的实践表明，结合人工智能技术的建筑表皮设计运用，对建筑与环境的互动、适应自然气候的自应变功能、丰富的空间体验等多方面，尚具有很大的发展潜力。

西班牙巴伦西亚科学艺术城天文馆，在一个巨大钢结构椭圆球型穹顶笼罩下的圆球形剧场以及连通室外大型水面的活动场地。看似半开放的钢结构造型表皮，实为根据气候条件可闭合的弧面幕墙，由安装在弧形固定轴上的液压设备调节控制幕墙开启，创造出适应气候变化的活动空间环境。同样，上海旗忠森林体育城网球中心，形态寓意"中国之花"并被设计为可开闭的"花瓣"状屋面，尽管结构实施难度大、一次性投资高，但使球场屋面的开启或闭合可以适应不同的赛事需要，免遭风雨气候条件的影响并节约能源的消耗。

还有更多作用于不同建筑性质、功能的"表皮"设计方法，表征是繁荣建筑设计的形态创作，实际却引发学界对许多自然现象、社会现象，人与环境、艺术与技术，以及能源利用、生态科技的深层思考，新型的建筑生态学、热力学、仿生学等在交叉学科领域的互动思考中崛起，再次推动了人类科学的进步。不难理解，如果铁路客站的外围护结构结合智能化"表皮"应用，综合考虑节能、环保的绿色建造设计理念，将创造出具有丰富意义、多元化功能的适应性以及弹性应变能力的客站建筑公共空间。

5.35

5.3.3 城市客厅

铁路客站建筑功能内涵的拓展,使它不仅只承担城市对内、对外的综合交通职能,而且构建了城市生活的活力场所和舞台,既是交通枢纽的核心也是地区商业的中心。未来,人们聚会、洽谈除了可以选择购物中心、餐厅、公园之外,铁路客站也将可能会成为新的选择。客站与周边城市友好相融创造了新型站城空间关系——城市客厅。

开放的站城界面

界面是一个抽象的模型化的概念,是指不同的空间质地交接的面,也就是分隔空间质地的面,特定的空间是特定质地的集合,质地是此空间区别于彼空间的根本所在。建筑界面存在的首要意义是为了保持其两边空间质地的差异。[3]

交通可达是城市形成多核心化的主要因素,铁路客运综合交通枢纽作为集群交通建筑类型,且由此成为介入城市空间环境和城市生活的一个新系统,其与城市间的主要界面是客流进出站的集结区域——进站广厅和出站城市综合换乘交通中心。在近期的客站建设实践中,多数情况下这也刚好是构成整个枢纽系统的铁路客站和城市换乘交通中心的两个子系统上下交叠或错位交叠的空间位置关系。

新交通方式使得站前广场功能逐渐消退,取而代之的是安检设施和旅客排队等候安检的扩大化进站广厅以及衔接地下轨道交通的城市接驳换乘空间。这里拥有庞大的进出站客流,布满了各类城市业态服务设施,涌动的人群川流不息、充满生机,却也隐藏着客流进出混行、冲突的危机。现行客站功能组织模式基本是以客流交通为主导的空间设计布局,进出站系统相对独立,分层分流设置,竖向客流交换采用独立的上、下楼扶梯和竖向电梯,空间关系呈线性。优势是简单易达的交通组织,缺陷是机械性功能,与城市环境、非交通服务设施对接的共享性相对薄弱、僵硬。

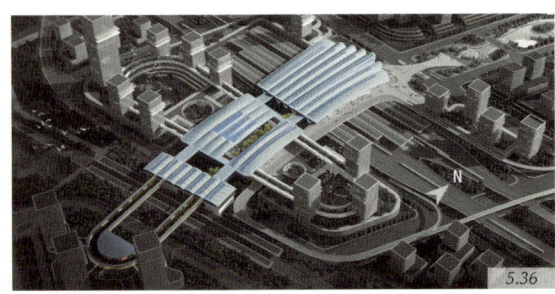
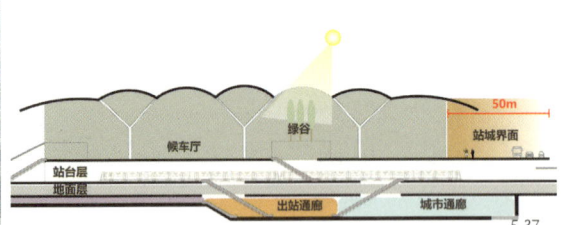

图 5.36 某扩建高铁站鸟瞰
图 5.37 某扩建高铁站站城界面

为了更好地缓冲进出站集散客流，以空间引导方式组织交通、优化空间环境、融合城市多元化业态服务为设计理念导向，一种灰空间形式代言的开放式新型站前广厅，即进出站客流引导空间界面模式应运而生——"城市客厅"。

正在建设中的合肥西站，经过长时间的深入设计研究和对当地城市文化环境的学习，率先提出了"城市客厅"的新思路：结合城市轨道交通站位，将进出站双向客流交通系统融为一体，放大了主向进站的半开放空间，形成客站与城市人群互动的"灰空间"界面模式。其中营造了地面与地下贯通的中庭公共空间，通过竖向交通组织，引导进出站客流在此交换，结合环绕的商业单元、休憩空间以及动态多媒体信息屏，产生良好的立体化空间氛围。人们置身其中免受风雨气候影响，安心待检进站。阳光穿透中庭伸入地下，使下部出站换乘中心的空间恍若身处地面，有序的交通组织引导出站客流分向集散，快速进入各自所需的换乘交通目的地，并预留通道衔接城市周边的开发区域，使站城关系良性互通，共同生息。

另一个具有新意且正在设计中的扩建客站实施方案：地面铁路线南侧是既有高铁站，北侧为扩建站房，新老站之间被设计为城市交通换乘中心，并连接东侧的城市地下轨道交通车站。连续的拱形屋面纵轴南北走向，具有地标特征的花瓣状造型主立面面向北侧城市，通过步行平台接纳附近的旅客，根据客流量计算，新建车站东侧单边设置城市高架进站车道接入，并跨越新建站场向南延续兼顾既有站的机动车进站连接。不同于前期客站的常见模式，高架进站车道边并不是一个仅10米左右供旅客下车后缓冲进入站房前厅的落客平台，而是将落客平台放宽至近50米，并在站内外衔接处营造绿植空间，形成车站东侧的半开放公共空间，连通北侧人行平台并向南延伸，形成贯通新老站房的车道边步行系统，接壤中部的城市公交换乘中心、东侧的轨道交通车站以及南侧既有站房。通过一条纵贯南北的站外步行交通主轴，清晰地串联起各项进出、换乘和新老客运交通单元，商业服务设施、自然景观布设其中。一个扩大化的站城界面，展现出更加开放、生态的新时代铁路客运综合交通枢纽建设的新理念，营造了城市空间的新形象。

共生的社交空间

20世纪20年代的芝加哥学派认为人类生态学是考察城市结构最合适的视角，生物个体群落中竞争与共生、增长与削弱、生存与毁灭的交替规律，这与人类城市群落的关系存在很多的相似性。他们提出了两个人类生态学的概念作为其理论的基础。一个是关于"共生"的现象：在植物群落中，所有的物种都能在一起良好地生存，而相互分离时则生存艰难。另一个是关于"平衡"的概念：在一个原本稳定的生物区域中，可能会遭受某一新物种介入的影响，而干扰了既有的平衡，并有可能被新物种重新控制该区域。这个理论揭示了自然界和谐生态的相互依存关系和竞争法则对人类社会发展的深远意义。同比站 - 城之间融合关系取决于双向的互动与交流的开放度，并成为一种放大的铁路社区关系，类似于生物群落的生态形式，在相互联系、相互依赖于社区的基础上成长。铁路客运综合交通枢纽在城市中出现，必然会对地区环境产生巨大的影响，和谐生存才能平衡发展、兼容共生。

城市化进程加快，封闭式铁路客站发展只能产生城市的"孤岛"效应，尽管这只是整个铁路综合交通枢纽中客站建筑的一个空间界面问题，但也正是因为这种空间具有的特征和张力，所导致的站城关系却极具影响性。公共交通的可达性并不仅仅服务铁路客运，而是关联区域城市生活的整体交通行为关系，高效率也不仅仅反映交通功能带来的利益，长远上是根植于社区群体生活之上的城市利益和国家利益。

在空间意义上，理想的站城界面是城市人群与铁路客运人群最频繁互动的区域场所，多元的业态分布、良好的公共环境，使人们各自行动自如而方向感明确，既可获取广泛的实时信息，又便于交流和相互监督照应，交通、文化、商业、教育、休憩，各类活动都可在此互动互惠、共享互利，既是交通枢纽更是丰富城市生活的社交枢纽。

注释：

[1] "智慧"词语释义参考维基百科。

[2] "智能"词语释义参考维基百科。

[3] 吕爱民.建筑界面的膜效应[J].建筑学报，2004，2：66-67.

建筑是"石头的史书",人类没有任何一种重要的思想不被建筑艺术写在石头上…… 人类的全部思想,在这本大书和它的纪念碑上都有其光辉的一页。[1]

陆

形态创生与艺术表达

外部环境驱动形态创新

内在逻辑驱动形态创生

艺术表达成就文化审美

"建筑形态的研究是研究人与建筑、建筑与社会、建筑与技术、建筑与艺术、建筑与文化、建筑与环境特别是自然环境所表现的空间组织（内和外）的形态研究，建立一种以人为本，可持续发展的建筑形态意识观，一种新的自然建筑观，一种新的建筑意义、类型、现象、行为的科学，一种新的人类与自然的关系，一种人类自然和社会生态观念下的建筑观，一种大范围的关系研究"[2]

6.1 外部环境驱动形态创新

纵观铁路客站形态的发展演变过程，不难看出在相同历史时期所存在的共性和差异性，并具有历时性和多样性的特征。铁路客站建筑形态演变的因素是多元而复杂的，既受制于客观环境条件和技术发展的影响，又受到社会文化、历史、观念等非物质层面的主观意识驱动。

6.1.1 社会与文化

"空间是社会关系的产物。"[3]铁路客站形态的发展演变也是社会发展的一种体现。社会的发展进步导致人类价值观、生活方式的变革，带来更多元化的人类需求，促使铁路客站从功能到形态的全面变化。

时代变革与审美嬗变

建筑是时代风貌的载体，反映时代人文观念的进步。往昔被大众所推崇的建筑或者被认为"美"的建筑，今天再重新审视可能就失去了往日的风采，今天创作的建筑与以前的建筑相比也会有很大的差别，对于建筑的美与丑、优和劣的认知，将会随着时代的发展而产生变化，其背后隐藏的原因是建筑审美观念随时代变革而嬗变。

建筑审美源远流长：古埃及金字塔崇拜神秘的崇高美，古希腊建筑对于人体美的崇尚，文艺复兴对古典美的敬仰，而"如鸟斯革，如翚斯飞"则代表了东方传统建筑美学，审美的标准会因为不同的时代而转变。进入近代，工业革命的到来，社会生产力的发展和技术的飞速进步，推动了建筑业的革新，玻璃、钢材和混凝土等新材料和技术的探索，带来了"工业机器审美"时代，以伦敦世界博览会的水晶宫、巴黎世博会的机械馆等建筑为代表，在铁路客站

陆

图 6.1 安特卫普火车站
图 6.2 佛罗伦萨火车站
图 6.3-6.5 于家堡站／重庆西站／西九龙站

建筑上表现为大跨度钢拱券结构的盛行。进入20世纪，现代主义艺术理论兴起，一时间风格流派纷呈，主义繁多，如未来派、风格派、构成派等，但总体上美学特征可以概括为"功能主义"技术审美，追求"形式服从功能，不追求过多装饰，注重材料的表现力"等。修建于1932~1934年的意大利佛罗伦萨火车站是当时"现代主义"铁路客站代表之一。20世纪后半叶，后现代主义兴起，带来对传统现代美学观的反叛和超越，表现为关注建筑丰富的语义，注重建筑与环境、建筑与文化以及建筑群体之间的关联，开启了综合地域性、文化性和时代性的建筑审美时代。21世纪，人的审美观呈现出更加多元化和开放的趋势，伴随而来的是建筑风格的多元化，科技的、绿色生态的、非线性的、仿生的等等。经过一个多世纪的实践和后期的追赶，中国的铁路发展已经走在了世界的前列，中国的高铁车站建设也随时代进步呈现出多元化的审美倾向如：于家堡站的高科技结构、西九龙站的非线性生态和重庆西站的当代美学寓意等。

铁路客站建筑从最初对古典美的追求，到对于材料和技术表达的推崇，再到后来对环境的关注，并通过先进技术实现人与自然的和谐，体现"以人为本"的温情，这一步步的转变正是时代变革的缩影。社会发展和科技进步，时代审美意识的转变，为铁路客站建筑形态的多样性带来可能。纵观世界建筑文化艺术发展，国际化趋势愈加明显，尽管建筑形态存在差异和个性，但总能找到共同的特性，因为新的建筑形态出现，首先是时代的产物，然后才是个性的创造。

建筑思潮更迭的影响

回顾中国近代建筑发展历史，建筑创作经历的一系列设计思想的冲突和论战，从"神"与"形"的相似到传统与创新，从民族形式与现代风格，到地域主义与国际化，从结构主义到解构主义，从现代主义与后现代主义到建筑观念的传承与创新……毫无疑问，这些建筑思想的探讨与争论对当时的铁路客站设计创作影响至关重要。

169

图6.6–6.9 北京站／吉林站／北京西站／合肥站
图6.10–6.13 北京南站／广州南站／武汉站／南京站

我国铁路客站建筑发展，由于特殊历史、经济和技术原因相对国际发展比较滞后。初期铁路客站建筑风格几乎都是国外移植而入的"舶来品"，并在其功能布置、空间模式和形式表征上，全面受到当时的古典主义、巴洛克风格、哥特式、折衷主义、表现主义等西方建筑设计形式和思潮影响，留下明显的痕迹。而后又经过我国第一代从美国、欧洲学成归来的建筑师设计改良，转化为中西合璧的本土古典主义建筑风格。20世纪50~60年代新中国成立初期，客站建筑的表现形式又主要受前苏联建筑形制和国内"民族风格"的较大影响。改革开放后，国门打开，逐步与国际建筑设计思潮接轨，汲取了更加丰富的西方建筑文化思想，包括现代主义、后现代主义、表现主义、地域主义、结构主义、解构主义等建筑设计思潮，建筑文化进入一个多元化的繁荣发展时期，长时间以来被奉为圭臬的传统建筑观念遭到挑战，新的建筑风格和流派不断出现和更迭，往往或多或少地产生紧随潮流，而未及完全消化的状态。

国内外建筑设计思潮对客站建筑的影响是显而易见的。建国初期的北京站，在建筑形态上巧妙混合了古典复兴、民族文化和现代科技的多重风格而呈现出当时具有代表性的新中国建筑形式。立面采用古典建筑设计手法，顶部钟楼的造型是当时"民族主义形式"的体现，而候车厅混凝土薄壳的大跨结构以及从流线功能出发的平面布局则是现代主义建筑思潮的反映。在改革开放前期，受后现代主义建筑思潮的影响，铁路客站建筑在形态上呈现出新的潮流趋势，倾向于运用建筑符号表达客站的文化含义。如1992年建成的吉林站，整个站房形态符号化地寓意扬帆起航，展示当地船舶制造业发展的文化表征。1996年建成的北京西站，屋顶加入传统的重檐攒尖顶楼阁元素，以体现古都文化特色。1997年建成的合肥站，主体体量为一座金字塔托起一个时钟的造型，拱形入口雨棚镶嵌在蓝色镜面玻璃的金字塔底部，寓意城市的新明珠。这些即便现在看来觉得有些难以名状的隐喻，却反映了当时行业发展的潮流和建筑风尚，也为今天留下了宝贵的经验和铁路客站

6.10　6.11　6.12　6.13

文化的烙印。新世纪后，建筑文化更加的多元化，在各种思潮的冲击下，铁路客站建筑形态也呈现出开放发展的趋势，地域的、科技的、民族的等多元风格，同比20世纪铁路客站的建筑创作更加趋于理性和成熟，逐渐回归对客站建筑本源的思考。

建设观念和社会意识进步

将设计理论悬置而关注事物现象本身是现象学的一个重要观念，意味着无须完全被理论所约束而应该从对象以及关联关系的本质上去思考并解决问题，或者说由不同的视点、不同的观念介入关注事物的发展。从中国近代和当代的发展历程来看，铁路客站建筑与社会观念、自然环境、城市经济、科技进步、文化艺术等条件的变革有着非常直接的联系，中国社会的每一次变革和转型，都深刻地影响了客站建筑的发展。

21世纪初，持续的改革开放政策使中国经济站上了历史的高位，高速铁路的成功面世催生了以北京南站为代表的新一代铁路客站登上了历史舞台，其新型站房建筑形式体现了传统文化的当代发展，以及新一代科技应用，开启了大型铁路客站宏大民族叙事和标志性表达的序幕。在此背景下原铁道部迅速转变观念，把握契机以"功能性、系统性、先进性、文化性、经济性"五性原则的发展理念同步推出，通过便捷的交通衔接铁路和城市，立体化候乘空间满足大客流量营运，在设计理念上突破了传统客站的建筑形制而创建了适宜高速铁路客运的全新模式和崭新的城市形象，诞生了广州南站、武汉站、南京南站等一批新型铁路客站。而后，国铁集团总结高铁车站十余年的建设经验，再次提出"畅通融合、绿色温馨、经济艺术、智能便捷"新的十六字建设理念，在巩固既有成果基础上，拓宽视野，将客站置于城市环境、历史、人文、科技发展中的整体思考，推动客站建设与城市发展紧密结合，对新时代铁路客站建设产生自上而下的影响。

新时代，城市综合交通出行、多元功能联合建设、自然与人文环境的开放格局变化，促进了社会意识和大众文化审美一系列观念的进步和提升，也在逐步影响铁路客站向着客运综合交通枢纽更加丰富多姿的形态演化以符合当代站城共建的方式出现。

6.1.2 批评与探索

批评是一种评价的方式和价值判断的行为活动。建立在批评基础上的再创造具有良好的相互促进作用和积极的理论探索意义。关于铁路客站设计建筑创作的评价，不仅是专业人员依据相关原则或标准而对其作出某些专业性的评估，而且需要兼顾大众对于铁路客站及其所存在的城市环境从建筑观、美学观、价值观等层面做出的整体性评价。综合展开对铁路客站设计创作的批评，有利于深入的学科研究和广泛的探索以及创新能力和水平的不断提高。

树立价值观

当代多元化的世界建筑文化格局中，如何定义时代的建筑文化特征，把握铁路客站建筑的发展目标和方向以面对形态纷呈的当下建筑创作和大规模的铁路客站设计实践。建筑设计创作不可能归结为一套普世的标准、规范被执行，即便是同类型建筑由实践积累下的各种经验模式，也可能只是阶段性的、地域性的适用，也仍然会被不断推陈出新的理论取代或修正。美学是建筑形态设计的基础，但铁路客站更需要以深入浅出的设计方式符合大众审美的社会需求，如果仅仅以专业的标准去衡量建筑形态设计的优劣或者高下，也将导致过度关注建筑形式的美与丑或符号化的表层概念，忽略了建筑的本质含义。

如果说城市对铁路客站服务质量的本质追求比较趋于一致，但对客站建筑形式创造的观念和接受度却可能完全不同。在一些发达城市或地区，由于城市建设水平较高，并不缺乏可代言城市气质或精神面貌的标志性公共文化建筑，则会更容易接受客站功能与形式上的平衡以及客站空间与城市环境的高融合性形态特征，倾向由公共空间构成的环境品质和活动氛围，而并不特别在意其建筑形式表面的宏大叙事性。对大多数发展中或亟待发展改变现状面貌的城市或地区而言，客站建筑的规模以及可成为地区建设引擎的象征性表征，却成为不可或缺的形象代言契机。因此，客站建筑设计创作的价值观与城市环境、社会观念紧密关联，同样具有地域性、阶段性和历时性。

人和人的社会生活是建筑活动唯一的真实目的，建筑设计创作价值观的本质是基于人和人对生活的理解及其愿望的实现。以此建立的对客站交通建筑进行评价的标准，就是对旅客需求及其城市生活方式的关怀，与我们所倡导的以人为本的设计理念相一致。优秀铁路客站建筑设计也可以被认为是当代交通建筑的社会价值创造，客站建筑设计在一定程度上就是相关交通出行的城市生活设计。城市生活又有许多不同的方面组成，作为服务大众的城市大型交通建筑，铁路客站以提供城市对外交通服务为基本使命，同时符合城市生活习俗和满足大众审美诉求；作为城市基础设施，铁路客站需要合作城市建设参与共建并融入城市大环境的整体；而作为城市建筑文化组成，铁路客站更应该具有城市公共场所的职责担当，体现时代建筑科技、生态发展理念、社会公众服务以及适宜的文化空间环境，并成为城市的活力之源，留下恒久的文化和精神记忆。正是由于铁路客站缘于城市交通和社会生活方方面面的多元文化属性，与特殊的城市地位以及复杂的多因素社会关联，才显现出可深究其多元价值的贡献而并不仅限于关于客站建筑表征形式的讨论。以铁路客运综合交通枢纽为整体形象的新时代铁路客站，将更需要注重协同城市经济建设和文明建设，创造远高于自身交通建筑属性的公共文化价值。

多元性批评主体

"批评是一种认识活动，又是一种实践活动""人首先是实践活动的主体。人通过实践活动获得认识能力，并在实践活动中将外在于他的社会文化转化为内在的认识取向和价值取向"。[4]所以批评主体对于建筑的评价过程也是发现其价值的过程。

参与建筑评价的主体通常是以专业人士或行业权威的独立思考与评判方式出现。对于铁路客站建筑前期设计的评价主体通常会由专家、艺术家、地方政府代表和各铁路公司业主联合组成。目前，在我国前期铁路客站方案设计投标评审机制中，是由国铁集团主持铁路客站建筑概念设计方案招标，多家国内外知名设计机构参加投标，并邀请拟建客站地区的地方政府、业内和高校专家进行专业层面的方案评审，由专家评审组对各投标方案在规划、环境、功能、结构、形态、技术经济指标等各方面进行综合评判，筛选出前两名或者前三名方案并提出详细意见，转送拟建城市主管部门再次组织地方专家评审筛选。地方政府还通常会以公开的互联网投票方式让本地公众参与决策，最终由地方政府和国铁集团共同遴选出中标方案。在这一评选机制中涉及到专家、业主和公众三个评判主体。其中被邀请的专家通常是来自全国范围，由多年从事铁路客站设计经验的建筑师、规划师、高校资深教授以及地方政府主管构成，对各客站投标方案提出重要的专业性指导性意见和建议；来自相关领域不同专业的专家往往会以独立的视角审视方案在行业技术方面的不足和问题，全面探讨方案的可实施性以及优化完善的方向；公众的评价通常以鉴赏性的批评为主，侧重于铁路客站的形态审美层面以及地方文化的适应性考虑。因此，完善评审机制，充分发挥各个评价主体的主观能动性，以甄选出更加客观、优秀的客站设计方案予以优化，为后期实施做好充分准备。

近年来一些重点铁路客站如：雄安站、丰台站、朝阳站和京张铁路沿线的重要客站等项目实施过程中，优化设计方案评审引入资深产品设计师、艺术家主体，在保证站房功能性的前提下，为整条线路上客站建筑的文化呈现和艺术性表达出谋划策，提供建议。同时还进一步征询客站营运接收主管部门，从安全营运的实践经验视角为客站设计提供评价意见，收到了很好的效果。综合多方位评价主体源自不同专业背景的建设性意见和建议，成为客站前期方案入选和优化的有效保障。

图 6.14 专业媒体评价
图 6.15 近年日本铁道建筑师协会奖获奖部分获奖作品

专业媒体评价

关于铁路客站建成后的再评价方式，近年来随着信息技术的发展，批评媒介则显得更加的多元化。除了传统的专业杂志、报刊文章、专题评论等常见媒体外，还有大众网络、各类建筑行业奖项、技术研讨交流论坛、当代建筑展等也正在成为重要的批评与传播媒介。各种媒体的客观评价对于引导学科理论发展、提高大众审美意识和科学技术普及都具有积极的宣传和促进作用。

国铁集团工程设计鉴定中心、工程管理中心自北京南站开通以来，每年都会以不同的方式联合交通运输协会现代客运枢纽分会、各大铁路局、高校、专业媒体机构、设计、施工企业等参建单位，组织举办各类铁路客站设计、建设的技术研讨交流论坛，分享建设成果，审视现状矛盾，反思过程问题，探索技术进步和再发展的途径。发表有《2010年铁路客站建设管理研讨会论文集》《2012年中国铁路客站技术交流会论文集》等以及近期将出版的《现代客运枢纽分会技术交流会论文集》学术研究论文专辑，大量研究和实践应用文章集合了各专业一线设计、研究、管理人员，从不同角度参与技术探讨、交流，提出批评和建议。

专业性的建筑期刊除了会不定时的刊载一些铁路客站设计研究的相关文章研究之外，在一些大事件的关键节点出刊铁路客站建筑设计特辑，比如在2008年京津城际开通，北京南站等一批新型铁路客站落成之际，2009年《建筑学报》第四期、《时代建筑》第五期等纷纷推出以铁路客站为主题的学术研究专辑，实时的总结铁路客站设计建设过程中的经验和教训。在中国高铁建设实践的十余年之后，铁路客站建设又迈入了与城市环境融合的新阶段，2019年《建筑技艺》第七期，适时推出关于城市视野下"站城融合"问题的研究与思考专辑，集结国内的一线设计研究人员共享研究设计成果。

专业的建筑奖项对铁路客站的设计创作具有良好的推动和激励作用。目前国内建筑类的奖项

6.15

有建筑学会奖、国家行业勘察设计奖以及省部级专业奖项等。分设的建筑设计、创作奖项种类较多，但是大多参选和获奖作品仍然是以文化类建筑为多，铁路交通类建筑虽有参评和获奖项目，但相比每年的总体建设规模比例并不高，也较少受到建筑行业内的普遍关注，尽管近年来有所提高，但在一定程度上对于铁路客站建筑设计与创作并没有扩大其社会的宣传影响力。国际上如日本，专门设有日本铁道建筑师协会奖，每年都会评选出一些优秀的铁路交通建筑作品，通过公共媒介向大众公示，征询意见，在专业层面，向社会宣传铁路交通建筑的规划设计和建设成就。

国际建筑展中比较著名的有威尼斯建筑双年展、纽约现代艺术博物馆建筑展等，这些具有国际影响力的专业建筑展，在建筑设计及理论的发展过程中都起到过重要的推动作用。近年来国内的建筑展开始频繁出现，比如上海建筑双年展、深港城市、建筑双年展等影响力也在逐渐的扩大，这些专业策展通过三维模型或视频影像等更多手段，将专业的建筑研究成果以丰富的传媒表达形式推向社会，加深公众对于建筑的认知，提高大众建筑审美的意识。以铁路交通为主题的策展较多注重高铁技术宣传或宏观的国家战略发展，而相关交通建筑专业的展览目前仍鲜有涉及。

公平、客观、开放的专业批评和信息传媒都是公共交通建筑文化传播的重要推手，不仅需要成为大众宣传的窗口，也将有助于崛起的中国交通建筑走向更宽广的国际舞台。

6.1.3 场地与环境

任何建筑注定无法脱离其所在的外部环境条件——场地。由于重力的作用，无论何种建筑形式都必须根植于场地之中。建筑形式始终是对所在场地空间的表现和想象。由具体的存在物所组成的具有自身特性的环境，场地和建筑是一个共生关系，场地要素将不可避免地影响甚至决定着建筑存在的形式。

场地与交通整合

铁路客站以其特有的巨构形式介入城市空间，必然会与城市环境发生对立或协同的关系，而在这个过程中，城市环境的诸多要素也会对铁路客站的形式产生重要的影响。无论是场地还是周边的城市环境，都将与铁路客站的形式有着千丝万缕的关系，有些是显性的，有些是隐性的。但基于场地和环境特性的建筑设计将珍惜这些关系，以创造具有场所特征的建筑形式作为新时代铁路客站创新的契机。

铁路客站的交通属性是区别其他公共建筑的最显著特质，并且场地规模大交通关系综合，城市道路及轨道交通在场地的不同方向、不同标高位穿越，使其充满动态性和复杂性。场地中，客站整体功能分布首先需要形成便捷的交通系统，解决多类的交通工具介入后产生的各种矛盾以保障客站良性营运。在普遍较为工整的场地条件下，适用于符合常规功能的客站交通组织模型，按经验的设计方法，通常是以站场中心里程为设计基准，对称展开布局站房，然后接入城市交通设施，比如跨越铁路上方的机动车道进站、下方的公共步行通道出站。这种基本合理、稳定的设计方法的确非常适用于多数标准化客站建设。尤其在我国铁路客站大规模快速建设发展的背景下，符合高铁出行常态化的基本生活需求，如同城市通用型轨道交通工点站或是标准化公交车站。但面对复杂地形、特殊的铁路线位、高等级城市、重要枢纽以及特殊性质地区（旅游景区、文化胜地等），直接以标准化功能性交通组织设计或许可能导致场地效率不良，特殊性及综合性交通服务需求受制而关系僵硬。

以性能化设计方式研究场地的交通组织是兼顾区域地貌、主导客流方向、城市空间环境以及客站本体旅客行为变化的综合需求。基于量化分析的人车分流立体化系统组织包含：

车行交通组织——优先选用单循环进出站机动车流线系统，依据客流需求的进站车道边组织，城市过境车辆系统分流，客站物流、生产、生活专用道路等动态交通系统以及各类城市交通停车场地集合的静态交通高效率配置。

人行交通组织——无关客站场地内车流系统的复杂程度，铁路客站交通的最终形式必定是为人行交通的舒适度服务。因此，铁路客站性能化场地交通设计的内核交通，必然是以人行活动为主。隐形的车流组织结合显性而丰富、清晰而简洁展开的人行交通系统，将是客站高效的场地交通组织设计发展趋势。

复杂而有序的车流交通组织、清晰的分层步行系统分布，释放出场地的高效空间性能，并将大大提高场地空间的综合利用率。

自然环境要素

在自然环境的作用下，场地对建筑的影响首先表现在地形或地貌上。复杂场地的特征性也许对建筑形式会产生一定的制约，却有助于特征性建筑

图 6.16 千岛湖站
图 6.17 建德站

空间形态的形成。客站建筑所在的场地及其周边通常被称为环境，既包含山形地貌、水域植被等自然环境，也包括建筑景观等城市环境。背山、临水，起伏、平缓的地形条件是建筑根植于场地的自然属性，也是建筑与环境对话的基础语境。铁路客站由于体量庞大，往往和更大范围的地貌环境保持某种相应的关系，环境要素介入也为铁路客站的形态创造提供了丰富的素材。

千岛湖站、建德站等杭黄高铁线上的客站，以错落的建筑空间形态，配合双坡屋顶的穿插组合，嵌入秀丽的自然山水环境之中，客站设计捕捉了建筑融入优美环境的性能特征，通过和谐、灵动的形态构成与色彩质感，展现了水墨江南的中国式画卷意境。这些案例的实践与探索，揭示了客站建筑具有与自然环境、地域文化共生的性能属性，并在形态设计的一个侧面，展现了客站与自然环境对话的丰富语义和语境。

城市空间互动

与坐落于远郊或风景区的客站环境不同，许多大型铁路客站以其偌大的体量植入到受限的中心城区场地之中，更多的是改变了场地的城市空间属性。因此，如何整合场地的城市空间而区别于适应场地的自然环境是一个更重要的议题。铁路客站协调城市环境以性能驱动设计的方法，主要体现在关联城市肌理的衔接以及和城市空间的融合，导向场地与整体环境协同的城市设计，通过案例分析、解读，归纳主要设计方法，提供更多视点的创新契机。

应对城市网格——城市交通系统组织的便捷性、合理性是由等级分层的路网规划决定，铁路客站场地的介入，往往会对城市交通网络产生较大的影响，难免存在相互间的各种矛盾。因此，与客站设计同步进行整体研究的区域城市设计，尤其是区域道路交通系统组织，则成为区域空间协同、交通网络互联、空间环境整合等站城密切关联问题的重中之重。我们可以在一些成功案例中看到客站形态设计与城市道路的协同共生关系。

图 6.18 北京南站：北京南站所处的场地与城市道路网格关系并不一致，铁路站场又是斜向插入城市空间之中，客站以椭圆空间造型整合了客站与场地及其周边的关系，并形成新的场地核心，重塑了该地区的城市空间与形态

图 6.19-6.21 苏州站 / 宁波站 / 西九龙站

消解大空间体量——铁路客站因客流规模而产生的大空间体量是功能所致的必然结果，在城市周边区域中小体量的民用建筑中突显，并对既有人居环境产生可能的压迫感，以及由强、弱体量反差形成的弱和谐性。实际上大空间依然存在，设计需要考虑的是如何运用视错觉等塑形方法，改变人们对客站庞大体量的认知。

苏州站是在现有基地上的扩建，空间有限，可以用"小"字形容。而这个"小"正是苏州城市建筑的特色。为此，所采取消解大体量的设计方法是将"大"屋顶变"小"，将整体的大屋顶转化为一片小屋顶的聚落，使之与苏州城市的肌理巧妙契合。相比苏州站以小尺度符号削弱大空间体量，宁波站则是以大空间形态聚焦的设计方式，通过"水滴"意象造型在宽大的客站主立面上聚焦而作为地标性代言，成为位于中心城区客站场地周边道路轴线的几何交汇点，使得即便在远处不能看全站房造型的人们，也可在街道空间的尽头，感受宁波站造型的标志性一瞥。此外，宁波站造型细腻的水平线，曼妙轻盈，消解了大型客站体量关系，与城市空间达成新的平衡。

融合交通及城市空间——交通设施融入城市环境，可以说是新时代铁路客站形式创造的一种新的境界。形态上，交通与城市业态紧密缠绕；空间上，城中有站，站中有城。这种站城互融交织的关系，摒弃了注重造型表达的设计手法，而以丰富的业态、功能、环境充分混合的空间分配方式替代大-小、强-弱的体量对比，将设计焦点落在城市场所的客流行为活动上，而不再简单突显交通建筑设计的宏大叙事手法。

已经投入营运的香港西九龙站，邻近未来西九龙文化区和维多利亚港湾。如何将车站打造为一个城市的开放空间，以及在车站上方建造一个40万平方米的商业开发区是设计的最大挑战。为此，西九龙站采用地景建筑的形式，尽量缩小地面以上的空间体量，通过站房空间向下扩展，不仅使候车厅更加靠近站台层，而且给地面留出了超过3公顷的"绿色广场"。这个城市广场的地面朝向车站入口部分向下弯曲，而上方的站房屋顶却指向了天空，由此创造了一个45米挑高的空间，在具有高度兼容性的空间中，旅客可以从多层面看到外部的城市景观。西九龙的建筑形式聚焦于南侧，面向香港中环的天际线和太平山顶。起伏的建筑形式所构成的多层坡道，鼓励并引导人们登上车站的屋顶，置身于郁郁葱葱的树木和灌木丛之间，成为眺望维多利亚港的全新视点，并促使人们与城市环境建立了一种全新的联系。

如果说苏州站是通过形式自身的肌理与城市环境取得了协调，那么西九龙高铁站，则是一个通过建筑形式自身融合城市空间、兼顾提升环境品质多元性的成功案例。

6.2 内在逻辑驱动形态创生

维特鲁威的"适用、坚固、美观"三项建筑原则是强调建筑空间的适用性、结构的耐用性与形式的审美性三者之间的均衡与联系，无论是后来的现代主义建筑崇尚"形式追随功能"还是后现代主义的"功能追随形式"，以及当前的"形式启发功能"，功能和形式几乎成为建筑设计的永恒主题。铁路客站以交通功能的复杂性、结构技术的先进性和倡导低碳出行理念为其根本特征，作为典型的城市公共建筑，兼有公共空间的共享性、城市环境的响应性和艺术审美的公众性等特征，而使得客站的功能与形式的关系更加密切、复杂。以"畅通融合、绿色温馨、经济艺术、智能便捷"作为新时代铁路客站创作的指导方针，

从交通与功能、材料与结构、建筑热力学等性能基点视角，探索并驱动铁路客站形态创生。

6.2.1 交通与功能

"埏埴以为器，当其无，有器之用。凿户牖以为室，当其无，有室之用。故有之以为利，无之以为用。"《道德经》中的这段话一直以来被用于解读建筑的空间意义。"隐"与"显"是事物中两个对立的逻辑，含蓄与张扬、内力与表征、虚空与实体，这并不是孰重孰轻的选择题，而是学习你中有我、我中有你的互惠方法，领会"有之利、无之用"的空间设计意义。

交通设施隐匿与显现

铁路客站的交通系统主要由铁路站场乘降和城市交通接驳设施两部分组成。由于铁路站场规划先行于站房建设，因此站场的规模、线路走向以及竖向标高等均对站房建筑形式产生决定性影响。柏林中央火车站由两组相互交叉的铁路线分别在地下和离地15米高度形成立体站场，建筑形态上为了显现轨道线与城市的空间关系，分别通过站台钢拱结构雨棚和两栋跨越站场的建筑凸显了两个铁路站场的走向，借此创造出与众不同的客站形式。

此外，铁路站场的标高对站房形式的影响非常大。正在建设的雄安站，基于高架站场的条件选择了线下候车的模式，因此站场上方的雨棚就成为了客站形式最重要的构成要素。而于家

图 6.22 柏林中央站鸟瞰
图 6.23 雄安站鸟瞰
图 6.24 杭州东站鸟瞰
图 6.25 长沙西站"十字构型"图解
图 6.26 长沙西站鸟瞰
图 6.27 虹桥枢纽鸟瞰

堡站由于是地下站场，其站房形式仅有露出地面的候车大厅空间构成，采用了完形的钢拱壳玻璃结构形式，因为没有其他城市公共交通设施的影响，四周绿地环抱，使其独立的建筑形态具有极强的地标形象。

市政交通设施对客站形式的创新也具有重要的作用。有否高架落客平台，以及落客平台的方向和设置位置，都可能对客站的布局和形式产生影响。通常的设计方法一种是隐匿这些交通设施，一种是显现交通设施。前者如杭州东站，就是通过将站房屋顶覆盖至落客平台上空，从而将其纳入建筑内部，消隐了交通设施对建筑形式的影响；而后者如深圳北站，却特意将站房的主体造型塑造成隧道形式以便城市轨道线从站房中穿越，形成了彰显速度与浪漫相结合的客站形式。

功能空间解构与重构
中国的高铁客站站房当前所普遍采用的通用型大空间范式，对应的其实是一种无差别的功能使用和以管理为导向的运营方式。随着旅客出行需求多样性的增加、差异化服务理念的建立，无差别的功能空间将被解构，通用型大空间的格局将被优化，并以此作为客站形态创新的基点。

通用型大空间其实是将候车厅、进站厅以及旅客服务空间集成为一个综合功能的空间，再通过空间的分割满足不同的使用需求。而应用性能驱动式设计方法，却需要对功能进行重新的解析，针对不同的空间使用状况，通过空间的性能或绩效的表现来确定空间的尺度。比如，候车空间由于旅客众多，空间高度和面积要求较大；而进站厅的主要功能是旅客集散和检票进站，旅客服务空间主要是商业与餐饮等，因此这些空间的长宽、高低与候车厅均不相同。而基于通用型大空间的站房高度往往会以候车厅的高度为基准进行统一设计，这就丧失了功能空间的差异性对创造建筑形式的契机。

新近设计的长沙西站充分应用基于空间绩效的

6.25 6.26 6.27

性能驱动设计方法，对建筑造型的创新做了有益的尝试。长沙西站将候车与进站空间分离，并将候车空间根据使用对象的需求差异，进一步分离出普通候车和四个专用候车厅；再根据进站安检与流程的量化分析，确定出一种进深大、面宽小的进站厅空间，既满足安全营运验检的流程需求，又可成为未来客站与城市界面混合、开放的场所空间，并为可灵活变化的功能预留升级改造条件。由性能化研究得出的多义性或多用途空间，重新整合新的空间用途和形态关系，创造了铁路客站"十"字型候乘空间的新构型。

功能形式的拓展与延伸

铁路客站与城市关系日益紧密的今天，客站的交通与功能也在不断地发展，与城市的关联度也越来越高。在一些城市和发达地区的铁路客站甚至出现了站城空间高度融合、交通组织高度集成，建筑形态高度统一的趋势。

上海虹桥站作为亚洲最大的交通枢纽，集高铁、磁悬浮（预留线位）、城市轨道交通及机场航站楼等多种交通方式为一体。从计划建设前期，便对整体交通设施与功能空间进行了统一规划布局与城市设计。从严格意义上讲，虹桥站并非独立存在的高铁站，其建筑形式与城市交通中心和航站楼高度统一，铁路客站只是这个大型枢纽综合体中的一个组成部分。

随着铁路客站综合功能、交通与城市的高度融合，一些铁路客站的独立形象逐渐淡化，甚至消失。2018年投入营运的重庆沙坪坝站几乎是一个完全消隐于铁路上盖高强度城市综合开发的铁路客站，站房埋深于地下，上部仅设置满足客站交通流量的中庭进站口，周边完全被近80万平方米的商业开发总量，以及两栋正在建设中的超高层写字楼包裹。从外部来看，沙坪坝站完全是融和城市功能的交通综合体。这些以通勤为主的公交化概念建设的城际铁路客站，交通功能趋于高效、隐形，并正在转型为城市公共活动场所的空间形式向客站周边延伸，而全面融入城市环境。

可以预测的是,一方面随着铁路运输方式的进一步发展,客站功能与交通的概念和内涵将发生重大转变:多样化候车、多方式进站、多维度交通以及智能化运维等,必然会对既有客站的形式带来巨大的挑战;另一方面,客站与城市关系将越来越密切,也会因各自区位、职能、理念和发展程度的不同,呈现出多样性与复杂性并存的趋势。在这两个方面的共同作用下,铁路客站的形式将迎来重大的发展与创新机遇,把握"新时代、新需求、新性能、新形式"的交通建筑创作原则,才能大胆突破客站的既有形式而寻求新的可能。

6.2.2 结构与材料

在传统意义上,建筑设计对结构性能方面的考虑比较被动,建筑师往往依赖结构工程师的计算、验证和评估来处理结构的性能问题,以满足结构设计的法规和要求。随着设计观念转变,计算机技术的发展,建筑的结构性能可以被精确模拟、分析和优化。基于结构性能的建筑造型方法,建筑师能够借助计算机的结构性能模型,对建筑的材料特性、几何特性和建造逻辑进行分析、控制和优化,从而在设计的初始阶段就主动地考虑结构的形式,更加合理地创造建筑的空间和形态,并提高工程的可建造程度。

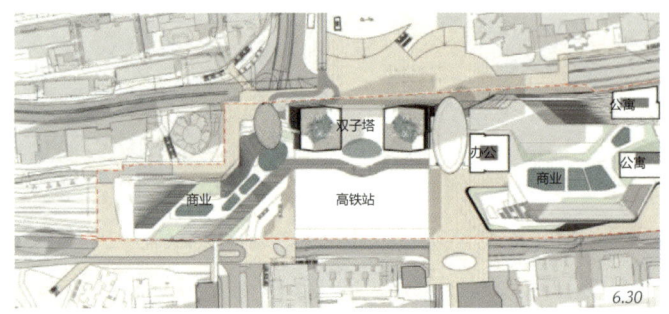

图 6.28 沙坪坝站南侧鸟瞰图
图 6.29 沙坪坝站北侧鸟瞰图
图 6.30 沙坪坝站总平面图
图 6.31 上海南站预应力梁索结构单元
图 6.32 武汉站钢拱网壳结构
图 6.33 北京南站钢桁架结构
图 6.34 广州南站屋盖结构模型

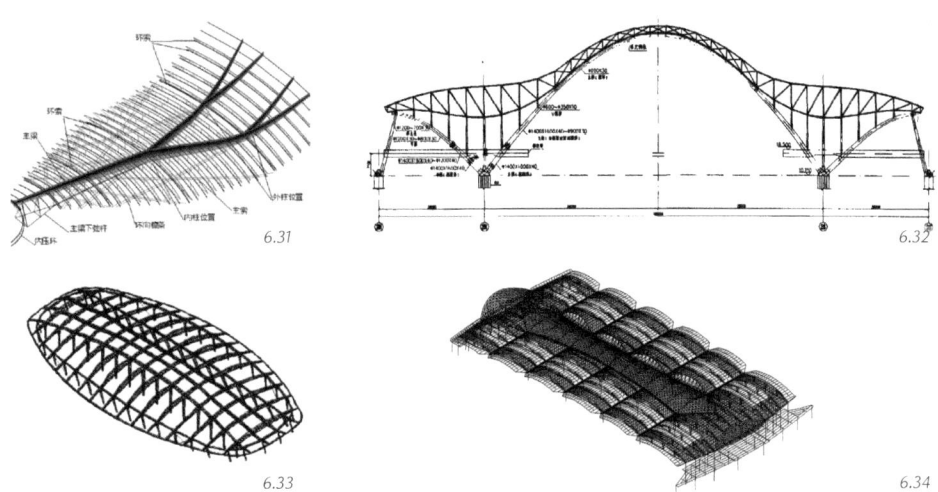

6.31 6.32
6.33 6.34

铁路客站基于自身交通的复杂性与功能的巨构特征，空间与结构、形态与建造必然成为设计的核心内容之一。传统的铁路客站设计中，建筑造型往往仅与结构选型和材料选择相关，从而失去了结构与材料的表现对形式创造的能动作用。新时代的铁路客站设计，建筑师可以通过基于结构性能和材料特性的建筑设计方法，建立全新的设计流程，将被动的"形式—结构—材料"的设计逻辑转换为主动的"材料-结构-形式"的生成逻辑，整合建筑空间的表现力和结构体系的合理性，创造客站的新形式。

结构形式与空间形态演化

铁路客站的结构形式从最初的木结构雨棚到铸铁结构、从混凝土再到钢结构，始终围绕一个核心就是大跨度问题，这是铁路客站等大型交通建筑空间的要求使然。我国高铁客站建设至今，大跨度空间结构形式的演化大约经历了以下几个阶段：

初期探索——2003年的上海南站是第一个完整意义上的大跨度空间结构，采用圆形预应力梁索结构形式，内圈柱跨度152米，外圈柱跨度224米。武汉站采用钢管拱网壳结构，跨度达116米，中部高度达49米的中央主拱和两侧的次拱形成"鸟翼"的空间形态。广州南站使用了张弦梁和单层钢网壳结构等。这些结构形式即是建筑形式，结构、建筑设计表现出高度的一体化。但这类客站的结构也普遍存在造型夸张、结构复杂、经济性较差、候车舒适性欠佳等问题。

实用选型——在积累了大量实践基础上，铁路客站的建设回归理性思考，安全、经济、高效成为客站结构形式设计的出发点。北京南站的候车大厅是第一个采用常规钢桁架结构的成功案例，上海虹桥站的候乘空间是一个极其理性的结构形式，采用倒三角钢桁架，并通过四根基座斜撑进一步改善了受力体系。这一时期的杭州东站与深圳北站等均采用这种类型的钢桁架形式，有些客站甚至采用网架结构形式。在这种务实理念指导下的客站结构，虽然成熟、安全、稳重，但结构和空间以及建筑形态的关系

图 6.35 重庆西站立面结构
图 6.36 斯坦斯特航站楼
图 6.37 吉隆坡1号航站楼
图 6.38 香港机场航站楼
图 6.39 随州南站
图 6.40 哈拉曼高铁站
图 6.41 太原南站

渐行渐远，导致一些客站设计出现了建筑形式与结构形式相互分离的倾向，失去了结构作为建筑空间形式的表现力。

理性表现——结构作为建筑物质性的核心，其结构逻辑是建筑形式逻辑的重要组成部分。新时代的铁路客站以"经济艺术"为原则，就是提倡通过经济合理的建造技术构成建筑的艺术形式，因此既不结构夸张，又不过于保守，强调结构建筑一体化设计，在合理的结构形式基础上充分挖掘结构形式的表现力，作为未来铁路客站形式创新的重要驱动力。2017年底投入使用的重庆西站在建筑结构一体化方面做了有益的尝试。重庆西站东侧的进站大厅，结构设计结合屋面桁架，通过"V"型连杆将下部的拱形桁架联结起来，形成受力复合拱的结构形式，既满足了进站广厅200米跨度无柱空间的功能需求，也构成了建筑立面的主要形式。

单元式结构的契机

常见的大跨度空间结构可分为整体式结构和单元式结构两类。前者因结构跨度大、空间开放度高，适合大客流量集聚，成为铁路客站结构选型中的主流形式。而单元式结构则多在机场航站楼结构设计中被广泛应用。

英国斯坦斯特航站楼就是由双曲面拱壳、斜向撑杆和拉索组合而成的18米见方的单元式结构组成，比同期建设的航站楼节省了用钢量和相应的造价。香港机场航站楼的结构形式采用的是由筒形拱和拉索组成的单元式结构，单元之间可以正向拼接、也可斜接，从而可产生多种空间形式。福斯特建筑事务所设计的沙特阿拉伯哈拉曼高铁站，受当地传统建筑柱廊空间形式的启发，采用模块化单元构建车站造型，由树状钢结构单柱元支撑方形大空间网格结构，形成丰富变幻的室内候乘空间。吉隆坡1号航站楼也采用双曲面屋顶的单元式结构，建筑形式颇具东南亚传统建筑的意象，其设计者黑川纪章曾将单元式结构比喻为连续的身体细胞"如果需要更多的空间，可以通过简单地重复基本细胞单元来获得"。

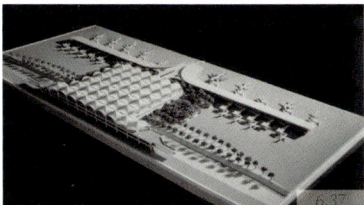

太原南站是我国第一个将单元式结构应用于客站大跨度空间设计的成功案例。受益于山西唐代木结构出檐深远的影响，太原南站共采用48个"树叶状"结构单元构成主要的建筑形式，虽然在施工过程中遇到了增加线路更改设计的问题，但因其单元式结构可方便扩展的特点，不仅没有耽误工期，建成的室内空间与外部形态在我国铁路客站的形式创新中也是别具一格。近期落成的随州南站沿用单元式结构设计，通过24个"杏叶状"的结构单元覆盖整个候车大厅。"杏叶状"结构由钢桁架构成，下表面敷设半透明的膜材料，可以将"杏叶"中间天窗引入的日光均匀漫射，形成晶莹剔透的发光体，为旅客候车带来了生动丰富的空间体验。

单元式结构之所以在我国当前的铁路客站中应用的不多，工业化水平并不是主要问题，关键还是客站设计的理念导向，当超大空间成为惯性思维方式，追求视觉震撼而不以空间适用作为设计目标。单元式结构所形成的建筑立面基本以较小尺度的构件通过重复构成空间整体，往往以强烈的单元重复节奏变化引人入胜，而摒弃对宏大尺度的形象追求，因此在偏向期望铁路客站作为地标性建筑的现实环境中接受度不高。但基于理性思维下大跨度空间结构设计的发展趋势，以及我国务实设计理念的转变和工业化水平的提升，单元式结构因其可预制性和装配施工、建设环境影响小、空间适应性强等诸多优势，必然会进入新时代铁路客站形式创新研究与探索的视野。

材料与结构技术应用的启示

基于研究结构性能驱动的形式创新可利用传统的"旧"结构体系产生"新"的建筑形式，或采用新材料和新技术，创造新的客站形式。

混凝土结构对于大跨度建筑而言是一种历久弥新的形式。从最早的罗马万神庙开始，到小罗马体育宫以及纽约环球航空公司航站楼的壳体形式、华盛顿杜勒斯机场的悬挂混凝土屋顶等，都是钢筋混凝土大空间结构的辉煌典范。我国重庆西站的站台雨棚设计，在预应力钢筋混凝

图 6.42 万神庙
图 6.43 罗马小体育宫
图 6.44 环球航空公司航站楼
图 6.45 杜勒斯机场
图 6.46 重庆西站混凝土雨棚
图 6.47 郑州南站装配式混凝土雨棚
图 6.48 雄安站清水混凝土装饰
图 6.49 国王十字站钢网壳
图 6.50 天津西站联方网格单层桶壳结构
图 6.51 清河站
图 6.52 伯明翰新街站鸟瞰
图 6.53 伯明翰新街站室内大厅
图 6.54 于家堡站屋顶结构
图 6.55 伯明翰新街站屋顶结构

土结构方面做了有益的尝试，从建成效果来看，不仅后期维护费用低，而且具有卓越的空间表现力和形式美感；郑州南站在此基础上，进一步探索了钢筋混凝土联方网壳结构形式，更加精准、精细地展现受力结构逻辑和空间节奏韵律。

钢筋+混凝土材料组合而成的结构建造技术，至今在国际范围内被广泛应用，尤其在多数大规模基础设施建设中，依然保有安全耐久性和经济适用性的显著优势，且至今也难以被其他新技术全面取代。正在建设中的雄安站可以说是新时代线下式大型铁路客站的经典范例，颇具特色的桥建合一技术，以坚实而柔美律动的清水混凝土框架桥梁柱形式塑造了线下候乘空间，对应各站台检票口的竖向交通"光井"导向清晰；适当拉开两组站场间的距离，嵌入顺轨方向的换乘长廊，形成"生态阳光谷"改善线下空间光环境、调节小气候，使整体候乘环境呈现出交通功能、结构技术与空间艺术的有机结合。传统的钢筋混凝土结构建造的材料、工艺仍在持续深入研究中，钢筋混凝土结构形式以其耐久性、易维护性和可塑性等优点，依然赋予设计创作丰富的想象力，也必将在未来铁路客站的形式创新中表现出更大的潜力。

在大量铁路客站结构形式设计实践中，优秀的形态受力结构设计应当是功能与形式、技术与艺术的完美结合，并具备较好的经济性，符合新时代铁路客站以"经济艺术"为指导的设计创作原则。力学逻辑导出结构受力的形态，美学逻辑产出形态受力的结构，前者是理性的功能主义思考，后者是感性的唯美主义化身。两者没有绝对的优劣之分，而呈现不同的设计逻辑和认知倾向。在严格的独立学科意义上，或许只存在结构受力的形态表现，并以严密计算获得，形态源于最直接力流传递的合理呈现。然而，良好的形态受力结构并不排斥这种理性的逻辑，抑或是适当调整力流的线性关系获得更具张力的形态受力结构，并更加吻合文化层面的表达以及公共建筑的大众美学。

形态受力结构在交通建筑大跨度空间上的应用主要有拱或拱壳结构,以及悬索结构。前者如纽约环球航空公司候机楼,后者如华盛顿杜勒斯机场航站楼等。铁路客站中形态受力结构也被一定程度地应用,国际上,如伦敦国王十字车站改造所采用的双曲面单层钢网壳形式;国内案例有天津西站所采用的是114米跨单层钢结构网壳结构;天津滨海新区于家堡车站则采用的是由36根正螺旋和36根反螺旋"编织"而成的贝壳形单层钢结构网壳穹顶形式。新建京张铁路清河站简洁的形态设计理念,赋予了"海纳百川"之意,造型采用舒展的曲面屋顶满足客站大空间候乘功能。以抬梁式钢结构悬挑屋檐,蕴含北京古都风貌的文化元素,塑造客站建筑主体形态;有力的屋面曲线与A型支撑结构则展示当代建筑技术,双重设计语义融汇于纯净的车站造型,寓意时代风尚并表达对百年京张铁路的致敬。

形态受力结构多以建筑形态塑造为初衷,满足功能的同时展现建筑的文化、艺术性能,并多具有形式轻盈,表现力强的优点。但有时以形态先导的结构受力设计方法也会走向由结构逻辑生成形态的反面,且很难以形态导向结构受力的所谓标志性空间造型去适应合理的结构受力关系。过强的形态独特性要求而较弱的结构受力路径,在同一建筑中形成巨大的矛盾和互不适应,高昂的经济投资产出与之匹配过低的效率和效益。因此,只有将受力结构与形态关系结合,并在各自的逻辑、性能上双向得到满足而才可能有机融为一体。

任何结构形式都和它所利用的材料有密不可分的联系,结构形式可以视作某种材料特定的组织方式。新材料的合理应用是新结构形式产生的基础,正如现代建筑的产生得益于钢和混凝土材料的广泛应用,这已成为不争的事实。2015年建成的英国伯明翰新街车站在新结构和新材料方面进行了有益的探索,车站的中央大厅横向采用钢结构分叉拱作为主承力结构,纵向再敷设次要的钢管拱承载和固定ETFE膜屋面。ETFE材料具有自重极轻、通光性好、自洁能力强等优点，其与新型拱结构的结合，使得伯明翰新街车站的结构体系，既轻盈明快又富有动感，同时也隐含了铁路线的分叉与聚合的寓意，成为铁路站房结构形式的创新典范。

基于结构性能的形式创新还可借助新技术和新方法。如双向渐进结构优化法（BESO）[5]，可以通过一定的算法，将低效材料删除，而进化为最优结构形态，更可将删除材料添加到结构最需要的地方，该方法可以产生基于结构性能、但又出乎常规的形式。3D打印技术方兴未艾，建筑领域也在逐渐引入，它可以快速建造非标准化和复杂的结构构件。随着这些新材料、新方法和新技术的普及和应用，将会给铁路客站的"材料-结构-形式"创新开放更加宽阔的视野。

6.2.3 热力学逻辑

在一个日益强调资源节约与可持续发展的时代背景下，关于能量利用的热力学建筑研究出现并在当代演化，为新时代铁路客站建设提供了一个面向未来的科学视角。热力学建筑是基于能量流动与形式生成的设计理念，其应用和实践将创造出一个全新的建筑范式。

热力学视角的建筑形态与空间创造，可理解为一种物质要素的组织，并由这种组织带来"能量流动"的秩序，同时平衡与维持物质的形式。热力学法则指出建筑形式的生成都是以最大化能量供给与维持为原则，形态通过能量的捕获与引导，成为创造新形式的重要契机。能量的形式化，是提出了建筑在特定环境中将捕获能量的结构形式化，在一个更广泛的开放系统中加以塑形。新时代铁路客站的热力学建筑根植于以性能为驱动设计的基础上，通过日照、通风、辐射等因素的作用转化为新的形式。从环境数据、性能参数、能量流动，到最后的形式生成，在物质、形式、能量这些热力学核心概念间建立关联，构成形态生成的热力学逻辑，将不可见的能量与可见的物质形式之间建立起实践的路径。

能量耗散与空间集约

基于能量驱动的热力学建筑，宗旨是通过建筑空间的集约而减少能量的耗散，同时尽可能多的获取绿色能源，降低碳排放，借此为建筑形态的创新提供条件。在能量驱动形式生成的设计原则下，针对铁路客站的不同空间环境进行解析，以适宜的形态捕获自然能源；对不同作用的功能重新定义其空间的合理尺度，以更小的容积来降低整体能源消耗，从而创造铁路客站新的形式。

兰州西站采取收缩空间容积的方法解决能量损耗的问题，设计通过将原来通用型大空间中的候乘功能和进站及客服功能相对分离，采用中间候车空间高，两侧进站与客服空间低的"几"字形空间形态，建筑容积比一般候车大厅的空间容积减少约15%，有效地减少了空调和采暖的能耗。同时，建筑的外部形态也因势利导，结合空气流动的特性，形成中部高两侧渐低的构型，且与西北黄土高原台地建筑的形式特征

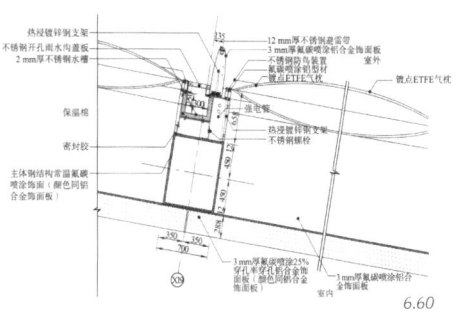

图 6.56 兰州西站"几"字形空间形态
图 6.57 昆明南站实体围护体系
图 6.58 太原南站外层幕墙
图 6.59-6.60 于家堡站膜结构节点

相吻合，创造出具有地域性风貌的建筑形式。

运用热力学原理的建筑形式生成，一方面表现为建筑容积大小和体量组合的有机关系，另一方面还体现出建筑保温和隔热的良好功效，在当代建筑设计中前者多运用于建筑节能形态塑造，后者往往被应用于建筑表皮的设计与创新。交通建筑往往因为其通过性和公众性，其外围护结构常采用通透的玻璃幕墙呈现清晰的交通导向和公共活动的开放性。实际情况下，基于保温隔热的双层中空玻璃幕墙虽然已有一定的节能效果，但仍不如实体围护墙面的热工效率更高。因此，通透与封闭并不是一个绝对的选择，而需要采取热力学技术设计方法予以综合性能性上的评估与平衡。如昆明南站就是以实墙面为主导的形式设计；太原南站的外墙设计则通过虚实材料的间隔，形成了既具有保温隔热性好，又表达了地域文化特征的建筑表皮。铁路客站的屋面面积大，是绿色建筑保温隔热的重要部分。于家堡站的屋顶由ETFE材料的气枕式结构组成，每一个气枕结构由3层ETFE膜构成，中间层膜材设有小孔，可以使上下两个气腔均达到设计气压，同时限制了两个气腔间的热交换，既可满足传热系数的要求，又能满足站房内照明、保温的条件，充分体现了绿色环保节能的特点。

光的运用与形态生成

自然光直接照明——大型公共建筑的屋面采光方式基本有：天窗、高侧窗以及导光物理装置。采光窗的分布形态上又可以分为：面状、带状和点状。不同的方式和组合可以产生丰富的屋面形式。屋面天窗对于大型交通建筑而言是一种主要利用光能的方式，天窗采光是引入自然光源最直接、应用最多形式，但过多的太阳光直射光也会导致旅客舒适感的下降，早期建设的广州站和上海南站就存在这方面的问题。因此，如何处理好阳光引入与遮蔽的矛盾关系是设计的关键。我国许多大型铁路客站屋面采用带状分布式采光替代集中式采光，由于天窗的深度和宽度比值较高，可以有效遮挡部分太阳直射光，室内光线均匀柔和、空间韵律感较强、

旅客舒适性较好。北京T3航站楼采用均布的分散式点状天窗采光,利用室内条状吊顶板遮蔽了部分天窗的直射阳光,从而降低了光照强度,使大空间采光均匀柔和。深圳机场航站楼更是通过双层屋顶将直射光转换为漫射光,营造了一种梦幻般的室内氛围。高侧窗采光是通过改变太阳光的入射角度也是减少直射光的手段之一。高侧窗采光方式是利用屋面的高差起伏,让阳光从侧向进入而减免直射光的强度。即将启动建设的长沙西站根据客站人群分布的需求,形成高低错位的屋面形式设置屋面侧向高窗,既有效地避免了直射阳光,也营造出起伏变化的室内空间氛围,同时也生成了寓意"三湘四水、紫荆花开"的建筑形态。近年来,越来越多新技术采光方式被应用于大型交通建筑之中,

新近落成的台湾桃园机场航站楼扩建工程,更是创造性的通过光导管将自然光引入室内,矩阵排列的点光源根据航站楼的功能与空间分布,形成高低有序的空间效果,呈现出光与建筑交相辉映的空间艺术形式。

自然光导、反射照明——铁路站房对自然光的利用不仅存在于候车大厅,站房下部被自身遮挡的空间往往需要人工照明。当前,针对一些大型线下式铁路客站的弱光照环境,在设计中利用并适当放大铁路站场之间的距离间隙,形成采光空间,将自然光引入站台、线下候车厅、出站大厅或地下城市通廊,既解决采光问题,也为站房下部的空间营造提供了良好的环境。如杭州西站以及雄安站正在进行这方面有益的

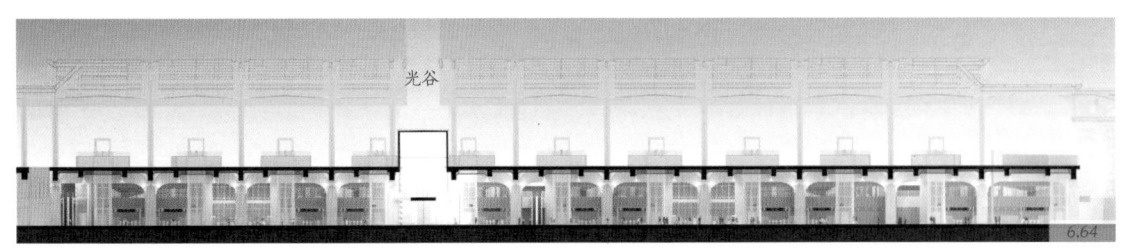

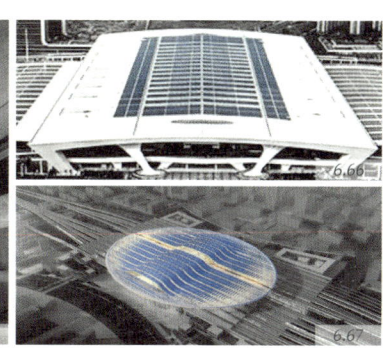

图 6.61 北京 T3 航站楼屋顶采光
图 6.62 深圳宝安机场航站楼屋顶采光
图 6.63 台湾桃园机场航站楼（扩建）屋顶导光管
图 6.64 雄安站"光谷"剖面示意
图 6.65 金贝尔美术馆天窗采光
图 6.66 杭州东站屋顶太阳能板
图 6.67 雄安站屋顶太阳能板

尝试，展开客站光环境设计的探索和创新。此外，建筑在引入室外光的同时，也可以将阳光作为空间塑形的手段。在纪念性建筑和博览建筑中，光对空间场所及形态塑造有时起到了举足轻重的作用。美国著名现代建筑师路易斯·康（Louis Isadore Kahn）设计的金贝尔博物馆就利用光的二次反射原理，突显了筒形拱的结构形式，成为光与建筑相互交融的典范，突显了建筑形态的技术美感。

光电转换——阳光作为一种不竭能源首先被建筑所利用，将太阳的光能转变为电能是当今绿色建筑获取能源的最主要措施之一。铁路客站一般比较低平，屋顶和站台雨棚的面积都较大，建造在日照充足的地方通常适合进行光电转换，如杭州东站、青岛站等站房和雨棚屋面铺设了较大面积的光伏电板。作为一种成熟的工业制品，光伏电板的规格和安装方式多种多样，稍加利用就可以成为建筑形式的表现性语言。新近建设的雄安站，因其采用线下候车厅的方式，因此站台上方的雨棚可形成连续的曲面，屋顶形式采用周边由通透的阳光板逐渐向中部隆起，并渐变为光伏电板，屋顶形态宛如粼粼波光以契合雄安水文化，在蓝绿交织的城市组团环境意象中又似荷叶上的露珠。

风的捕获与绿色环境渗透

绿色建筑获取可持续能源的途径除了太阳能、地热以外，从空间中获取能量，即风能的利用也是一个很重要的途径，在很多高层建筑中利用风能来发电已经成为这类绿色建筑的主要节能方式之一。由于大量铁路客站都是单层或多层建筑，在铁路客站中应用风能发电显然不具备条件，但自然通风和其他风能利用的热力学技术研究依然会驱动铁路客站空间和形式的创新。

自然通风与形式表达——自然通风是一项古老的技术，与复杂、耗能的人工空气调节技术相比，自然通风是能够改善气候环境的一项廉价而成熟的技术措施。通常认为自然通风有三大主要作用：提供新鲜空气、生理降温（舒适自然通

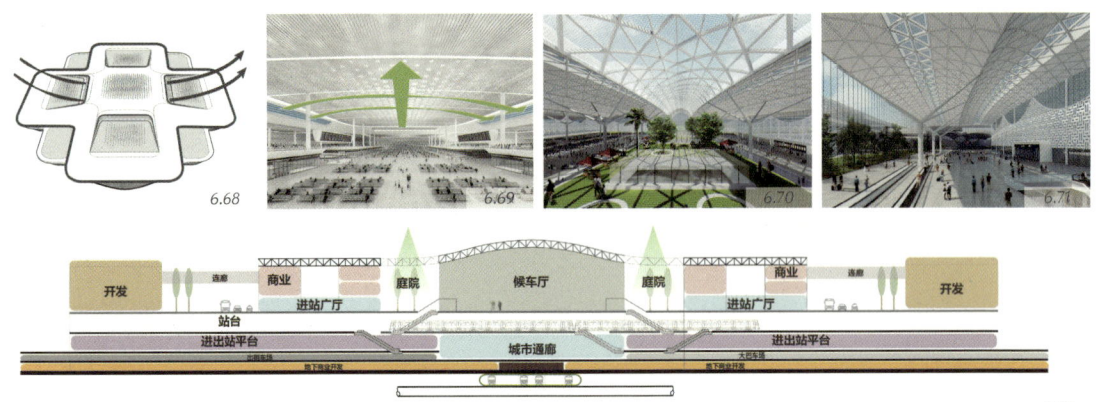

图 6.68 长沙西站自然通风图解   图 6.70 某铁路客站方案的"绿谷"   图 6.72 杭州西站方案设计庭院分布
图 6.69 长沙西站室内通风图解   图 6.71 某铁路客站进站广厅

风)、释放建筑结构中蓄存的热量。风压通风就是利用建筑的迎风面和背风面之间的压力差实现空气的流通。铁路客站进深较大,仅采用外立面进行自然通风效果并不明显,因此在屋顶中部设置侧高窗可以减小前后窗的距离,达到通风效果。风压通风受场地条件限制较多,其中风向的多变就会对通风效果产生很大影响。长沙西站站房屋面采用四个方向的侧高窗的技术设计案例,不仅有利于柔和的阳光引入,也保证大空间自然通风的时效性。

建筑庭院与空间营造——我国南方地区夏季闷热多雨,因此许多公共建筑和民宅多采用内庭院或天井的形式,利用院落中的绿植和天井的拔风作用,调节空气微循环、改善环境小气候,起到去湿、降温、换气的作用,同时为户外活动提供场所,营造室内外空间互动的宜人环境的景观。近年来,我国一些正在建设中的铁路站房设计以此为启示做出了大胆的尝试,如杭州西站设计将候车功能和进站功能完全分离,并在两者间插入了两条纵向的"绿庭",相当于将站房分割为三个部分而减小了建筑的进深,十分有利于季节性自然通风;同时,两个绿色庭院极大地改善了空间环境和视觉品质,为旅客营造了怡人、温馨的公共活动场所。另一些客站的概念方案设计也运用了绿色环境渗透的设计方法,兼顾站房规模,结合在候车厅和进站厅之间的功能和设施条件,规划了"生态绿谷",通过上部可开启窗调节、控制自然通风效果,起到了改善候车空间的微气候环境,为旅客营造"绿色温馨"的新时代交通建筑空间。

6.3 艺术表达成就文化审美

建筑的形态具有多重特性。基于"内容与形态"的关系时,形态是组织内容的方式;基于"功能与形态"的视角,形态是功能的表现;但基于"建筑与人"的关系时,形态又成为人的审美对象,彼时的形态将超越形态本体,而上升到形态再现的层面。人类审美不可避免地带有自身的经

验与主观情感，其中文化和艺术是人类文明的集中表现，因此建筑形态的文化性也是建筑的基本属性之一，并通过一定的艺术形式被表达。

6.3.1 文化与艺术内涵

文化的传递存在于一切空间载体中，也存在于一切宏观和微观设计中。其中具有独特性美学体验和获得公众认同的表达才能称之为艺术性。铁路客站作为当代城市环境中的重要公共空间，其文化性和艺术性的体现是综合性、系统性的，绝不是孤立的、拼贴式的。旅客在铁路客站中所接触的每一个界面，都是他们在感受、在认知铁路文化、公共服务和城市文明的过程。

客站的文化性

人类文化的形成是一个漫长的历史过程，并表现在物质和精神不同层次的各个方面。文化概念的宽泛也渗透于社会、历史、自然、人文的种种现象之中，文化也是无可被设计的，铁路客站建筑的文化性往往是通过技术设计和艺术设计而呈现。在感知层面，也可以理解为客站外部造型的意象表征以及内部空间的风格，所谓建筑的文化性实际上是需要通过一系列技术和艺术的形式作为媒介才得以被大众感知、认可，抑或是在历史的长河中得以沉淀并延续。

铁路客站建筑的文化性体现在自然、科技、历史和人文等多方面，涵盖甚广，是设计创作取之不尽的灵感源泉。运用具象和抽象、显性与隐匿的设计手法，又将使建筑形态的文化表征产生丰富的变幻。客站建筑的文化性是基于物质形式表达，而文化性表达也将影响客站形式的再现方式。因此，准确的文化性表达可以驱动铁路客站的形式表征赋予更多的人文精神含义。铁路客站建筑的文化性始终存在，只是呈现方式的差异或表现力的强弱有所不同。任何时代、任何地区的铁路客站都会在其形式表征、建造方式以及空间意象上，或多或少地传递着时代的、地理的、民族的文化色彩和烙印。我国最早的铁路客站源于西方文化和建筑艺术风格的移植，建筑形式基本是同时期殖民地国家的文化体现，如：青岛站、老哈尔滨站、沈阳站、老上海站等，无不例外地采用了西方古典主义建筑型制，留下殖民文化的印记。之后由第一代中国建筑师主持的大量铁路客站，多采用大屋顶形式而彰显中国传统文化的特色，即便在我国经济困难时期建设的一些铁路客站，依然以极其经济实用的方式显现简约的现代主义风格，甚至是以当时盛行的候车厅马赛克壁画，保持了具有地域性文化的时代特征而成为铁路客站的空间特色传统。显然，中国铁路客站的文化性表征拥有悠久的历史和传统，且成为中国铁路文化不可分割的组成部分。

客站的艺术性

"艺术是人类以情感和想象为特征的把握世界的一种特殊方式。即通过审美创造活动再现现实和表现情感理想，在想象中实现审美主体和审美客体的互相对象化。"[6]因此，建筑作品在承载人的某种情感。成为审美对象时，才呈现出艺术性。在新时代铁路客站形态和空间设计中，对客站所在地区的文化关注，以及客站服务功能和旅客行为情感体验的思考，优于客站基本功能规范设计的本身。单一从工程视角出发，为设计而设计的方式显然已经无法满足日新月异的社会需求更替。客站设计首要出发点，逐渐落在满足交通功能的前提下提升客运服务的价值，思考如何结合交通功能将人文、视觉、服务体验化零为整，呈现出一个协调的整体面貌，从而产生独特的艺术意象。铁路客站的艺术性一方面体现在客站建筑和空间自身对某种人文情感的传达和塑造；一方面作为艺术形式发生的容器，接纳相适应的艺术活动介入。

文化并不是一种标签或者专业使用工具，优秀的文化呈现于人们生活的各个细节现象之中而无所不在，并随时间潜移默化为社会文明风尚。建筑的文化性应该理解为建筑设计语言所拥有特殊文化含义的技术和艺术性表达，所以首先需要对建筑语言的准确理解，才能以艺术的方式烙印在建筑形式之中。

6.3.2 城市文化语境

在全球化与多元化并存的当下，尽管城市环境有趋同的现象，但是每一座城市仍保留有自己特有的自然、历史、文化语境，以展现自己独特的一面：北京除了有雄浑壮丽的紫禁城，也有烟火气息的胡同生活场景；上海拥有海派文化标签的外滩建筑群，也有石库门里弄的家长里短，更有陆家嘴国际金融中心的当代都市气质。铁路客站作为城市公共交通建筑既是一种文化形态，也是城市文化体系的组成部分，必然在城市环境之中浸染或者吻合城市特有的文化语境。

自然生态语境

我国幅员广大，地区间的自然气候、生态环境等都存在较大的差异。这些独特的自然生态环境造就了城市特有的自然景观：重庆湿热的山城文化；兰州凛冽的西北风情；厦门通透的海滨特色等。这些山川、河流、湖泊、海洋，干燥、潮湿、寒冷、酷热等构成了城市不同的自然生态景观要素。建筑形态在融入城市建设环境的同时，也将成为与自然生态环境呼应的重要元素，统筹考虑城市环境的自然生态要素，构建和谐有序的特色城市风貌。

在铁路客站建筑方案设计中体现不同地域的自然生态特色是设计创作的一种方式。独特的地域文化、城市精神为客站设计提供丰富的创作源泉，综合考虑自然气候、地形地貌等环境条件也体现了铁路客站设计的生态文明理念。京张铁路八达岭长城站位于八达岭景区东侧，周边群山环抱，站房采用简洁几何体量组合削弱站房大尺度感以吻合周边自然环境，架空处理以与环境渗透，厚重毛石材料的应用以呼应北方寒冷的山区气候特征。客站建筑形态设计在利用新技术和现代建筑审美的前提下，从地区自然生态环境入手，归纳特征形成立意，尊重自然环境特点，在尺度控制、空间布局、形态塑造乃至材料肌理、色彩运用等方面，成功地使铁路客站建筑与自然环境融为一体。

图 6.73 八达岭长城站
图 6.74 沈阳站老站房
图 6.75 沈阳站扩建站房

历史文化语境

每一座城市都有各自的历史发展历程，现在不同，未来更不相同。铁路客站作为城市中参与构建人们日常生活的重要建筑场所和凝聚社会情感、孕育社会文化的舞台，记录并见证了城市的历史、现在和未来而成为人类社会文明的载体。因此铁路客站设计创作需要在城市丰富的历史文化语境中准确定位，并在此基础上寻求创意的核心与表现力；需要秉持城市特色，传承历史文脉，用心揣摩并尊重城市的特质文化和未来愿景，使之在建筑形态中充分呈现。

沈阳站距今已有一百多年的历史，是东北地区原中东铁路和南满铁路沿线存留下来保持历史原貌为数不多的车站之一。站房整体为"辰野式"风格，由日本建筑学家辰野金吾的两位弟子承接设计并沿袭了其师东京站的设计方法：轴对称布局，主体红砖墙面嵌白色装饰线脚，经典的三段式分隔，两侧角楼对称设置与中央铜绿色穹顶呼应。站房整体构图匀称，细部比例良好，具有较高的历史建筑价值。2012年沈阳站扩建为高铁车站，在既有老站的历史建筑语境中，修复和扩建工程同步进行。新扩建的高架站房以半圆拱形为主体，配合简洁几何形体基座构成，建筑材料采用干挂陶土板和白色铝板线条装饰，色彩和手法上延续老站房风格，同时保留了老站的进站功能，使新老站房和谐共生。沈阳站的改扩建工程不仅保留了人们对沈阳老火车站的情感记忆，而且更新了其运作机能，使沈阳站能够满足新时代铁路客运需求。

时代科技语境

建筑是历史的缩影、石头的史诗、时代的写照，也是社会经济、科技、文化的综合反映，时代精神决定了建筑的主流风格，时代科技则成就了建筑的创造实现。新时代铁路客站，无论外部形态或者内部空间的塑造，都注定会应用新结构、新材料、新技术、新设备等时代科技产物，表达先进的科技观念，体现时代交通建筑形象，展示新时期中国铁路文化，以适应公众的时代审美。

图 6.76 蓬皮杜艺术中心
图 6.77 里斯本东方站
图 6.78 里昂机场站
图 6.79 柏林国会大厦穹顶

时代科技代表了最先进的社会生产力。"高技派"建筑设计风格也被称为"晚期现代主义"和"结构表现主义",盛行于20世纪中叶,以表现高度的工业技术和崇尚机器美学的技术语境,展示了时代建筑的高科技成就,虽然时常被诟病为冰冷的机械美学,却以独特的技术设计逻辑和夸张结构表现手法赢得了社会和学界的关注,一度成为时代审美的建筑风尚。法国蓬皮杜艺术中心、里昂机场铁路客运站、葡萄牙里斯本东方火车站、德国柏林国会大厦扩建等一批反映人类高科技成果的公共建筑作品,在今天看来依然表现出人类对建筑未来的期待和向往。当日趋成熟的先进技术呈现于当代铁路客站,将改变传统建筑的设计语境而给人以未来感。时代科技语境下的未来铁路客站设计创作,不再仅仅是夸张的结构形态表现,而是融合现代数字化信息、多媒体、人工智能等建造方式的综合展现并予以情感上的人文关怀。

6.3.3 建筑语义传达

建筑设计在感受空间的文化意义上可类比文学审美,建筑及其空间环境设计拥有自己的特殊语言让受用者感知,并在不同的语境和语义下表现出全然不同的气质,轻灵如一首诗歌,坚忍如一篇檄文、恢宏如一部长篇巨著。随着多层次的序列空间展开,以建筑专业语言组织,表达形态各异的空间意象,有一目见底的清澈,或娓娓道来的生动,更可以是意犹未尽的缅怀。

建筑语汇的组织逻辑

强化特征性——当人们漫步于建筑空间时,由于视觉的局限,通常不能马上把握总体,相反,进入视野的总是局部的空间场景片段,此时细部设计便承担着"管中窥豹"的作用,或述说或暗示,透过细部让人们更好地去体验、感受建筑空间整体所传达的设计意图。由于铁路客站往往是城市中大体量的公共交通建筑,拥有广泛的受众而显得尤为如此。因此在其细部设计中,尤其是一些重要旅客活动部位,需要注重突显细部设计的文化意向，结合功能、构件、材料、色彩等进行重点刻画，也可能通过铭文、绘画、雕塑等艺术创作，以特别纪念与城市或客站相关的历史事件或人物。突出重点细部空间或场景的象征性意味表达，在客站建筑整体设计中往往能起到画龙点睛的作用，并为人留下深刻记忆。

内涵关联性——建筑细部设计反映建筑整体与局部之间的本质关系，细部的比例和构图、材质和肌理、色彩和风格，都需要服从于建筑空间造型的总体原则和整体语境。或者说细部设计需要成为整体建筑形态的有机组成部分，而不宜孤立地表现局部，如拼贴般独立存在。建筑的细部是构成整个建筑系统中的一个环节，需要整合为完整的系统协同表达设计构思意图，铁路客站就是由一系列相互关联的细部共同构成了一个以旅客进出站流线为主导的序列空间。从进入到候车到站台，再从站台到出站通廊到出站厅，散布于这一系列的"线性"空间之中细部元素，处于外部造型或内部环境，都可能通过相同或相近、并列或递进的关系，不强调夸张的形式而隐约呈现其内涵，传达和暗示主旨的设计概念意象。或连续的空间记忆，在相关主要细部元素共同作用下，以相互关联的整体空间形态体现铁路客站特定的文化含义。

呈现综合性——概括地讲，铁路客站的建筑语义就是由其细部语汇通过一定的组织逻辑和相协调的表现方式综合传达特殊的客站文化意境。往往在大型铁路客站的形态空间塑造中，以"点、线、面、体"逐层展开的设计逻辑应用于建筑细部表达，形成不相对立而相呼应的协调关系。借助建筑细部材料、色彩、肌理、结构等语汇，通过对构件的点缀、要素的关联、符号的重现，综合构成和谐的布局、有序的空间、明快的形态来传递特定的趣味、意境和愿望等情绪。这种由旅客自身感官对建筑语汇构成的细部或整体做出的有意识的反映，即成为建筑所传达的语义和语境的响应。

建筑语义的表现方式

节奏与韵律——节奏原指音乐中音响节拍轻重缓急有规律的变化和重复，韵律是在节奏的基础上赋予一定的感情色彩。前者着重运动过程中的形态变化，后者是神韵变化给人以情趣和精神上的满足。建筑素有"凝固的音乐"之称，铁路客站往往由于其体量和自身的空间特点会出现某些构成要素呈现出节奏和韵律的美感。通过构成要素单元按照一定的秩序排列而产生的整体感，增强客站建筑作品的情感因素和感染力，引起共鸣，产生美感。

对比与反差——在铁路客站的建筑创作中可以通过建筑要素之间不同度量、不同形状、不同方向、不同色彩和材料质感的对比和反差，形成相互映衬而求得空间层次的变化，塑造出和谐而又富有变化的客站空间环境关系。通过刚柔对比、虚实对比、明暗对比、连续与间断等设计手段，产生视觉反差，营造视觉中心。运用材料的色彩和质感、构件的简洁和复杂的反差关系，表现建筑在时间和空间中被感受的丰富层次。

图 6.80 苏州站菱形单元屋顶
图 6.81 拉萨站立面色彩

材料与色彩——建筑形态的产生离不开对具体物质材料的依赖，细部要素的形态必须依附于具体的物质材料而存在，对材料特性的把握是完善细部视觉创作的重要方面。不同的材料都有自己独特的个性和代表的设计语言，合理选材、物尽其用，了解并掌握材料的性能。色彩和肌理的运用，意味着可以在特定的空间场景中合理地表述材料自身的语义，其中，色彩是艺术表达中最具影响感知氛围和传递情感的要素，却也容易造成空间的视觉紊乱。从色彩实验中可以证明，人在正常状态下观察物体时，首先引起视觉反映的是色彩，在形式构图中，色彩与其造型要素相比具有独特的作用和效果，色彩特有的机能和错觉，可以改善建筑环境中的不利条件，但也可能相反而形成视觉导向的障碍。因此，在铁路客站建筑造型和内部环境中，色彩首先要服务于交通功能的导向关系，基于稳定的秩序而生成丰富的空间色彩变化，与环境融为一体，创造统一而具有高度可识别的空间引导性。既要充分利用，又需谨慎使用材料的色彩与肌理的表现性能，理解不同色彩所传达的情感语义，才能创造出生动而有序的、具有交通建筑特色的空间艺术效果。

传承与创新——建筑空间是情感记忆和传递的载体，传承昨天，今天也终将成为明天的记忆。铁路客站细部设计创新的基础源自于对铁路文化精髓的传承更新，对现代科技的认知应用以及对未来发展的高瞻远瞩。中国铁路百年，留存了许多经典的建筑文化财富，它们见证了历史和文明发展进程，早已成为一个城市的符号并留传至今。历史上，包括中国近代和早期现代铁路客站建筑，都留下不同时代的痕迹，正在受到城市化进程的冲击以及铁路客运新需求的挑战。面对这些客站被拆与留的问题困扰，需要在当下做出理性的评估和回应。总体而言，为数不多的近代铁路客站需要全面保存，更需要得到修缮、保护和利用；而那些新中国早期的铁路客站，同样是时代进步的阶梯，尽管当时建造的经济和技术条件较弱，目前的适用性较差，但作为历史发展的产物和城市文明过程的见证，应当尽可能地保留，并在适宜条件下进行技术改造和扩建，以获得客站文化的延续和社会认同，且满足当代使用。只有充分体现对历史建筑和文化艺术的尊重，才能在固有的基础上提升和进一步发展、创新，传承历史赋予新时代的责任和使命。

注释：

[1] 19 世纪法国作家雨果.

[2] 齐康. 建筑·空间·形态——建筑形态研究提要 [J]. 东南大学学报，2000，1：1-9.

[3] 亨利·列斐伏尔. 空间的产生.

[4] 郑时龄. 建筑批评学 [M]. 北京：中国建筑工业出版社，2001.238-239.

[5] 双向渐进结构优化法（BESO）Bidirectional Evolutionary Structural Optimization，是近年来兴起的一种解决各类结构优化问题的数值方法。其原理是通过同时删除和增补单元，使剩下的结构逐渐趋于优化。

[6] "艺术"释义源自《辞海》。

"秩序"是构建社会文明的密码,"活力"是释放客站动能的枢轴,"共生"是开启城市智慧的钥匙。新时代,站-城关系开放、融合、协同发展的终极目标是:秩序构建、活力激发、价值创造。

柒

站城融合与协同发展

交通引导构建站城秩序

多元融合激发站城活力

协同共生创造站城价值

纵观铁路客站于城市之中的发展历史，客站与周边城市地区始终是繁华与冲突共存的场所，既相互影响又相互促进，各种因素趋使矛盾产生，而又因各自机制的调整达成新的平衡并周而复始。其矛盾的根源，是双向平衡性的落差、协调机制的薄弱、秩序的缺失或旧有秩序无法适应新的问题，并表现为一个持续的过程，始终在不断生长和更新，而非是一种终结的平衡关系。

7.1 交通引导构建站城秩序

自然界的秩序是天然形成的，人类社会的秩序是人类脱胎于自然界而出现，并由人的能力提升，在不断发展和追求自由的活动过程中被逐渐创建起来。由此，铁路客站与城市的理性发展，在国家交通战略指引下正在构建起新的秩序。

7.1.1 站城关系解析

铁路客站与周边地区的关系不仅仅是双向的边界关系，包含了历史传承、环境结构和城市区域系统发展的关联性问题。

时间向度延续

铁路客站原本是城市的组成部分，属性也并不相并列，站始终从属于城的辖区，与城市并肩发展，而不可能是一种分离状态，这几乎是我们当前的认知和共识。但从时间维度看，铁路客站相较于城市的其他类建筑有很大不同，尤其表现在以充沛的交通、人群资源活力推动城市发展的方面，是多数其他类型的公共建筑并不具备的特点，并在经济、产业、环境乃至文化领域都将持续对城市形成冲击影响，在很大程度上，铁路客站的定位取决于城市与城市间的战略发展关系。但这也并不意味一旦客站建成营运，站城关系即刻改变或致使城市快速发展全面正向演进的因果关系。而往往是一个由时间演变的循序发展过程，在这个过程中站城关系会因为来自政策、交通、环境、产业、社区等各个方面的影响产生持续的矛盾转换，逐步生长、成熟而趋于稳定。早21世纪初，我国东南沿海城市经济快速起步，城市间距小、密度高，公路交通日趋发达并成为沿海地区的主要交通运输方式。2005年启动2010年开通的广珠城际铁路，虽然是在广东境内第一条连接广州到珠海的重要城际通道，但在这种特殊的背景下，并未全面体现出高铁的优势：由于一些站位选址，行车密度等多种原因，客站周边区域城市发展响应相对缓慢，私家车出行依然高

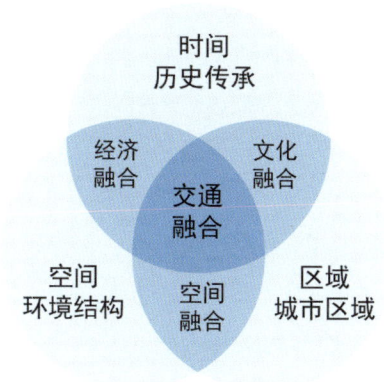

图 7.1 站城关系解析

比例占据城市交通的主导地位。因此，开站早期客流量表现平平，城市对新交通出行方式关注不够。随着高铁网成型，广珠城际铁路开通一年半后，客运量超过2700万人次，2017年上升到3560万人，2019年全年客运量达到5780万人次，促使沿线客站周边地区的城市规划建设也正在有序推进。[1]

多数情况下，新建铁路客站与城市的基本关系如此，并随时间的推移，双向始终会保持自身的机制更新。而那些早期建设的客站，却已嵌入了城市整体的发展，形成另一种发展态势。早先聚落状态形成的城镇生活体系显然与铁路无关，工业革命之后，铁路才开始为城市服务，因为早期铁路机车的动力系统给城市带来的困惑和干扰无法解决，所以一直是将铁路客站适当与城市分离而形成对接联络的基本交通关系。然而，铁路客站的发生和成长并不完全以城市的意志而改变，相反在不断的人群流动和时间的推移下产出独特的客站周边环境，相伴混杂、无序并蔓延的社会现象却依旧保有相当的需求与区域活力，因为偏远城市的土地资源丰富、廉价，适合平民阶层的栖息。

铁路机车技术发展和城市土地的扩张拉近了客站与城市相互之间的距离，使两者间的临界关系转化为嵌入的融合关系，尤其是高铁的出现，低噪音、低污染技术大大降低了铁路客站对城市生活的影响，使城市建设与客站地区关联越加趋于紧密。但同时更大的客流交换产出新的能量，又再次使周边区域迅速膨胀，土地升值、贸易频繁、交通拥堵，形成物理上的连接紧密，而造成社会关系下滑。这正是我们当前面临的困境，站与城建设互动的时序影响、协调机制决定了其矛盾与统一的辩证关系，其良性的协同成长方式理应是：城市产出客运资源，客站反哺城市进化。

空间向度构成

同样是城市对外的客运交通建筑，铁路客站与城市的空间关系明显优于航空港，而可以保持站城在空间形态上的高度融合关系。由于交通工具和运输方式的不同，航空港基本位于城市的远郊，并因受航线及飞机起降安全性控制的影响，通常远离城市建设，周边建筑空间高度受限，可达性条件也相应被制约。即便是上海虹桥枢纽这样的空铁联建方式，区域城市发展依然围绕在铁路客站一侧，无论地上和地下的立体化联合发展，都使客站区域建设空间享有更优越的城市环境条件。另一方面，铁路客站与航空港又有着相似的空间规模、建筑体量、庞大的车行交通流量等问题，而土地资源利用、建筑空间尺度、城市景观等，也都将对区域城市的空间环境结构产生相应的影响，这在一些特大型城市中尤为明显。

新建铁路客运综合交通枢纽与区域城市发展的空间融合与协同关系，总体上，正在逐步趋于规划先行、交通引导、空间复合、环境共享的发展规律，在前期建设经验的指导下，以因地制宜、统一规划、分层、分区、分步计划的发展理念有序推进。值得注意的是整体区域的前瞻性、针对性、可行性和持久性问题，理论上的合适未必等于物质空间结构上的可行，从点状的客站空间建设引发客运枢纽交通的成型，到持续外扩连接区城市空间并与之融合、协同发展，包含了客运量预测、空间规模控制、高低密度选择、交通容量冗余、业态结构弹性等多项矛盾问题以及不确定因素，都将产生不同的空间环境关系和空间构成模型，导向不同的站城互动关系。

城市发展的时空变迁，更需要面对的依然是历史车站与相应老、旧城区的更新，以及已建成客站的持久发展，这些需要在既有站城条件制约下的扩大发展，会变得更加困难重重。原有的秩序将变得难以适应，土地属性、交通整合、空间环境等矛盾问题上升，并很可能严重阻碍新时代的城市发展进程。显然，独立研究铁路客站本体的问题和发展方向，并不能解决其扩大范围的城市问题。所以必须将客站与周边地区的城市空间共同发展纳入整体的系统性研究范畴。

区域向度定位

基于城市区域生活场所的站城空间关系研究，是以站城活动行为为基础的铁路客运综合交通枢纽区域城市发展战略研究，建构以点连线、由线成网、逐步辐射周边区域的空间发展态势，显示出新建客站于城市空间发展所起的作用呈逐渐外扩的规律性状态。

目前，在中小型城市，铁路客站建设保障了人们出行需求，促进了区域经济发展，缩小了城乡差距，但这些并不意味着有了车站便可携手城市放大开发量。由于所处地区的城市规模，人口总量以及经济发达程度的差异，站城关系尚存在许多不确定因素，协同建设发展仍需缓步推进，尽管新建高速铁路为城市带来诸多便利和资源，仍然不能盲视这些因素而急于扩展。更需要准确定位城市或地区发展方向，研究可行性计划，拟定近远期交通、土地、产业的前瞻性发展规划，并在可控范围内推动实施。

在大型城市或经济发达地区，高铁车站的未来建设孕育着巨大的潜力。庞大而比较稳定的高铁客流为综合交通枢纽地区的开发带来了大量的可能性，使得众多大型客站成为周边区域发展的核心，并将推动城市建设。北京南站、广州站、南京南站等大型客站建成后，周边城市区域快速发展成长的事实证明，铁路客运综合交通枢纽促进城市经济、产业、文化发展的附加值远高于客站建筑本身。

可以看到，客站转型为综合交通枢纽地区规划的核心是基于纯粹交通组织设计的放大，导向区域城市性问题的综合关系研究。一个方法上的重要特征，是区域城市设计的介入，依据上位规划进行区域城市结构调整、空间结构优化和景观环境细化，尤其是对特大型客站周边区域，包含了综合交通组织、土地利用、基础设施整合、产业结构分布、城市业态定位、密度控制、步行体系和空间形态等，构建区域范围合理布局、整体发展的系统框架，催化并推动城市功能结构的完善，带动城市经济、社会、环境的全面进步。

站城关系复杂，需要探索、发现其内在的发展规律和秩序，通过时间线索展开对历史与文化脉络的分析，运用空间法则梳理产业功能与自然环境的架构，拟建完善的区域系统保障交通与地区经济的活力；深入研究与城市经济、文化和环境结合，保持核心优势，以免交通量的叠加而产生的拥堵以及过度的中心区域同质化竞争导致产生的虹吸现象；营造交通主导的城市多元化公共场所，构建整体开放、共享、秩序、平衡的站城关系，创造城市的健康和持久的生命力。

7.1.2 TOD 理论模式的适用性和局限性

根据我国大型铁路客站与周边城市融合、协同发展的适应性条件，公共交通为导向的发展模式首先是强调城市交通的"公共"性，是以城市公共交通枢纽和铁路客站为核心，倡导有序的高强度的开发、混合的土地利用，良好的步行环境。其重要内涵就是创造枢纽地区的交通价值、经济价值、社会价值的联动效应，为站城融合、协同发展提供了有益的参考和借鉴，有助于形成合理、自治、高效、怡人的客站与城市空间环境，促进并建立区域联合发展的站城公共秩序。

理论模式特征及作用

在西方诸多城市设计理论中，TOD 理论模式注重城市发展与公共交通相结合的独特性为国际和中国学界认可，并为当代世界许多发达城市和地区关注。TOD 理论模型提出了城市和邻里两个不同的规模量化等级，认为城市可有多个不同层级的 TOD 关系形成，具有城市规划设计方法上的普遍性意义，其实践的特征、作用和基本操作原则是建立以城市公共交通为导向、以步行活动为基础的区域城市（社区邻里）结构体系：坐落于公共交通沿线，形成有公交站点支持的核心区域土地开发；建造适宜步行的街道网络，连接社区公共建筑；混合多种类型、密度和价格的居住社区；组织零售、办公、居住、学校、开放空间与公共服务设施分布于适合步行（自行车）易达的环境内，方便社区出行；保护区域自然生态资源和环境景观，营建公共活动空间并使之成为社区生活的中心，鼓励并支持在既有公交走廊沿线设施填充式开发或再开发。

TOD模式源自美国学者在20世纪90年代提出，随后在欧洲多国、日本、中国香港等地都有广泛的实践。原本适用于美国本土解决城市郊区低密度蔓延的无序发展状况和区域小汽车交通与环境的矛盾冲突问题，被进一步扩大至中心城区大运量交通、土地与空间关系一体化整合的发展方式研究。特别是日本依据有限的城市土地条件，凭借丰富的开发与成长经验，成为TOD模式导向紧凑型、高密度铁路和城市轨道交通车站区域开发的集大成者。在一系列被扩大化、本土化的TOD模式实践与应用中，其特征表现暗含一个指向明确的规律：无论是新建客站还是既有城区的改扩建客站，交通组织还是空间结构，土地利用还是业态分布，在站城互动发展关系中，都需要达成一个合理的、开放的交通秩序构建，并形成周边区域城市未来土地开发、利用的量化规模雏形和整体基础框架。

站城问题导出

参照我国目前的大型铁路客站建设现状，基于对TOD理论模式的特征拓展分析，从城市视角观察，一些突出的站城间矛盾焦点问题和现象，基本表现在城市综合交通组织、区域规模、路径导向、环境控制、土地属性与产出利益分配等多个方面。

关于站城交通设施问题。目前多以地面、地下或高架桥机动车交通，以及城市轨道交通接入大型综合交通枢纽，在轨道交通尚未成型地区，机动车交通则成为最主要的城市客流集散方式并形成完备的道路、桥梁设施以及大型停车场设施。因此，矛盾问题将出现在未来转化以城市轨道交通为主的公交化出行交通模式情况下，而相关当前交通空间和设施的再分配和利用方式。

关于站城规模控制问题。从理论意义上，区域发展规模和覆盖范围可以通过预测和严谨的计算获得，并依据TOD圈层模型的步行可达性条件被确定。但还是会因为立体化空间的分层组织、路径的复杂变化以及开发规模带来的利益和风险而变得微妙并难以准确测定。另一方面，从TOD模式出现的依据条件来看，应该更有效于大客流量通勤和发达城市地区，并且具有高铁和城市轨道交通的共同参与的特征。

关于站城地区更新问题。更复杂的情况是客站与周边区域的城市改造更新，将面临既有城市风貌保护、人口增长、自然环境破坏、基础设施缺失、城市交通割裂、产业结构变迁等文化因素、经济结构、空间规划、高密度环境改造、利用乃至征地拆迁的种种困境，使站城关系处于紧张、对峙的状态。

关于站城经济效益问题。良好的站城关系，也将带来可观的经济利益。但这些利益的来源与分配却一直成为长期以来站城双方的矛盾冲突点。宏观经济调控主导下的早期国家政策，为当时铁道部在铁路引入城市后建站，划拨了部分临近客站的土地资源,以红线为界用作于铁路机构的生产生活设施配套用地,权属归铁路系统所有。随着时代的变迁,铁路系统政企分离,国铁集团成为国家企业,开始走向全面自主经营模式。在新一代铁路客站改造建设中,在先进技术的支撑下,早年的配套生产生活用房在一些发达城市被整合入铁路客站建筑而融于一体,置换出的这些土地处于客站周边的显要位置,却由于土地性质的差异又难以纳入城市土地开发的一体化规划设计;更多的情况是关于铁路站场上盖的竖向空间利用带来的土地开发问题,由于目前没有相应的政策出台,难以界定铁路站区的盖上土地属性,再加上铁路自身的安全保障问题,导致站城关系在土地性质和权属问题上出现困境,并相应影响这些可能被开发利用的土地所产出的利益。这些在总体规划设计上可解决的问题,却因为受政策和不同的机制管理的影响,成为难以逾越的障碍和瓶颈。

因此从持续发展的站城关系中可以看到,今天的铁路客站正在以进一步开放的姿态有效促进城市建设,地方政府比以往更加重视铁路客站建设和站城关系的融合,以综合治理区域环境。但目前确实还存在一些矛盾问题和协同发展中的短板情况:

站城融合协同发展的理论需深化研究——基于国情不同,路情不同,城市发展环境迥异,指导新时代站城融合协同发展实践的基础理论尚需进一步研究、探索、实践。

站区规划与城市规划融合度尚需加强——铁路客站站区规划与城市控规、详规的融合度在整体性、协调性、系统性、互补性方面有待进一步加强。

综合交通枢纽经济潜力未能有效释放——铁路交通枢纽区域的综合开发受到多边利益制约,各类资源共享开发程度不高,枢纽区域经济与城市活力未能得到充分释放。

管理协调机制机能有待持续完善提升——枢纽区域综合配套设施不尽完善和健全,使部分地区的进出站客流交通对接不畅,城市客流安全、便捷、舒适出行的综合效率有待进一步提升,管理协调机制有待进一步加强。

站城秩序建构

TOD理论的圈层结构模型以步行可达的测算方法,为铁路客运综合交通枢纽与区域城市发展的规模控制和量化提供了有益的借鉴。我国大型铁路客站由于客流量、空间规模和土地权属等多方面因素与国外的差异性,站城融合关系呈现比较特殊的功能分布情况,其中内(核心)圈层往往是以铁路客站自身的内在功能为主。以客站进、出站为圆心、300~500m为半径,形成紧密联系客站的中圈层,在此空间范围内主要以铁路客流活动为主并渗透城市活动,形成站城双向混合功能区域。由此外扩至以轨道交通、公共巴士站点为间距的空间范围延伸设置方式,明确了公共交通组织的空间结构分布逻辑,外围可半径扩大至800~1000m,形成外圈层,规划土地性质以城市产业和社区生活为主。

207

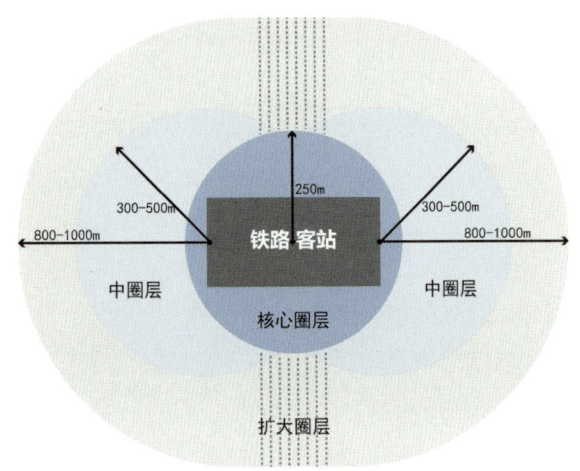

图 7.2 站城融合圈层范围图解

无疑，铁路客站的线侧式、线上或线下式以及线端式站型结构，结合两端进站、双侧腰部进站以及上进下出、上进上出、下进下出的组合流线模式，已经为客站的对外（城际之间）联系形成了良好的交通秩序。关于城市综合交通组织的阐释，铁路客站的对内（城市公交系统换乘）交通组织问题，在前文中已有论述，主要依赖城市综合交通中心的空间组织转换铁路客流与城市人群为站城关系的焦点，通过人流行动路径、各类公共交通（轨道交通、公交、出租车）场、站的合理分布、适度的步行距离、渗透多元业态服务而建立站城临界点之间的有序互动关系，并作为推动更大外扩区域发展的核心辐射影响，形成中圈层的交通组织和导向秩序。其不确定的或可变的因素在于客站站型的空间结构关系差异，立体化、多方向的步行流线组织体系，以及成为核心场所空间的多元性、多义性。

从客运综合交通枢纽核心内圈到周边地区中圈层范围的站城关系中可以发现，紧密的交通衔接是区域秩序建立的最重要结构逻辑以及供需关系形成的依据，交通空间及配套客运服务的功能分布、适宜的空间环境、清晰的导向系统，合理嵌入于刚性交通需求的人性化组织体系；中圈层发展模式则转化为以公共交通设施分布和土地开发定性的发展理念主导方式，其空间秩序的建立主要依据与上位区域规划对接，与内圈层的系统交通条件对接，优化城市道路网结构、街区容积率密度和空间尺度，并预留更为扩大的外围圈层空间衔接条件；系统扩展至外圈层，则呈现城市人群活动主导而客站交通弱化、递减，城市功能强化、递增的趋势。因此，站城融合、一体化协同发展的核心秩序是枢纽地区由站而城、由强至弱的公共交通组织方式为主要决定因素，空间营造、自然环境、业态构成等其他关系则需要结合进一步综合评估、可行性研究以及城市设计等方法、机制得以全面确立。

铁路客站与周边区域所产生的矛盾与混乱，是因为相互间机制约定和管理规则的缺失，形成随机的、无效的状态，各自产出的能量被无谓地消耗。而建立秩序就是让站城关系在一定的规则下相互作用并持续优化、有效地存在。由于各个城市自然环境、经济条件、政策法规的差异性存在，基于客站内部和外部的作用与反作用以及对区域的吸引与排斥间矛盾关系，也将形成自更新、自维护的能力。所以，客站地区的秩序是基于各种相关因素的关系变化和运动条件而具有动态的结构形式。上升到整体城市的秩序建构层面，则涉及自然、社会、文化等更广泛、庞大的复杂因素综合产生。人的意识能动性和活动能力的不断提升，以自然选择主导过渡到人的社会选择，从自然秩序，质变为社会秩序。生命既不同于机械的物理现象，也不同于化学现象造就的物质形态，而是充满活性的复杂生物系统。与自然秩序相比，人类社会秩序不仅更富有动态性和变化性，而且具有人与社会的价值属性和再发展的方向性。

7.1.3 理论模型实践及差异

高速铁路客站自诞生起，始终扮演着城市最大运量的公共交通中心、连接各种城市公共交通工具的角色，并在其修建之初迅速与城市交通紧密结合、共同发展，这种状况与TOD理论模型虽然都以公共交通为导向的发展相似，但在不同的城市规模和交通能级条件下，解决问题的方式不尽相同，借鉴并丰富TOD理念，走结合国情、路情的城市交通和谐发展之路，将成为未来铁路客站建设与城市协同发展的主导方向。

国际经验及模式借鉴

高铁在中国的迅速发展开创了前所未有的广阔前景，并走在世界先进铁路技术的前列，铁路客站建设则以十年建成逾千座的事实令世界惊叹。但必须清楚，这只是在较短时间内获取的成功，而不可盲视我们依然缺乏经验，我们并没有完整经历过西方发达国家在工业革命后的大发展与大萧条，以及这种大起大落过后带来的深刻反思而为日后城市建设积累的宝贵经验，也不够了解其困境背后的深层社会原因。尤其在某些城市或地区由铁路客站与中心城区形成的矛盾，并在之后被化解，而再度引发冲突再次改造更新，历时半世纪或更长时间的持续，最终成为都市中有序的繁荣区域的完整过程。

以Grand Central Terminal命名的美国纽约大中央火车站就是其中极其典型、值得研读的优秀案例。纽约历史上最早的铁路通勤车站设在曼哈顿南端的城市中心（下城区），1854年纽约政府通过一项法案不准蒸汽机车进入42街以南区域，于是1869年新成立的铁路公司花两年时间在42街建造了纽约中央车站，即现在的大中央火车站前生，成为19世纪全美最大的火车站之一并促进了周边地区的蓬勃发展。然而，铁路客流增长、城市扩张以及蒸汽机车对环境的严重污染始终伴随且困扰城市的发展，1903年铁路公司开始重新改造扩建车站并同时进行铁路电气化改造，规划将铁路线全面迁置于地下

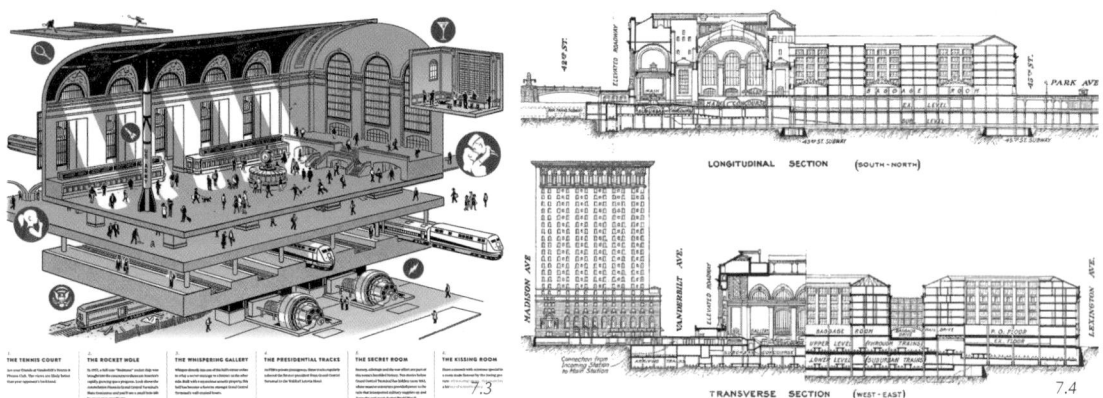

图 7.3 纽约大中央车站剖透视图
图 7.4 纽约大中央车站剖面
图 7.5 奥斯陆中央车站改造方案组图

与城市通勤捷运线衔接换乘，而释放出地面土地以控权转移出让的方式进行城市开发。历经十年建设，于1913年这个宏大的改造计划实施落成，也就是今天我们所见的位于曼哈顿中城42街与公园大道路口的"纽约大中央火车站"。在之后纽约城市历史的发展进程中，车站又多次遭遇了来自经济起伏与车站适应性矛盾的种种不堪和危机，而置于被拆毁的险境，但还是被艰难地保留下来，历经多次改建、更新，保持与曼哈顿中城区同步发展，成为城市中最重要的公共交通核心，且辐射影响至上城区的建设，至今被世界公认为是纽约历史的地标和公共艺术中心，并依然是世界上最繁忙的火车站之一。大中央火车站既作为曼哈顿对外铁路交通，拥有庞大的地下双层车场、44座站台、31+26条股道的客运枢纽中心，又是市区外循环系统四条郊区通勤铁路线与市内轨道交通的交汇点，成为曼哈顿城中地下空间的媒介。尤其在今天来看，大中央火车站并不仅仅是以庞大的规模容量和繁华的街区景观闻名遐迩，更令人惊叹的是它建造并不断的更新历时一个世纪之久，结合了不同时代技术和艺术的成就，修复了历史与文化的脉络，展示了环境与商业的昌盛，以持久的活力运作，全面融入城市中心区而享誉世界。甚至还包括了当代的许多铁路技术成就：叠合式地下站场、桥建合一、高架车道、大跨度空间等高度整合为一体，以及诞生了铁路车场、线路上盖土地空权转移出让的联合开发政策。今天即便是从空中俯视，站城关系高度融合，几乎看不到铁路与城市的明显冲突。

挪威奥斯陆火车站（Oslo H）的成长与将要发生的变迁，也为我们提供了良好站城关系的视点。该车站是欧洲典型的尽端式地面站，类似我国的青岛站，一端引入铁路，三面邻接城市。客站规模和日均15-30万（远期预测）的客流量与我国相近规模的城市相比，并不算太大。轨道交通在地下引入车站，车站外围地面区域基本为人行交通，站前小体量组合商业空间形成的城市街区与周边环境保持了良好的空间秩序，未来扩大开发的高层建筑紧凑地嵌入车站一侧，

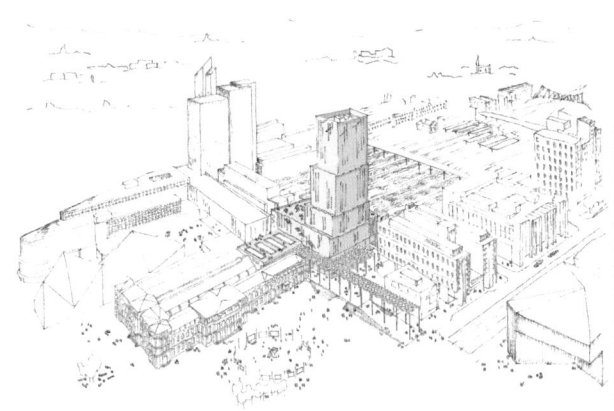

贴临车站正前方平行架起条状建筑功能体块犹如空间连廊连接两侧高层建筑并延伸至城市滨水开放空间，同时地面客流可穿越其中连接既有商业街区，以紧凑用地、适宜尺度的植入式空间开发模式营造活力，融入区域城市环境。

在一些重要城市的土地资源和人口密度问题上，日本中心城市的情况与我国较为相似，但在铁路交通枢纽规模和土地资源的利用方面又不尽相同，似乎也难以用初始的TOD理论模式展开解析。尽管在建筑文化和谐性上饱受争议的日本京都站，却仍然是站城环境充满活力、站城空间高密度融合模式的代表，铁路客站几乎完全隐身于繁华的城市建筑和街区之中。这种站城关系发生在用地条件极度紧缩的一个交通节点上，所有综合交通行为混合且高效流动，宏大的空间结构技术变得不再凸显，公共乘降行为也被淹没于日常城市生活之中。再看大阪站，大阪站与城市融合的模式是以车站改造、扩建，联络铁路线两侧的既有高层建筑为主，采取比较简单的高架进站方式结合线侧地下轨道交通换乘，形成明确的客流交通导向，并在高架进站空间上方营建灰空间平台（时代广场），提高人行活动的城市基准面跨越铁路短距离连接原先被铁路分离的线侧建筑空间而成为站城一体化的客运综合交通枢纽。

从这些国际案例中可看到，客站与城市相融、结合、互动的多种形态模式和可借鉴的规划设计理念，了解这些工程建设所深层展现的创新智慧。虽然这些车站建设在铁路型制、客流规模、管理状况以及实际收效等方面与我国现状条件并不完全对等，而且，上述阐释也多偏重于站城的交通方式、空间尺度、业态关系以及站城衔接区域的环境影响若干方面，也远未涉及社会、文化、经济等全面构成的历史背景，更何况有些车站是在建或近几年才完成的改造项目，尚未经历一个平衡收益的完整周期，而这些又正是我国在站城联合，高速建设过程中特别缺失的经验和需要谨慎思考的问题。如何确保今天建成的铁路客站在百年后甚至更久，依然能够适应城市未来生活的需求，这也将更

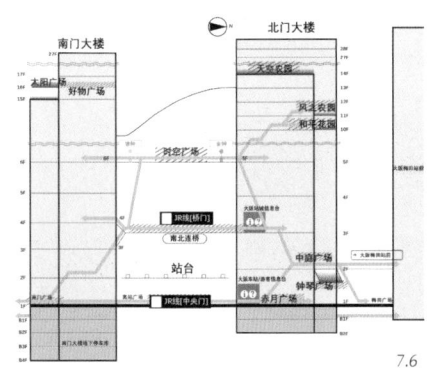

图 7.6 大阪站剖面简图
图 7.7 京都站鸟瞰

大地激励、推动我国正在不断践行的铁路客运综合交通枢纽的发展并期待真正实现国际超越。

实践的差异性

TOD理论模式研究的背景产生于美国城市小汽车交通在城郊居住区无序蔓延所产生的矛盾为基本条件，提出了以城市公共交通（包括轨道交通）站点建设展开带动周边区域有序发展的策略，这和我国当前以铁路客运交通枢纽主导的区域城市发展背景既有相似性，又存在许多方面的差异。主要表现在交通出行的方式、客运量、城市规模、发达程度以及土地资源管理等方面存在的较大差异性。全面照搬国外的TOD模型于我国当代城市实践，有很大的不适应性和不确定性，并且从欧洲各国和日本的实践中也可以看到不同国家、地区条件下的差异性，根据中国的社会、经济与城市化进程特定的发展现状，借鉴TOD理论和所构建的交通行为模型，切合实际地重新梳理进行调整与优化，使其有助于我国的铁路客站及周边地区的城市建设。

由规律性而言，国内外以TOD理论模式为指导展开的区域建设具有许多共同点，表现为：发展规律类似，都是从独立的大运量交通站点建设引发，逐渐演变成为复杂的交通综合体或区域；发展目标类似，都强调交通效率的提升，经济效益的增长、社会效应的实现；发展方式类似，都希望以大型公共交通站点或枢纽建设为契机带动区域城市发展。但由于国内外城市发展阶段和铁路客站交通属性的不同，我国的站城关系与国外相比较，差异性源自铁路与城市的各方面。

客站层面：

铁路运输职能定位的差异——铁路运输在我国具有战略性的重要作用，铁路规划由国家统筹，线路规划有时很难全面兼顾地方发展的需要，铁路客站的位置并不完全吻合城市发展规划，往往造成客站周边城市配套不健全而需要重新调整城市规划结构。

旅客构成与安检体系的差异——我国人口众多，

许多地区季节性出行量大，长途旅客为主短途通勤人数较少，造成近期客运接发频率不高，客站营运空间状态仍处于以等候式为主或与通过式并存的阶段。另一方面，客站的安检进出站程序比较复杂，排队进站现象普遍，高峰小时内旅客数多、滞留量大，站台又难以开放候乘等因素。

客站与城市交通接驳方式的差异——国外大多车站地区均以公交为主导方式，尤其发达城市中心地区，通常拥有多条轨道交通线衔接，几乎较少采用大规模的小汽车交通道路体系直接引入客站。我国现阶段，即便是发达地区具有良好的轨道交通衔接，但仍以引入城市车道的小汽车进站方式为主，而大量地区，轨道交通建设滞后，依赖地面公交配套和出租车对接，效率不高，并由于接驳交通工具运量的不平衡，导致地面交通设施规模庞大，周边道路系统复杂。

铁路客站建设的方式差异——与国外铁路投资市场化运作不同，我国的铁路客站建设投资以国家财政结合地方财政投入为主，资金还贷压力较小，商业开发与投资利益回报观念相对薄弱，缺少站城融合、互动、协同发展的动力。

城市层面：
城市发展阶段不同——目前，发达国家和地区的多处于城镇建设的平稳期，城市已经从扩展、转换为功能的调整和完善阶段，客站周边地区发展较为成熟，客站的功能和空间以及周边城市业态自然融入其中，呈现同步发展状态。我国目前处于快速城镇化建设的转型期，受制于不同管理模式和惯性的思维方式，依旧处于铁路客站与周边区域的交通功能性调整与集成阶段，而涉及整体关系面窄，双向界线清晰、较为分离，以致互动性弱、协同性差。

城市交通体系不健全——区别于发达国家城市经过几十年的建设调整与完善，客站与城市交通建设发展关系较为平衡，我国铁路客站几乎是爆发式的增长，且城市大运量快速交通的发展尚处于初级阶段，短时间内难以形成完善的公共交通网络，全面保障客站集散交通的畅通。

城市的产业结构与功能不同——国外的铁路客站建设往往多处于城市中心区的既有站改造，协同城市更新成为区域再发展的重要手段，铁路客站改扩建又是吸引资本回归的关键，借助多主体合作发展商务、商业、金融等项目，促使旧城产业转型，刺激旧城经济发展。而我国正处于城市化进程中，中心城区改造和郊区化建设同时存在，大量新建客站地区，城镇化水平和经济发展的滞后，往往由于能级太低，难以吸引资本注入，多以零售、餐饮、住宿等低端服务功能配设为主。即使较发达的城市，产业结构也多以制造业为主，商务金融、高端业态仅限于在城市中心建设。

城市规划与客站设计分离——中国高铁以后植入城市的快速建设实践，与城市规划和铁路客站设计关系则显得薄弱且分离，现行规划对客站区域针对性指导法规的滞后以及客站建筑设计对周边区域城市发展研究的不足，产生理论Z指导与建设实践发展的脱节。而站城一体化规划设计又恰恰是站城融合与协同发展最重要的秩序建构方法。

7.2 多元融合激发站城活力

交通秩序是建立站城关系的基础，站城融合而激发区域活力并走向共生将成为站城协同发展的最终目标。未来十五年，站城融合协同发展挑战与机遇并存。"十四五"时期是乘势而上开启新征程的第一个五年，站城融合要化解发展掣肘，凝聚发展合力，利用好支持政策，将国家重大决策部署落地见效，充分发挥高铁客站枢纽辐射带动作用，为城市发展培育新动能、注入新活力。

7.2.1 融合发展的意义

站城融合是以铁路客运综合交通枢纽建设为核心、公共交通为导向的城市发展策略与目标。站城的"邻接模式、叠合模式、集成模式"是客站与周边区域城市空间设计的基本手段与表现方式，并以形成"站城融合协同发展"为其结果。

"站城融合"释义

理论意义上，所谓"站城融合"可以具有不同层面的含义，功能上包括交通融合、业态融合、设施融合，环境上包括自然融合、空间融合、生态融合，形态上包含文化融合、经济融合、历史融合等等。泛泛而谈的"站城融合"既不可用于制定规划策略，也无法导出空间设计准则，更不能构建系统内在的逻辑和秩序，甚至被简单地认为，一旦铁路客站的安检"门禁"解除，站城之间就实现了融合。因此针对"站城融合"问题的进一步研究是有益的，重点是需要展开各层面的融合关系诉求以及关联因素的设定，分析现状问题和矛盾的根源所在。"站城融合"之所以被提出并引发社会热议，宗旨是以其摆脱我国传统上长期的、难以协调的站城之间矛盾，而重新营建和谐的新时代站城关系。

"站城融合"的含义是丰富的，可直接表达站城关系的物理表征、空间状态、模糊界面，或是一种使站城关系和谐相处的技术手段经济手段，使多元诉求达成一致的心理倾向，体现站城双向关系的状态和相互作用程度。显然"站城融合"的概念可以被界定在站与城密切关联的、有限的物理范围，是发生在被建立的核心内圈层与中圈层之间的有限区域，无关空间秩序，铁路客流、功能与城市人群、环境充满其间呈自然融合状态。而位于外圈层的城市区域关系，客站空间及客流行为对城市所起的作用更多的是吸引或辐射影响，融合关系随着站城客流互动关系的降低相应衰减。在此空间区域，"站城融合"关系似乎可以用"站城协同"发展关系来替代更为达意，涵盖协和、协调、协作、合作、同步、和谐等多边的互动关系。

"站城融合"也不是简单意义的在客站核心圈内

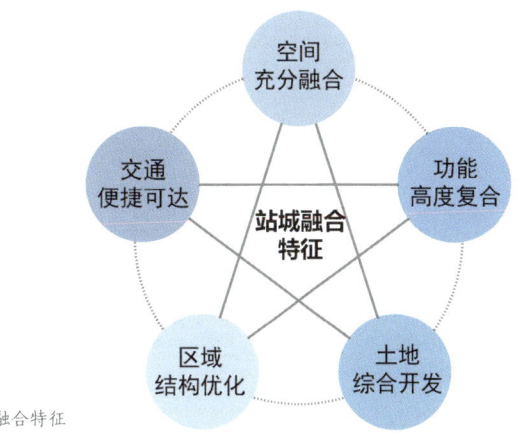

图 7.8 站城融合特征

取消安检，目前我国铁路客站安检形式尚处于过度时期，置于入口安检流程的确造成了不利的客流影响，但很快，当技术升级，社会文明素养发展到一定的阶段，可能将在很短的时间内就会实现客站候乘空间的全面开放，更需要考虑的是现状空间如何能够应变未来的发展。"站城融合"又意味着需要放下传统的心理包袱，运用先进的技术方法保障铁路客运安全，以功能、行为、空间开放的姿态，全面融合站城间可能产生种种关系。

从铁路客站与区域城市的交通组织、空间结构、功能体系、土地利用和公共环境等多方面进行分析，"站城融合"重要特征主要表现如下：

交通便捷可达——交通组织系统是保障站城协同发展关系建立的基础。对外向铁路交通，应当很好地疏导铁路交通与城市交通之间的集散问题并优化站内交通换乘流线组织；对内向城市交通，应当建立合理的城市公交换乘体系，实现人车分流，构建良好的步行环境，完善站区内的公交接驳的区域城市交通网络，确保与城市交通系统的畅通融合。

空间充分融合——公共空间的融合是站城协同发展的物质基础。铁路客站需要向城市空间开放，而城市公共空间将介入铁路客站之中，使客站与周边区域的物理界限逐渐消失，形成站城和谐共生的环境体系和空间结构。

功能高度复合——交通功能与城市各类业态功能的复合，是站城空间吸引和转化人流资源、产生区域经济催化作用的前提，以激发交通枢纽区域的城市活力。将客流集散交通、站区商业、配套设施等客站功能和商务办公、文化娱乐、居住社区等城市功能混合起来，提供综合性公共服务，实现站城功能多样化、业态复合化的集聚效应。

整合土地开发——面对站城范围内土地权属的模糊性和复杂性，积极采取多主体参与、多项目联合的集群式开发模式；建立政府、开发商、

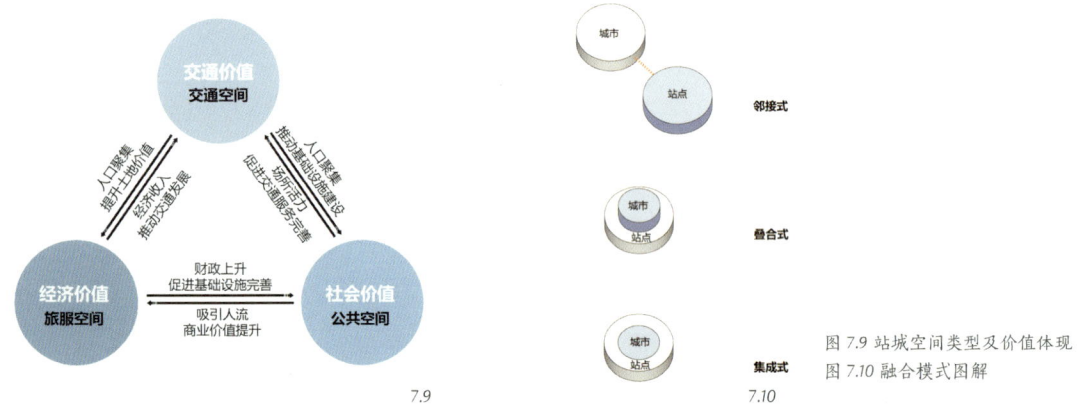

图 7.9 站城空间类型及价值体现
图 7.10 融合模式图解

社区居民以及行业专家之间的协调机制；开放土地政策、发挥土地价值、共享铁路客运资源，以更长远的眼光统筹规划，实现多方互惠共赢。

区域结构优化——客站环境需要进一步加强与周边城市的联系，成为城市结构中的重要"节点"；站城空间应当更多地植入公共服务功能、构建绿色生态环境，成为城市生活的重要"场所"；同时，站城空间还应当更多地展现、传承城市文化风貌，营造城市景观特色并促进经济繁荣，形成真正意义的"地标"形象。

多种空间融合模式

探讨站城关系的空间融合模式，首先需要界定其中特定的空间意含义。站城空间基本分为交通行为空间（包括动、静态交通设施）、业态服务空间、公共活动空间三种空间关系互动作用的形式，且分别体现出对交通价值、社会价值、经济价值的不同倾向。

邻接式——站与城的空间关系从形态上看是相对分离的，两者之间仅通过局部的相邻空间进行联结。交通行为空间的占比最高、站房业态服务空间相较于城市而言占比很小，站与城的公共活动空间相对分离，交通行为空间、业态服务空间与公共活动空间三者的耦合程度较低。其中交通行为空间的分离性最强，交通道路以及场站设施等几乎紧密环绕车站四周，隔开了站房与周边区域的联结，仅有站前广场或城市通廊与城市建筑空间相连通。可以将站城邻接式发展模式看作是通过一部分公共空间联结分离的客站和城市空间的一种方式。这种形式以目前我国出现的一些大型客站与周边区域城市的相互关系比较相近。

站城关系邻接式发展的空间特征基本以客站为中心的平面关系展开，表现出以交通行为主且独立性强的交通价值导向。业态服务仅满足与交通功能相关的空间，依附于进站厅、候车厅等而存在；周边城市的公共活动空间比例较高，表明该类模式的经济价值分布并不均衡，站与城的功能协作性较弱；同时公共活动空间仅起到联结交通和配套服务的作用，对站与城的空间整合作用影响明显不足，反映了较为明显的交通节点作用，但城市综合交通基础设施、公共文化活动场所与客站很少关联，客站的社会价值没有充分体现，区域的经济价值也没有因交通设施的便利而得到扩大。

站城融合的邻接模式，也可以表现为客站邻接区域城市的多个方向，相应减少或立体化分流客站周边的车道或以更加紧凑的站外开发方式，提高邻接处城市业态服务和公共活动对单一交通功能行为的适度干预，并扩大开放空间以补偿多功能活动集散安全的需求，从而提升站城活动融合度，弥补相互空间分离的不足。该模式与我国近期铁路客运综合交通枢纽的城市发展关系，在双向管理模式和营运方式上结合度较高，且便于分期建设和规划调整，投资风险较低。如果适当为站城远期发展预留应变条件，创造公共空间弹性应变能力和场所活力，并通过不断完善的步行可达交通体系，形成区域的吸引力和辐射力而将产生对外围区域的扩大化影响。

叠合式——站与城的空间关系上呈现相互叠加的竖向结构，利用客站上盖或地下空间形成城市开发，并通过立体分流交通连接周边区域，站城两者之间同样通过局部的空间联结，促进站城空间关系融合、协同发展。交通行为空间、业态服务空间、公共活动空间三种空间联系及占比关系与邻接式情况较相似，不同点在于平面扩散和竖向发展的空间向度区别。由于空间在竖向发展，站城关系趋于高度集中，土地利用高效，业态服务空间相对紧密。往往可以采用开放的公共活动空间，通过便捷的竖向交通组织连接不同的城市基准面。

这种站与城的融合形式由于产生的交通、业态空间关系几乎叠合在一个节点上，虽然站城空间形式上的融合度很高，铁路交通几乎可完全隐形于城市空间之中，但交通组织复杂，与平原地区的区域城市地面高程落差很大，因此一般情况下较少采用，而更适用于高架或地下线路引入城市的客站建设条件，抑或是地形复杂及城市土地资源特别紧张的地区。如重庆、香港等城市或地区，叠合式站城融合发展模式具有相对独立的交通价值和以一定方式互动的经济价值，而相对在城市土地利用、空间形态方面，产生高度集约和整合的社会价值倾向。由于我国铁路客站盖上土地的权属以及相关政策、法规等方面的制约，一次性规划实施的投资成本较大且不可逆的风险存在，该模式仍需要更加谨慎的前期评估和周密策划，方可结合周边地区的条件和未来发展走向，进行长效开发。

集成式——也可理解为"综合式"或"空间式"，表现为站城关系在空间上高度重合的交织融合关系，城市空间几乎可全面渗透或覆盖客站空间，是站城空间高度融合的一种发展模式。交通行为空间占比尽量缩小至仅满足合理通行量的需求并尽量与其他行为活动分离，业态服务与城市公共活动空间充分混合以获取最大的站城双向互动关系社会化，而促进站城之间广泛并密切的经济活动。该模式是以经济价值为主要，尤其是区域城市的经济价值为主要导向，并同时具有良好的交通价值和社会价值。类似日本的京都站、大阪站等高度融合的城市交通综合体形式，空间开发强度大，土地价值回报率很高，而整体系统性强，站与城各自的空间配置灵活度较低，且需要一次性投入。较适宜于建设主体统一、协作度很高的发达城市或地区中心。

集成式一体化建设模式也可以认为是邻接式与叠合式的综合表现，主要特征以城际通勤、中短途客运交通为主，进站安检程序简单，滞留等候旅客较少的高强度、紧密型融合的方式，使站城关系充分混合，体现出极具人气和高可达性的城市活力场所意义。该模式更适合我国大型城市中心区的多线换乘轨道交通枢纽站区域城市关系，或大型铁路客站的城际车场与城市轨道交通相邻接驳换乘的一侧区域，提供快速客流转换并混合城市多元服务业态和开放的公共活动空间。

综上三种不同的站城融合空间模式，各具特征而适应不同地区、规模以及站城的双向需求，如果以不同的立场、视点和方式思考或可以生成更多独特的站城融合关系和新颖的空间发展模式，以此拓展进行持续研究的目的是因地制宜、因需制宜，构建更好的站城秩序，改变各自为政、互不协调、相互争夺、资源浪费的往日旧貌，孕育站城活力，创造站城融合的乘数效应。

思考与启示

走适合国情、路情的发展之路——美国早期提出TOD理论的现实背景主要是解决小汽车交通无序发展带来城市郊区化发展的矛盾，城市轨道交通的发展在一定程度上助推了TOD的推广应用，但与我国当下以铁路客运站交通枢纽为主导的站城融合相比，在融合的层次、范围、深度及交通方式上大不相同，融合的模式难以复制也不能简单照搬，需要结合国情、路情不断探索、实践、创新。

因城而异、因地制宜、因势利导——我国正处在城镇化进程的转型期，经济洼地与产业高地并存，不同城市的发展环境相差悬殊，同一城市不同地段建设条件迥异。要构建开放、共享、平衡的站城关系以及良好的站城秩序，就必须量体裁衣、对症下药，创造站城融合的多元价值。

强化并发挥规划协同的指导作用——要将铁路规划纳入到城市总体发展规划之中，将铁路枢纽总图规划作为城市空间布局、土地开发利用等专项规划研究的关键要素，促进站城关系在历史传承、环境结构和城市区域的交通融合、空间融合、多元融合。

坚持一体化设计统筹建设实施——要结合客站技术经济属性、城市承受能力和发展潜力，进行一体化统筹规划设计，合理确定建设时序，确定起步区建设规模，分期分块分层建设，量力而行，保持站城关系的可持续健康发展。

破除机制藩篱、创新激发活力——深化体制与机制改革，提升管理与治理效能，以市场为导向激发多元主体活力，以共商共建为基础平衡站城利益，推动站城关系走向协同共生、实现多边共赢。

7.2.2 站城空间触媒

区域城市结构环境中，通常需要具备某种特殊元素，可以持久地引发或催化周边的元素共同进化和发展，这种可以诱发或刺激区域城市循序渐进的元素可以是历史的遗存，也可以是新的创造；可以是物质空间的，也可以是非物质文化的；可能表现为点状空间，也可能是连续的线性空间或更宏观的整体区域空间。但必须具有持续激起其他作用的能量，足以撼动环境的变化。这也是城市触媒理论的基本观点："由城市（它的'实验室'）所塑造的元素，然后反过来塑造它本身的环境。目的是促使城市结构持续与渐进的发展。"[2]

动态的行为驱动

在站城关系的空间形态融合意义上，车行交通系统的重要职责是流畅对接城市道路交通结构体系，合理分布各类地面交通场站设施，并服务铁路客站兼顾周边区域城市的双向使用。步行交通构成线性分布的路径空间网格并方便连接分置其间的业态空间，最为重要的是结合步行交通设定有序、开放的公共活动空间分布节点，合理连接而成为具有场所意义的城市空间触媒。

铁路客运交通与城市交通的畅通融合是触发站城关系的焦点，也是促成大量人群活动的诱因。从城市公共交通置于铁路客运综合交通枢纽对接的空间关系上看，站城双向人流集聚量最高的区域是城市轨道交通与客站进、出衔接的空间区域，而进、出客站的临界点则是形成重要场所空间的节点。改变早期客站空间设置仅限于满足客流量交通规模的方式，扩大并开放的空间，并列或串联多个规模因需而异的开放空间（如：竖向交通节点、跨街下沉式广场），相互联络，既可缓解客流集散又可将业态服务设施植入其中，创造出扩大范围的公共活动空间以满足站城双向共享共用，更可以连接不同城市方向的步行系统一体化互联互通。

铁路客运综合交通枢纽像一台造血泵，为城市带来了大量的人群、资源和信息，频繁的乘降行为交换、社会交流、人员互动并散落在客站临界的城市空间之中，时时更替、日日更新，使这个区域始终保持新鲜、充满活力，许多事件的发生、人群行为活动的足迹慢慢沉淀下来便成为城市历史的记忆。

散落的空间触媒

"站城融合"理念是针对"站城分离"的现状而提出的，我国站城协同效应的缺失，既有城市发展阶段的矛盾性，也有政策机制的现实性，但最根本的还是发展观念上的局限性，即没有将站与城关联为一个整体进行考虑。传统铁路客站与周边城市关系集中体现在功能、交通、空间环境以及土地权属方面的多种分离。当代城市空间语境下的站城融合，期望通过某种方式使得这些分离的功能、行为、事件等构成城市公共空间的要素有机联结到一起，并发现或创造新的空间媒介植入以加强站城空间关系的互动，释放场所活力。

城市总是拥有许多不同特色公共空间和环境，散落在它辖属的各个区域，这些空间吸引了周边人群汇聚而成为区域城市活力的触发点。公共空间是传递城市文化、信息，提供人群参与公共活动体验的媒介和舞台，稳定的区域秩序建立，各种社会活动就会上演并契入期间。依据不同的城市或地区特点，铁路客站周边将可能出现文化、科技、自然、商务、金融等各类特色业态，形形色色的社会生活媒介结合，构成丰富多变、活力生动的站城空间。

在铁路客站邻接城市的站城关系上，联结最直接、最紧密的空间触点包括城市综合交通中心、铁路站场雨棚上盖以及站场下方的地下空间。在这些空间中，频繁的铁路旅客集散、城市公交换乘客流，促使这些区域每天都有不同的信息和事件发生而成为客站与城市临界点上最重要的空间触点。依据多数中心城市地理环境、交通条件和经济条件，城市交通中心与地下空间（铁路桥下空间）可形成统一的整体，具有高度的城市可达性以及跨越铁路线的公共城市通廊，并方便延伸连接外围城市区域。如果城市轨道交通以高架接入客站的方式，同样城市交通中心可与铁路站场的雨棚上盖联合开发利用，形成与地下空间互换的模式展开。虽然这种导向城市空中发展状况可高效利用土地资源，但在目前条件下，大多平原城市出现较少，实施情况也不尽相同。因此，站场的雨棚上盖能否成为站城空间触媒仍然面临诸多问题。在目前站城双向管理以及土地权属机制的条件下，较多的可能性是营造盖上公园，或适当预留结构条件，以更适宜的轻量级业态建设，如：休闲餐饮、艺术展廊、阅览中心等；或可以利用铁路资源修建小型科技展示馆丰富城市活动，提高站城区域活力；或以绿植为主的铁路站场雨棚上盖也将成为城市生态环境的组成部分和空中景观。

具有站城区域特征的空间，还体现在环绕客站的城市高架桥下方以及被它切割的、并不令人关注的那些碎片化土地。根据城市交通设施与城市环境同构共建和高效土地利用的原则，统一规划设计，集合更多的城市碎片土地，有序治理整合，高效利用而产出相应的经济效益和社会效应。不同的城市或地区拥有不同的空间环境和特征，围绕客站分布的城市特色产业、历史遗迹、自然景观、文化活动，都可能形成既独立又关联的城市公共活动空间而成为城市活力的触媒。

7.2.3 站城活力激发

城市活力是由种种人的行为与环境的互动关系而产生，站城融合与协同发展不仅具有优质的交通可达性以及可感知的物理空间的实体形式，其核心指向还包含社会、经济、文化的关联因素和多重意义。

稳定经济增长

20世纪60、70年代，从发达国家的城市更新运动中可以看到，低收入群体的居住区，以及火车站地区的城市矛盾始终排在前列，并且共同都有区别于一些因产业发展变故而衰败的区域特征,就是混杂无章、缺乏秩序却始终保有高度的人气与活力。这种现象说明,城市的活力与城市秩序无直接关系,与建筑的品质也无明显联系,而经济活动无疑是站城关系混沌时期的显著标志。无论任何时期,客站带来的人气和经济供需关系始终是第一位的,并依据自然发生的状态而生存,即便会导致地区的无序与混乱也依然存在,表现为原始的低端经济模式。因此,就现代城市而言,经济活力是站城区域活力的主要表征,宏观经济发展背景与微观经济运行状况始终影响并决定城市的繁荣程度,它代表了当代城市应有的高效性和物质的丰富性以及经济空间的活跃性。

虽然在初始条件下,自发的、无组织的站城经济活动状态并不持久,却也很容易发现其特殊的社会活动需求存在,站城间的矛盾并不是交通与社会经济活动的对抗冲突,而是缺乏保持共同存在的有效秩序。在有序的交通空间组织前提下,充分混合相互依存的不同功能,渗透多元业态服务,将成为支持站城经济活力的基础,并可能放大这种关系,辐射影响周边区域,联合城市发展布局以及各种资源条件,从站城临界的小商业活动升级为站城区域经济中心而持续稳定地提高社会经济增长。

站城经济模式同样也随着时代的变迁而变化。普速铁路客站时期,与城市发展、客流群体水平相关,客站周边业态以中低端服务业为主,各类批发市场、小型餐饮、旅社云集。当代高速铁路的技术优势、环境条件、集聚效应成倍叠加,站城关系已产生质的变化,周边业态构成也正在改变为商务、旅游、信息、金融等现代高端服务业的加盟。尽管时下的客站内部散状经济效应仍不尽人意,但长远的站城融合发展,持续演变,必将形成更加开放、互动的社会环境,旅客候乘方式也将变化为休闲、娱乐、消费、体验等多元文化和经济活动为主的新空间模式,并吸引城市人群参与,站城互为邻里形成站城区域的多元化社会活力。

社会文化孕育

文化融合在站城关系的发展演变中是不可忽略的重要因素。文化在时空中贯穿了今昔并将延续至未来,文化又是涵盖广泛难以精确定义的概念,西方最早关于"文化"的概念是由古罗马哲学家西塞罗(Cicero)在《图斯库卢姆辩论》中首次使用拉丁文"cultura animi"定义,原意是"灵魂的耕种",由此衍生为生物在其发展过程中积累起跟自身生活相关的知识或经验,使其适应自然或周围的环境,是一群共同生活在相同自然环境和经济生产方式的人所形成一种约定俗成的潜意识外在表现。而在中国,"文""化"两字的组合,最早见于战国末年出现的《周易·贲卦》:彖曰:贲。……刚柔交错,天文也;文明以止,人文也。观乎天文,以察时变;观乎人文,以化成天下。[3]在东西方的辞书中,"文化是相对政治、经济而言的人类全部精神生活和其活动产品",这是较为趋同的释义。

站城文化在站城空间场所设计中意义广泛,不同于城市其他区域,表现为本土与外来资源和文化的混合,由地缘环境特征的差异形成文化内涵

图 7.11–7.14 车站周边城市图底关系：青岛站、北京站、纽约中央站、奥斯陆站

的差异，站城公共空间的开放度和兼容并蓄则将是双向差异相互依赖而生存、成长的重要场所环境。在空间设计表述上，文化的表征并不是简单的艺术展品的拼凑、各类风格或习俗的集结或象征性符号的安置，而是客观反映站城价值的总和，包括生活所需的衣食住行。相关铁路客运综合交通枢纽的文化含义是有城市活动的参与、外部客流行为的融合以及铁路精神的渗透，是一个需要场所空间合理营造和环境氛围逐步培育的持久过程。所谓"城市客厅"、"绿谷连廊"、"生态中轴"、"慢行步道"等，也并不只是根据功能需求的基本规划布局和形态塑造，更涉及了考虑使用者来源、行为特征、地缘特色、空间尺度、互动方式、视觉影响、材质表现、色彩运用以及应变能力等具体的性能设计方法，通过文明的环境、可记忆的视觉场景酿造可能形成的文化滋生、情趣盎然的空间场所。

在城市享受客站交通服务与客站融入城市文化的过程中，互为客体而融合各方资源，相互竞争又和谐发展，始终以站城的地域、特色和环境适宜性为前提。营造站城空间，就是营造城市的家园，使空间环境拥有精神生活的归属感，恰当的空间配置和氛围营造，由时间的延续孕育站城文化的流长。

7.3 协同共生创造站城价值

展开铁路客站与周边区域城市设计理论创新与实践，仍然属于规划与建筑学科领域的分支研究。基于新时代发展需要，从本领域的纵深并开放视野，拓展至相关领域的交叉学科融合，根本上依然是以城市交通为主导的扩大化区域研究，旨在探索新时代铁路客站与区域城市的协同成长、发展之路。

7.3.1 枢纽地区城市设计

城市设计实际上就是一门高度综合的设计学科，区别城市规划学对于政策、法律以及国家战略发展层的关注，又不同于建筑学对于建筑本体功能流线、结构、机电的建造战术层的关注，而表现为二者之间并包含城市景观学内容的紧密互动联系，实现在具体实施策略层的全面对接。

研究站城关系的发展，在多数情况下是研究铁路客运综合交通枢纽地区能否成为城市又一个区域中心的可能性。在这个意义上涵盖了地区人口、交通网络、自然资源、经济基础、社会文化、意识形态、法律法规等宏大的城市规划结构问题。因此，枢纽区域城市设计工作展开的基本依据是上位区域规划，在规划的区域发展定位、路网体系、用地性质、业态分布、空间结构的基础框架下进行优化和具体化完善。包括地区环境景观、历史文化、城市轴线、重要场所等宏观决策；用地平衡、建筑密度分布、体量与高度控制、片区公共地下空间、开放广场和绿地公园等中观评估；以及街道尺度、街廓设施、标志物、材料肌理与色彩等微观协调。在不同层次的全面空间设计策略研究。

图 - 底空间转换
城市的图 - 底空间关系也被视为实 - 空关系，在枢纽地区直观地反映了建筑密度及分布形态，界定了建筑实体与开放空间之间的强弱联系，便捷性与通达性、开放性与封闭性，成为区域城市设计关注的重要部分。早期铁路客站设计往往对其本体的功能、形式、尺度等建筑单元形式的表现比较注重，却容易忽略那些与周边城市间的空隙，也不够关心客流集散在此区域的空间形态构成关系。当代客站转型交通枢纽，实际上已经开始了客站交通建筑单体向组合体、群体过渡的城市空间关系思考，这种思考也正在逐步扩大为区域的整体城市设计。借助图 - 底空间的分析手段可以发现，置于城市中的客站建筑与其他建筑物是相互关联的，无论是历史存在的、还是新建植入于区域的，他们之间形成的空间状态（广场、街道、景观绿地等），或是连接功能上的需要，或是围合空间的尺度，或是公共与私密的感受以及空间的连续性等，都应该考虑提供站城双向需求的积极活动场所，而不是以互不相干的消极空间的方式存在。虚无的空间总是可以让客站与城市建筑间产生相互存在的对话语境和氛围，感受互为对象的空间回应，并以地区特征为背景，通过视觉的、可达的、可记忆的、信息化、差异化、特征化的空间营造方法，在交通、文化、历史、景观、商业、教育、展示、传播等多方面，建立起那些孤立的、分离的、失落的城市空间联系，生成具有相互默契的场所空间意义。

城市图 - 底关系的另一个层面是关于图底互换即虚实空间关系的转换，说明建筑于城市之中，其内与外、虚与实的功能性空间形成、作用和意义。建筑内的空间如同缩小的城市环境，而城市空间在物理意义上也可以认为是扩大化的建筑环境，因为它们在空间构成的逻辑关系上具有一致性，都是在一定的功能条件下为人所用，也都需要建立某种连接的方式和秩序，区别在于不同的影响范畴、规模和环境条件，以及思考的问题、要素的把握、尺度的参照等不同空间研究层次和深度。

图 7.15 某高铁站周边线性步行路径组织

线性联系整合

客站与城市间的线性连接空间关系决定了站城空间联系的意义。在城市的图-底关系中,空间的连线几乎都是交通的或视觉的通廊,也隐含了各种城市活动联结的层次、强弱在城市发展空间方向上的分布关系。

城市街区的形成多半是与城市的道路交通组织相关,且与交通载具、行驶速度以及路网层次和密度相关,这些因素促使了城市街区基本空间尺度和秩序的形成。但城市的线性连接并不仅仅是依赖机动车快速交通路网而造就,尤其客站地区,强功能性的交通路网往往造成地区生活的割裂,所以更重要的是人行路径空间的连接,甚至是以立体化空间方式穿越铁路车场的连接。服务于步行连接的路径系统增强了城市空间的连续性,也将直接驱动城市社会关系形成区域连接的动态空间组织与整合,人们在慢速的、适宜的、体恤的空间中漫步、愉悦身心而带来安全舒适的感觉和对场景的体验、记忆,抑或是结合自然河道的蜿蜒空间形态,则更可能使街区活动的空间形式变得丰富多彩。

充分组织并利用线性的步行空间能使城市空间活动趋于变得生动而有趣,同时产生方向上的流动感和凝聚力,并串联起节点、场所展开而形成城市公共空间序列。由点连线并依据步行舒适度条件形成相应规模的路径洄游,使不同特色功能区域的公共步行体系衍生为城市进一步发展的空间结构脉络。线状空间并不一定是路径空间,也可以是城市的视觉轴向走廊,通过空间的视线连接定义城市地标的建筑物或构筑物(铁路客站当然属其中之一),帮助活动人群不易迷失于区域的繁华之中而具有明确的方向感和空间辨识度。线状空间也并不一定只是平面或直线空间形式,立体的、适度变化的曲线有助于形成空间特色和气氛转换,丰富空间的连续性和序列的动态变化,结合服务功能和业态配设的层次性展开,更容易具有吸引力和诱导作用,产生舒适的活动环境体验。

制定设计导则

站城融合与协同发展的前期策略研究以及可行性分析方法,最完整、全面的是区域城市设计,城市设计导则是现代城市设计的一种重要成果表达方式,其目的在于引导土地的合理利用,保障生活环境的优良品质,促进城市空间的有序发展,同时为铁路客站和地方政府的规划、管理部门提供一种具有共识性和长效性的技术协作管理支持。

站城区域城市设计是以多方的最大化公共利益为目标,最具特色而有效的实施策略形式,是共同合作制定整体城市设计导则。通过多方参与和评估,确定开发建设标准、生态环境理念、交通分布体系、空间形态框架、重要文化脉络以及应变发展措施等具体要素关系控制和政策机制,为后续分期实施提供持续建设的依据,形成总体区域发展的平衡,降低城市建筑个体建造的利益取向。

与城市规划的宏观性和政策性导向以及比较抽象的数据和平面化地块表达方式不同,站城地区城市设计导则更趋于落地性、原则性,表达手段上也更呈现具象、直观的三维空间分析和人视场景描述的可感知性,并更为丰富地展现交通的通畅和秩序性;枢纽建筑群体与街道空间尺度、高度,客站区域城市天际线,各主要部分公共空间节点的导向和连接方式、场景效果等参照示意,以表达站城公共关系亲善和怡人的空间设计表征。大量城市设计工作是通过站城地区社会关系调研,地缘文化、自然环境资源、经济条件、产业结构等综合分析,提出合理的空间组织和柔性的站城界面关系建议,因为站城区域城市设计并不是最终的建筑形式表达,而其重要的作用是关注构建区域的空间构成状态与环境景观的联系方式、文化意象,并予以强烈的暗示发展指向,而具体呈现为站城区域城市设计的定向性导则和开放性导则两个方面,并在设计文件的基础上,以文字条款配以简明图式表达。

定向性导则也可以被称为规定性导则,其特别针对的是站城范围内涉及国家、铁路或地区政策及法规问题,比如相关自然资源保护、铁路安全、文化遗产,乃至对土地开发规模的上下限,既定的产业结构、建筑方案、城市交通体系、街区出入口规定等上位规划、道路交通控制的刚性条件服从。由此导出比较明确的主要框架体系和基本空间关系、场景和组织逻辑条款。定向性导则还包括一些关于在区域内的重要文化风貌保护的政策制定和限量开发,明确保护范围,限制周边建筑高度,甚至需要制定范围内更新改造的空间尺度、材质、色彩等定向控制性导则。甚至在一些特殊区域对定向性导则的执行,施行鼓励性优惠或补偿政策。

开放性导则更趋于主观的设计构想并同时具有较好的可实施性,在定性和定量的分析基础上以图示、图标的方式表达。站城区域设计导则的开放性是基于跨学科研究的分析和探索,形成实施可行性的一种发展策略。保持一定的开放度,随着过程的变化、不断的实践完善、新的条件产生而形成相应的变换弹性。城市设计导则并不是规范,而是期望创建可预见的、有依据的、适应不同学科协同的指导性意见。在

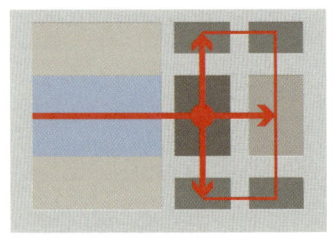
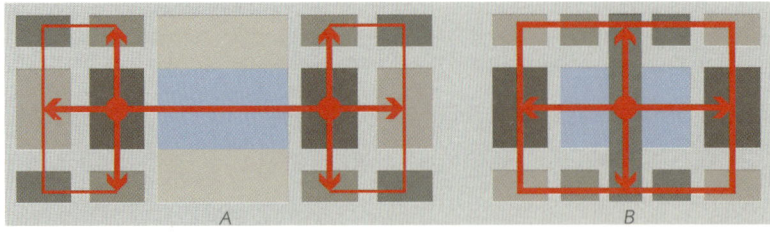

集中式换乘　　　　　　　　　　　　　　　　中心分布式换乘 AB

7.16

图 7.16–7.17 换乘模式图解

站城区域的核心范围、项目设计范围以及扩大影响区范围的不同层面展开多系统综合研究，通过对主要建筑形态分布、街区密度控制、慢行空间系统以及导向标识、街廊设施、环境氛围等公共空间进行三维可视化和量化设计，形成具体的城市设计方案和开放性设计导则。

7.3.2 站城协同发展的空间范围

铁路客运综合交通枢纽与周边城市发展的协同关系是以由内而外的空间组织形式，以慢行交通可达的圈层结构展开，形成交通枢纽综合体、城市交通综合组群、区域城市发展中心的三个外扩圈层结构。

交通枢纽综合体

交通枢纽综合体是以交通换乘功能为核心并融合了多种城市功能的综合性建筑，其范围含括交通核心的内圈层，依然是交通功能为主导方向。通过将各种城市功能进行合理的平面组合和竖向叠加、以及有序的立体交通联系形成一个有机的整体，其本质是充分发挥站区范围内交通高可达性优势，集约空间资源，是客站建筑本体空间综合发展的高阶模式，其形式往往以城市巨构的方式呈现。

枢纽综合体的交通方式由铁路、城市轨道交通、其他公共交通与出租和社会车等部分组成，随着社会、经济与技术的发展，诸如云轨系统、网约车、共享车等新型交通工具也加入其中。针对这些不同的交通工具，采用"交通管道化"，"流线立体化"的原则合理整合多种交通方式。包括：设置专用的集疏运通道，通过高架专用通道和地下隧道直接连接城市高等级的高速公路、环线或快速路，避免城市地面交通对其影响；在内圈形成单向交通环路，以解决站区内部车辆的进出分离与转换；利用站场的下部或周边建设配套设施，专地专用，以自身规模能满足客站交通车辆的停靠与停放为基本功能，形成站区内部完整的车辆驻留体系等，创造出

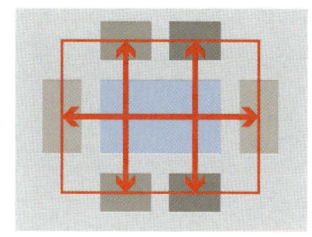
网络式换乘

7.17

高效、安全的交通运输体系。此外，立体化步行交通换乘是枢纽综合体的又一明显特征，其换乘方式有集中式、网络式和中心分布式三种形式构成。

集中式换乘——所谓集中式换乘就是将各种交通方式换乘的步行空间集中在一处，形成集约高效的换乘体系，服务设施集中便于共享，也是"无缝换乘"概念的具体表现。但由于是单点集中，仍然会存在着覆盖面不广和多方向城市车流交叉和客流集散混行等问题。

网络式换乘——将所有接驳交通工具的场、站之间通过通道相连接形成网络式换乘体系。优点是多点的交通设施分布合理，旅客依不同换乘工具集散快、效率高，适合于交通乘降点之间换乘量特别大以及多接驳交通设施的地区，如特大型城市客站与多种城市公交场站之间的换乘。但也可能存在旅客行走距离过长、多个乘降点之间转换不便、局部路径导向够不清晰的缺陷。

中心分布式换乘——对于一些特大型交通枢纽而言，多采用集中式和网络式相结合的方式。既克服了集中式换乘的覆盖面小、密集客流混行交叉的问题，同时也避免了网络式换乘距离长、不适合于多种换乘流线且难以引导的问题。中心分布式换乘体系通常是分布在客站的两端或两侧的双中心换乘方式（少数情况分布于客站一端和被拉开的站场中心），呈分别应对铁路两侧城区方向的公共交通换乘组织形成，既相对独立又保持呼应的双向城市综合换乘系统，通过贯穿客站的城市通廊或专用通道将联接两个换乘中心，或形成通过通道连接多个中心的主要特征，方向明确、组织引导有序。

枢纽综合体的换乘系统基于交通便捷与空间集约，多采用立体化布局。如通常地下层连接城市轨道交通和城市通廊，地面层连接道路交通，地上二到三层连接空中步行廊道或空中轨道交通系统。曾经的"站前广场"更替为以城市公共交通换乘中心为核心的竖向空间，并扩大为站前中庭、灰空间或开放的"城市客厅"等方

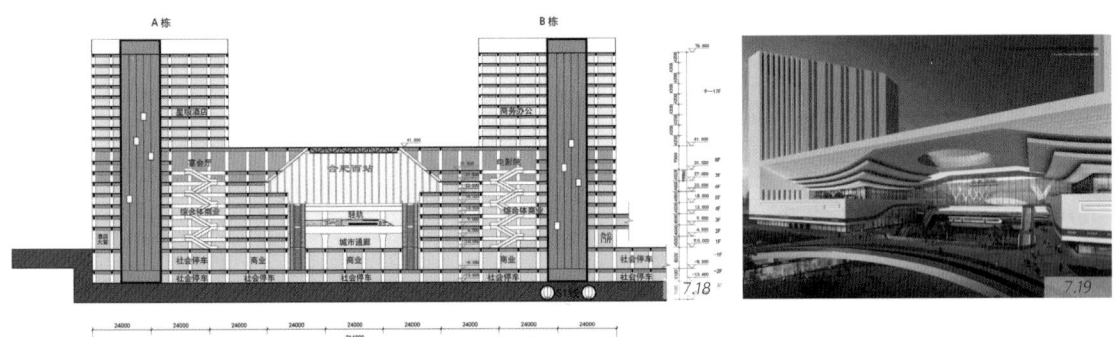

式，以实现多种交通工具间换乘客流的步行转换，达到城市功能与铁路交通的相互促进、相互支持的效果，两者空间关系的立体化整合，既富于枢纽综合体活力，也增加了经济效益，并促进铁路交通与城市功能复合化发展。

城市综合交通组群

城市综合交通组群是交通枢纽综合体与相邻城市共同开发的区域，其范围是核心内圈层的客站空间与中圈的城市空间相结合的产物，主要职能在满足城市综合交通换乘的同时，兼顾承担滞留旅客以及城市社会活动的需要。城市综合交通组群区域以铁路客站为核心，将客站与周边城市建筑与设施联系成一个相互依存、相互补益的整体。与交通枢纽综合体的区别在于城市综合交通组群建立了客站与周边建筑的连接，形成整体多功能、高效率的综合交通社区。除了完成客站本体的交通职能，还引入多类城市功能，更具有城市属性。其表现形式通常由城市巨构转变为建筑群体组合或以城市巨构为主导的建筑组群分布，突破了客站核心内圈层的物理界面，重构与内圈层与中圈层的功能组织与空间结构，在更大的范围内较之交通枢纽综合体的站城融合关系而趋于向站城协同关系发展。

城市交通综合组群的站城间相互作用联结点，是通过将站前广场、站房与站场三者的空间关系相互重叠、复合，用立体化空间构成手段，使传统的站前广场结合城市"光谷绿廊"的线性扩展、"城市客厅"的中心形成，将站前广场的交通组织和人员集散功能纳入其中，重构广场、站房、站场三位一体的功能空间。并通过站前广场周边城市建筑群的聚集，将站前集散广场转换为站城公共活动场所，整合成为城市公共空间的重要部分。原本客站与城市空间的外部联系转化为城市交通综合组群内部的空间联系，突破了交通建筑的单一功能，嬗变成为集商业、旅店、办公、文化、景观、娱乐等为一体的城市交通综合体。在近年来与城市协同建设的综合交通枢纽项目中，合肥西站在线侧站前广场的位置，整合了城市公共交通换乘功

图 7.18–7.19 合肥西站线侧站房剖面、效果图：线侧站房融合城市功能
图 7.20–7.22 杭州西站中央光谷

能，扩大了公共空间尺度，引入了城市商业、餐饮、休憩等多种业态而成为丰富活动意义的"城市客厅"。杭州西站则是通过铁路站场拉开设置，将城市轨道交通引入了站场中间形成交通换乘中心而位于交通枢纽的内部。以"光谷绿廊"的设计概念形成中央交通核，交通核的周边渗透城市的商业服务配套设施，建立了枢纽空间与城市空间的融合。利用站场下部或上部的空间形成的一条枢纽内部与城市空间相连接的公共"城市通廊"，有意识地将各场站设施尽量沿城市通廊两侧以及上下布置，兼顾旅客换乘或容错的连接通道，营造线性延伸连接周边的城市空间，并可能形成适宜步行的中圈层洄游路径系统，而全面对接城市多功能布局和不同需求的开放空间，协同发展。

如果说铁路客站或交通枢纽综合体是通过建筑巨构的外部形态象征城市门户的地标性，城市交通综合组群的产生，其城市形象也将由独立的客站形制渐渐与周边建筑相融合，对客站外部形态表征的关注转化为对城市公共空间功能和活力的诉求，最终以交通建筑组群的整体功能适宜、性能优质来传递城市的文化和精神意义。随着站城间关系的持续转变，相互融合与协同发展理念演化，我国城市的门户形象，也必将由客站外部形态的视觉感知融入公共交通空间的深度体验，两者相结合或将成就新时代中国特色的铁路客运综合交通枢纽新形象。

区域城市发展中心

特大型城市站城关系的持续作用将进一步辐射影响至外围圈层，成为区域城市的发展中心而承担铁路客运综合交通枢纽为主导的城市副中心职能。如果是新建枢纽地区，这将是一个漫长的区域城市生长过程，即便是原有城市的区域更新，也仍将是一个艰难而需要长期培育成熟的过程。客站空间圈层化发展孕育了新型区域城市结构的产生，以综合交通枢纽为核心融合站城功能、协同周边城市有机生长，形成功能多样、环境舒适、交通可达性高、经济效益好、社会效应强的区域城市发展中心特征。

区域城市发展中心的外围，适度远离了枢纽交通中心，几乎介于两个轨道交通站点的中间地带，可达性良好，又免去了繁忙交通的干扰，是极其理想的高土地价值开发区域。铁路客站及城市交通配套设施的健全，形成了交通高可达性，带来了大量的人口聚集和流动，也将促使区域土地的功能结构调整和重新分配，使有限土地资源通过立体化和集约化利用，进一步引发社会资源的聚集投入与高效分布，激发出更大的社会活力。

这个更加扩大化的区域中心范围，交通呈现出站城双向的共享服务能力，随着交通人流的导入并转化为消费人群，区域有更多条件设置多样性的功能，综合交通换乘中心与城市功能的黏合力进一步增强。区别于城市交通综合组群以盈利性为主的商业服务，区域城市中心在外圈层可以吸引更多的社会资源配置，尤其是一些非营利性的文化、展示和公共活动设施的引入将进一步聚集人气，提升营利性空间的使用效率的同时彰显社会价值。外圈层也将吸引城市居住功能的植入，通过合理配置一定比例的居住社区，提高枢纽地区土地混合利用的程度，形成办公、会议、商业、居住、文化等多种功能设施的混合布局，营造高品质步行可达性街区以降低对小汽车交通的依赖，甚至形成24小时全天候的街区活力中心，有助于提升枢纽地区的生态、便利、安全性能级。

然而区域城市中心的外围圈层充满了频繁服务于交通枢纽的各类车辆和交通设施，使得高强度、高密度开发而导致的交通量叠加将受到一定的制约，并且铁路带来外部客流也会对地区的安全产生相应影响。尽管城市交通枢纽地区因快捷的交通带来生活的便利，并使得土地价值极大提升，但从更长远的可持续发展视角，依然需要谨慎地规划建设，并尽量为未来的城市生活充分考虑，实现功能紧凑、规模紧凑和结构紧凑的高效土地利用，从而保护并预留土地资源。

7.3.3 站城共生的价值

TOD圈层模型并不构成站城发展的全部方式，而是提供了一种公共交通语境下区域城市的发展逻辑和构建秩序，"站城融合"也不应该是在客站建成之后与城市才开始融合，而是从计划到实践，从自然环境到人工环境的全过程融合和全方位融合。显然TOD理论模式并不等于"站城融合"理念，由客站到综合交通枢纽是在站城融合协同发展观念上从现在起迈出的第一步，尽管可能受当下认知的局限性影响，但就从这个关系转变开始，仍可在有限的范畴内，自上而下、自下而上，由内至外，由表及里的循环思维中提高认知，开放观念。站城融合发展观是基于当代以高铁交通为主导形成的紧凑型、多元化城市空间格局，实现低碳城市建设的重要策略，也是站城关系走向协同共生的价值观体现。

紧凑开发的土地价值

以大铁路客运综合交通枢纽为核心与紧凑城市、生态城市理论相结合，是我国高密度城市站城

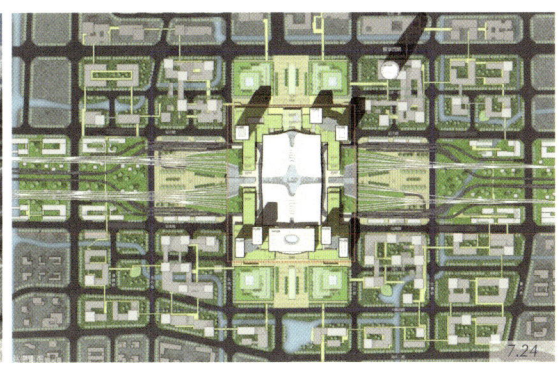

图 7.23 深圳西丽站核心区鸟瞰示意图
图 7.24 杭州西站核心区城市设计总平面图

协同发展的适应性方式，借助于大运量公共交通的引导进行有序的高强度和高密度开发，形成紧凑的城市形态，也是我国发达的中心城市站城融合的未来建设发展之路。由于城市交通高效性和便利性的极化效应，解决了客站的换乘问题，也满足了周边城市便利出行的交通可达性条件，使得铁路客运综合交通枢纽地区的土地价值日益提升，紧凑、高效的土地利用方式成为这一地区开发建设的首要原则。

我国大量中心城市交通枢纽周边地区的开发更多地采用竖向叠加的方式，将各种功能空间向地上和地下空间进行立体化扩展，而获得更多的综合效益；土地的立体化使用和一地多用的方式，是以期在更少的土地资源条件下获得更大的经济效益；结合铁路客站交通立体化分流的组织，构建地下或空中的城市活动基面，以立体多维的城市公共空间体系，加强站城间的联系，混合功能，丰富站城活动，吸引公众参与并创造地区活力，从而获取更大的经济利益和社会价值。

近期新建大型铁路客站周边的土地，以步行可达的800米半径，近2平方公里的开发规模范围内，有相应的上升趋势。杭州西站中圈层的总开发量将达130万平方米；深圳西丽站区域城市设计研究预测，周边189公顷的城市土地开发总量一次性规划达到320万平方米，分期实施，形成集商贸商业、文化展示、活动休闲于一体的、高效土地利用的超级紧凑型城市综合交通枢纽。

结合交通枢纽地区地下空间的综合开发，将城市中由多个功能街区的割裂状态转向结合各种功能要素融为一体的有机整合，包括交通设施、市政设施、商业服务设施、环境景观设施，在城市经济条件许可的情况下，可进行全区域地下空间的整体规划设计。其诸多的优势在于：可充分利用城市道路下方的土地，保持站城步行系统的连续性；方便对接城市轨道交通，均衡周边区域的可达性条件，并且枢纽交通设施与城市交通设施共建、共享、互利；通过智能化管理手段进行分时、分区的合作共享与控制，从而降低土地成本，提高站城公共资源的使用效率；同时四通八达、导向清晰的地下空间系统可以预留接口，持续发展，甚至连接外围区域城市的公共地下空间，形成高度融合的站城关系协同发展。

低碳出行的生态价值
以铁路客运综合交通枢纽为中心的站城融合发展，鼓励低碳出行，将有效地减缓城市道路交通压力，节约土地和能源，降低二氧化碳排放，创造优质的站城空间和周边自然环境，体现生态城市发展的价值观。

步行体系作为交通系统的组成部分和街道的延伸，提供从建筑内部穿越的通道、空中走廊、中庭、内街等丰富的行为空间，从地面、地下与空间多个基面将客站与区域内的步行交通进行连接，形成层次清晰的立体慢行交通网络体系，穿插各类业态服务，联络城市公共空间、环境与景观进行系统整合和优化，实现客流向潜在消费流的转化，增进了与周边街区城市生活的协同与共生。

站城慢行交通系统或可结合共享单车专用道的使用，将进一步提高区域步行交通效率，尤其为介于两个邻接轨道交通车站间的城市客流，提供适宜的短距离站城交通服务，适当控制骑行规则并设置共享单车的停放场地和配套设施，则能起到事半功倍的效果，这种短距离接驳站城交通方式符合国情需要，并倡导颇具特色的低碳出行环境。

低碳出行理应成为向生态城市迈进的重要一步。站城区域土地高容积率、高密度的开发理念本身与生态城市发展理念是相悖的，或更倾斜于利益砝码的天平。试想，如果没有了公共地面、缺失了空间的城市，又何谈生态？站城关系发展，一味强调交通价值与经济价值的最大化并不是理性的方式，也在根本上违背了紧凑城市理论的初衷。紧凑城市的概念最早由欧盟提出，其目的是通过城市的紧凑发展，遏制无序的郊区化蔓延，保留更多的土地和自然资源，遵循可持续发展的规律。可见"紧凑"是相对"空闲"而言的，当代科技使得紧凑的站城区域向空中和地下发展成为可能，其建设的目的应该使置换出更大的空闲土地，保护这些土地并长效利用自然资源，创造站城生态环境价值，而不是在短视的利益驱使下，纵容高容积率、高密度开发无序泛滥，重蹈恶化环境的覆辙。站城生态环境效益的提升对城市交通与经济价值的提升具有重要的影响，平衡交通、经济与社会环境三者之间的关系，才能真正形成站城区域可持续发展的生态价值观。

协同发展的社会价值
站城协同发展作为我国中心城市交通枢纽地区建设的重要策略和目标，在促进铁路客站地区建设、发挥公共资源作用、助力公共投资、催生合作共享等方面都非常具有现实意义。"协同"的词义解释是不同事物在一起的协调与合作，关于协同理论的研究是在系统论基础上的衍生，斯图加特大学理论物理教授哈肯（Haken·Hermann）在20世纪70年代提出了"协同论"（协同学）思想方法，指出：一个系统发生相变时，会因为大量子系统的协同一致而引起宏观结构的质变，从而产生新的结构和功能。其研究突破了传统线性科学着眼自组织的局限，探讨在突变点上系统如何提高内部子系统之间的协同、竞争、自组织起来的内在机制思想，在微观到宏观的过渡上，揭示各种系统和现象中从无序到有序转变的共同规律。协同论基于现代科学思想的发展，尚有许多的未知和进一步探索，但无论如何其理论概念建构了对复杂事物的研究新思路。

从站城空间发展的规划设计意义上，存在交通枢纽和周边区域城市生活两大各自独立的系统，并拥有完全不同的复杂子系统。高速铁路网的成型，改变了铁路客运的传统模式，也促使铁路客站在临界城市的交点上发生突变，并发挥出交通带来的更大能量。而城镇化建设的持续推进，也为城市创造了新的条件和机遇，双向都基于科学观念和技术条件发展，以共同的社会、经济、文化利益需求保持目标的高度一致性而转化为携手共建的基础，从协作分工、管理协调到战略协同的整体过程，在观念上形成站城协同共享、共益、共生的新时代建设理念。

站城协同建设，需要研究站与城各自众多子系统的联合作用，以产生宏观尺度上的结构和功能整合，探讨各种系统从无序变为有序时的相似性。同时，通过许多不同的学科进行合作，以发现各自组织系统的一般原理和目标导向。虽然具有系统的差异，属性也不相同，但在整个站城环境中，各个系统间必然存在着相互影响、相互依存又相互紧密合作的关系：整合交通基础设施构建公共秩序、营造公共空间增强城市活力、吸引社会资金共同参与产生经济效应、提供新的就业岗位吸引人才、推动城市更新延续历史文脉、鼓励低碳出行保护自然生态资源。另一方面，站城建设在后期运营中需要持续地获得社会的多重效益，站城双向在品质、环境、文化、效率等方面也需要保持竞争的关系，互动影响、互为触媒、共存矛盾、共谋发展又共享其果。因此，站城协同发展依然是一项非常重要的城市经营策略。

从科学观出发，站城间的协同机制是平等、互惠方式，辩证思考社会未来的供需结构关系，以公共交通为导向制定发展策略，以共建为基础平衡双向效益，以互利为原则而避免土地权属之争，以安全为准绳共同维系社会稳定，以应变使站城空间结构关系更富弹性和韧性，以和谐为宗旨，让站城生活更加美好！

注释：

[1] 广珠城际高铁客流量数据来源：广珠城际轨道交通公司。

[2] 韦恩·奥图. 美国都市建筑：城市设计的触媒 [M]. 王劭方, 译. 台北：创兴出版社有限公司, 1994。

[3] "文化"概念辨析参考维基百科。

后 记

自中国第一座新型高速铁路客站——北京南站建成至今十年有余，面对十年多来逾千座铁路客站的设计建设，欣慰之余而感慨万千。十年只是历史的瞬间，但对于快速发展中的中国铁路则是一段艰辛跋涉的非凡历程，收获累累硕果的同时又正面临着新的历史机遇和挑战。

自2018年初开始酝酿本书写作，围绕我国铁路客运与城市化进程协同共建中再度突现的社会矛盾和问题展开进一步研究，旨在新时代形势下深度探索铁路客站规划设计再发展和再创新的基点。写作观点的切入并不同于多年客站建设的工程实践报告，也区别于客站建筑专业设计指南，而重点更关乎理论的借鉴、实践的反思和理性的瞻望，从铁路客站与城市建设相关理论研究入手，展开相互关联性问题的讨论，提出客观的见解和有益的思路，以期为未来铁路客站的设计理论创新与实践打下新的基础。中国铁路事业方兴未艾、前景壮阔，未来的城市建设发展与客站规划设计依然存在许多未知的因素，新的问题和矛盾也将不断出现，因此关于中国铁路客站规划设计理论的探索和持续创新仍将深入进行并进一步扩展。鉴于本书内容仍可能存在的问题、不同的见解和可探讨的观点，敬请读者谅解并予以批评指正。

本书写作过程历经了多次研讨，几经易稿修改完善，期间得到了同济大学卢济威教授、贾坚教授的悉心指点和专业意见，尤其是在探讨我国铁路客运综合交通枢纽再发展理论层面的真知灼见以及关于TOD理论模式发展本土化研究在专业性、适应性方面的建议，都对本书写作观点和方法产生了重要影响和意义；由衷地感谢国家铁路局规划与标准研究院谢晓东副院长多次参与写作讨论，在国家战略决策、标准和法规适用等方面毫无保留地提供所掌握的精准信息，并以睿智的个人见解给予坦诚的建议、修正以及对书稿文句润色；此外，写作过程中也得到了国铁集团工程设计鉴定中心、工程管理中心许多同仁的竭诚合作与支持，特别感谢周孝文、徐尚奎、陈东杰、韩志伟为本书提出的宝贵意见和提供的大量相关客站建设在设计、施工、运维等管理方面的实时信息数据，以及深入思考、经验总结和有益的观点，成为本书资料内容丰富性、翔实性和客观性的基本条件；一并致谢中国铁路设计集团有限公司总建筑师周铁征以及各路内参建设计企业的鼎力相助以及相关案例图片和资料提供；同时向同济大学建筑设计研究院（集团）有限公司樊鹏涛、薛慧明，国铁集团工程设计鉴定中心吴琪为本书初版图文编辑和校核的认真工作以及上海科技文献社张树总编和出版、编辑、校审团队的辛勤付出致以最诚挚的感谢！

参考文献：

[1] 卡尔索普 P. 未来美国大都市：生态·社区·美国梦[M]. 郭亮, 译. 北京：中国建筑工业出版社, 2009.

[2] 诺伯舒兹. 场所精神：迈向建筑现象学[M]. 施植明, 译. 武汉：华中科技大学出版社, 2010.

[3] 凯文·林奇. 城市意象[M]. 方益萍, 何晓军, 译. 北京：华夏出版社, 2017.

[4] 亚历山大等. 建筑模式语言[M]. 王听度, 周序鸿, 译. 北京：知识产权出版社, 2002.

[5] 比尔·希利尔. 空间是机器——建筑组构理论[M]. 杨滔等, 译. 北京：中国建筑工业出版社, 2008.

[6] 比尔·希利尔, 朱利安尼·汉森. 空间的社会逻辑[M]. 杨滔, 封晨等, 译北京：中国建筑工业出版社, 2019.

[7] 艾米丽·泰伦. 新城市主义宪章（第2版）[M]. 王学生, 谭学者, 译. 北京：电子工业出版社, 2016.

[8] 简·雅各布斯. 美国大城市的死与生[M]. 金衡山, 译. 南京：译林出版社, 2006.

[9] 布鲁诺·赛维. 建筑空间论——如何品评建筑[M]. 张似赞, 译. 北京：中国建筑工业出版社, 1985.

[10] 罗伯特·文丘里. 建筑的复杂性与矛盾性[M]. 周卜颐, 译. 南京：江苏凤凰科学技术出版社, 2017.

[11] 韦恩·奥图. 美国都市建筑：城市设计的触媒[M]. 王劭方, 译. 台北：创兴出版社有限公司, 1994.

[12] 黑川纪章. 新共生思想[M]. 覃力等, 译. 北京：中国建筑工业出版社, 2009.

[13] 矢岛隆, 家田仁. 轨道创造的世界都市--东京[M]. 陆化普, 译. 北京：中国建筑工业出版社, 2016.

[14] 日建设计站场一体开发研究会. 站城一体开发：新一代公共交通指向型城市建设[M]. 北京：中国建筑工业出版社, 2016.

[15] 吴良镛. 广义建筑学[M]. 北京：清华大学出版社, 1989.

[16] 郑时龄. 建筑批评学[M]. 北京：中国建筑工业出版社, 2001.

[17] 崔愷. 本土设计[M]. 北京：清华大学出版社, 2008.

[18] 郑健, 沈中伟, 蔡申夫. 中国当代铁路客站设计理论探索[M]. 北京：人民交通出版社, 2009.

[19] 郑健, 贾坚, 魏崴. 中国高铁丛书：高铁车站[M]. 上海：上海科学技术文献出版社, 2019.

[20] 姚诗黄. 中国高铁丛书：高铁经济[M]. 上海：上海科学技术文献出版社, 2019.

[21] 蒋涤非. 城市形态活力论[M]. 南京：东南大学出版社, 2007.

[22] 贾坚. 城市地下综合体设计实践[M]. 上海：同济大学出版社, 2015.

[23] 上海现代建筑设计（集团）有限公司. 上海虹桥综合交通枢纽规划与建筑设计[M]. 北京：中国建筑工业出版社, 2010

[24] 李传成. 高铁新区规划理论与实践[M]. 北京：中国建筑工业出版社, 2012.

[25] 董利民. 城市经济学[M]. 北京：清华大学出版社, 2016.

[26] 陈占祥. 马丘比丘宪章[J]. 城市规划研究, 1979, 00：1-14.

[27] 国际建协. 北京宪章[J]. 新建筑, 1999, 04：1-5.

[28] 郑健. 当代中国铁路旅客车站设计综述[J]. 建筑学报，2009，4：1-6.

[29] 郑健. 空间结构在大型铁路客站中的应用[J]. 空间结构，2009，3：52-65.

[30] 郑健. 中国高铁客站的创新与实践[J]. 铁道经济研究，2010，6：1-3.

[31] 郑健. 大型铁路客站的城市角色[J]. 时代建筑，2009，5：6-11.

[32] 魏崴. 综合交通枢纽的城市同构[J]. 城市建筑，2014，3：19-21.

[33] 徐尚奎. 源而意——意而像：探索中国大型铁路站房形态设计及发展方向[J]. 时代建筑，2011，3：128-131.

[34] 戚广平，陆冠宇. 基于站域空间耦合模型的站城协同发展模式解析[J]. 时代建筑，2019，7：30-35.

[35] 戚广平，张晨阳，于圣飞，戴一正.. 性能化方法在城市设计中的应用与研究[J]. 时代建筑，2018，9：116-120.

[36] 谭峥. 城市地下空间的理性化进程：图像中的纽约现代基础设施发展史（1870-1940）[J]. 时代建筑，2019，5：6-13.

[37] 荆文翰. 变革时代的城市现代化转型——以"巴黎大改造一文"[J]. 法国研究，2019，1：1-10.

[38] 贺鹭. 维多利亚时期的伦敦地铁[J]. 史林，2013，5：147-191.

[39] 王娇娥，丁金学. 高速铁路对中国城市空间结构的影响研究[J]. 国际城市规划，2011，6：49-54.

[40] 崔愷. 浅议火车站的地域特色[J]. 建筑学报，2009，4：86-88.

[41] 程泰宁. 重要的是观念——杭州铁路新客站创作后记[J]. 建筑学报，2002，6：10-15.

[42] 桂汪洋，程泰宁. 由站到城：大型铁路客站站域公共空间整体性发展途径研究[J]. 建筑学报，2018，6：36-39.

[43] 徐千里. 建筑的批评与创造[J]. 重庆建筑，2005，7：14-21.

[44] 吴晨，丁霓. 城市复兴的设计模式：伦敦国王十字中心区研究[J]. 国际城市规划，2017，4：118-126.

[45] 杨晓珊. 高铁车站选址与城市发展协同关系研究[D]. 成都：西南交通大学，2018：31-32.

[46] K Spiekermann, M Wegener. The shrinking continent:new time-space maps of Europe [J]. Environment and Planning B: Planning and Design, 1994,21: 653-673.

[47] Luca Bertolini. Spatial Development Patterns and Public Transport: The Application of an Analytical Model in the Netherlands [J]. Planning Practice and Research, 1999,2: 199-210.

图书在版编目（CIP）数据

新时代铁路客站设计理论创新与实践/郑健，魏崴，戚广平著. —上海：上海科学技术文献出版社，2021
ISBN 978-7-5439-8241-3

Ⅰ.①新… Ⅱ.①郑…②魏…③戚… Ⅲ.①铁路车站–客运站–建筑设计–研究 Ⅳ.①TU248.1

中国版本图书馆 CIP 数据核字（2020）第 245580 号

策　　划：张　树
设　　计：樊鹏涛
责任编辑：王　珺

新时代铁路客站设计理论创新与实践
XIN SHIDAI TIELU KEZHAN SHEJI LILUN CHUANGXIN YU SHIJIAN
郑　健　魏　崴　戚广平　著
出版发行：上海科学技术文献出版社
地　　址：上海市长乐路746号
邮政编码：200040
经　　销：全国新华书店
印　　刷：上海新开宝商务印刷有限公司
开　　本：787×1092　1/16
印　　张：15
版　　次：2020年12月第1版　2020年12月第1次印刷
书　　号：ISBN 978-7-5439-8241-3
定　　价：128.00元
http://www.sstlp.com